개정판 알기쉬운

일반수학

김 경 호 지음

KYOWOOSA 教友社

머리말

오늘날 자연과학의 놀라운 발전은 우리들의 문화생활이나 학술적 연구의 깊이를 한층 더 해 가고 있다. 이러한 자연과학의 발전이 이룩되기 까지는 기초학문으로서 수학이 크게 기여해 왔다. 이 책에서는 이공계 학생들이 전공학문을 하는데 있어 필요한 수학적 기본개념과 그 이론을 정확히 이해할 수 있도록 하고, 주어진 문제를 해결하는데 필요한 문제의 분석, 적용 및 기술적인 지식을 습득하는데 중점을 두고 기술하였다.

교재의 구성은 수학의 기본틀을 만들어주는 집합, 명제를 제 1장에, 공학도로서 꼭 알아야할 기초지식인 함수를 제 2장에, 행열과 행열식을 3장에, 수열과 급수를 4장에, 벡터를 5장에, 극좌표를 6장에, 복소수를 7장에, 함수의 극한과 연속을 8장에, 관계를 9장에, 마지막으로 그래프를 10장에 소개하고 있다.

기초실력이 부족하여 수학을 멀리하였던 학생들이 본 교재로 수학능력이 향상되고, 수학적 사고력 배양에 도움을 줄 수 있다면 저자로서도 큰 기쁨이라 하겠다. 끝으로 부족한 부분을 계속 보완할 수 있도록 독자들의 고견을 부탁한다.

저자

차 례

제4장 수열과 급수

제5장 벡터와 일차변환

제6장 극좌표

제7장 복소수

CHAPTER 01

집합과 명제

1.1 집합

정의 1.1

주어진 조건에 맞는 대상들의 모임을 **집합**이라고 하며 어떤 집합에 속해 있는 대상 하나하나를 일컬어 그 집합의 **원소**라고 한다.

예제 1 다음 모임 중에서 집합인 것을 찾아라.

(1) 노래를 잘 부르는 사람의 모임　(2) 우리 학교 1학년 학생의 모임

(3) 능력 있는 사원의 모임　(4) 글재주가 있는 학생의 모임

풀이 조건에 맞는 대상들의 모임은 (2)이므로 집합이다. ■

정의 1.2

어떤 대상 a가 집합 A의 원소일 때 $a \in A$와 같이 나타내며, 이때 "a는 **집합 A에 속한다**"라고 한다. 반면에 대상 a가 집합 A의 원소가 아닐 때 $a \notin A$ 와 같이 나타낸다.

예제 2 집합 $A=\{0,\ 1,\ 2\}$일 때, 다음 중에서 옳은 것을 모두 골라라.

(1) $0 \in A$ (2) $\{0\} \in A$

(3) $\{0,\ 1\} \subset A$ (4) $\{1,\ 3\} \subset A$

풀이 (1), (3)만 정답이다.

■

정의 1.3

집합에 속하는 원소가 하나도 없는 집합을 **공집합**이라 하고, 기호로 ϕ로 나타낸다.

정의 1.4

집합을 구성하는 원소의 개수가 무한개로 이루어진 집합을 **무한집합**이라고 하고 유한개로 이루어진 집합을 **유한집합**이라고 한다. A가 유한집합일 때 $n(A)$는 집합 A의 원소의 개수를 말한다.

예제 3 다음 집합이 유한집합인지, 무한집합인지를 구분하여라.

(1) 0보다 크고 10 보다 작은 실수들의 집합 A

(2) 10 보다 작은 자연수들의 집합 B

풀이 (1) 집합 A를 구성하는 원소가 무수히 많으므로 무한집합이다.
(2) 집합 B는 9개의 원소로 이루어져 있으므로 유한집합이다.

■

정의 1.5

집합 A의 원소가 모두 집합 B에 속할 때, A는 B의 **부분집합**이라고 하며, 이것을 기호로 $A \subset B$와 같이 나타낸다. 또한 공집합은 모든 집합의 부분집합이고, 모든 집합은 자기 자신의 부분집합이다.

세 집합 A, B, C에 대하여 $A \subset B$이고 $B \subset C$이면 $A \subset C$임을 다음과 같이 벤 다이어그램으로 확인할 수 있다.

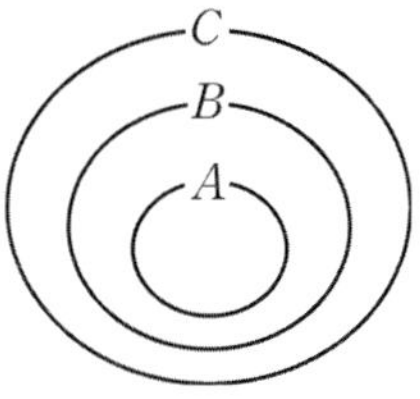

그림 1.1

정리 1.6

(1) $\varnothing \subset A$, $A \subset A$

(2) $A \subset B$이고 $B \subset A$이면 $\quad A = B$

예제 4 세 집합 $A = \{1,\ 3\}$, $B = \{x \mid x$는 12의 약수$\}$, $C = \{x \mid x$는 6의 약수$\}$가 자연수 전체의 집합의 부분집합일 때, 세 집합 A, B, C의 포함 관계를 조사하여라.

풀이 $A = \{1,\ 3\}$, $\quad B = \{1, 2, 3, 4, 6, 12\}$, $C = \{1, 2, 3, 6\}$이므로 $A \subset C \subset B$이다.

■

정의 1.7

두 집합 A, B 에 대하여 $x \in A$이면 $x \in B$이고, 동시에 $x \in B$이면 $x \in A$일 때, 집합 A와 B는 **상등**이라고 하고, 기호로는 $A = B$ 또는 $B = A$와 같이 나타낸다.

정의 1.8

두 집합 A, B에 대하여 $A \subset B$이고 동시에 $A \neq B$일 때, 집합 A는 집합 B의 **진부분집합**이라고 한다.

예제 5 다음 주어진 두 집합 A, B사이의 포함관계를 나타내어라.

(1) $A=\{m \mid m$은 정수$\}$ $B=\{n \mid n$은 자연수$\}$

(2) $A=\{1, 2, 3, 4, 5\}$ $B=\{n \mid n$은 $1 \leq n \leq 5$의 범위에 있는 정수$\}$

풀이 (1) 집합 B에 있는 임의의 원소 n에 대하여 $n \in B$이면 $n \in A$이다. 따라서 집합 B는 집합 A의 부분집합, 즉 $B \subset A$이다.

(2) 집합 A에 있는 임의의 원소 n에 대하여 $n \in A$이면 $n \in B$이므로 $A \subset B$이다. 동시에 집합 B에 있는 임의의 원소 n에 대하여 $n \in B$이면 $n \in A$이므로 $B \subset A$이다. 따라서 $A \subset B$인 동시에 $B \subset A$이므로 $A = B$이다.

■

정리 1.9

집합 A, B, C에 대하여 $A \subset B$이고 $B \subset C$이면 $A \subset C$이다.

정의 1.10

집합을 원소로 갖는 집합을 **집합족**이라고 한다. 특히, 집합 A의 모든 부분집합을 원소로 갖는 집합족을 그 집합 A의 **멱집합**이라 하고, 기호로는 2^A와 같이 나타낸다.

예제 6 다음 물음에 답하여라.

(1) 집합 $A=\{1, \{2,3\}, \phi\}$는 집합족인가?

(2) 집합 $A=\{\{1\}, \{2,3\}, \{1,2,3\}, \phi\}$는 집합족인가?

(3) 집합 $A=\{1, 2, 3\}$의 멱집합 2^A를 구하여라.

풀이 (1) 집합 A의 원소인 1은 집합이 아니다. 따라서 집합 A는 집합족이 아니다.

(2) 집합 A를 구성하는 각각의 원소는 모두 집합으로 이루어져 있다. 따라서 집합 A는 집합족이다.

(3) 집합 A의 부분집합을 모두 구하면

$$\phi, \{1\}, \{2\}, \{3\}, \{1,2\}, \{1,3\}, \{2,3\}, \{1,2,3\}$$

이다. 따라서 집합 A의 멱집합 2^A은

$$2^A = \{\phi, \{1\}, \{2\}, \{3\}, \{1,2\}, \{1,3\}, \{2,3\}, \{1,2,3\}\}$$

이다.

■

정의 1.11

두 집합 A, B에 대하여 공통인 원소가 하나도 없을 때 즉,

$$A \cap B = \varnothing$$

일 때, A와 B는 **서로소**라고 한다.

예제 7 두 집합 $A = \{1,\ 2,\ 3,\ 4\}$, $B = \{x | x \text{는 } 5\text{의 배수}\}$에 대하여 $A \cap B = \varnothing$ 이므로 A, B는 서로소이다.

■

1.2 집합의 연산

정의 1.12

두 집합 A, B에 대하여 **합집합** $A \cup B$는

$$A \cup B = \{x | x \in A \text{ 또는 } x \in B\}$$

와 같이 정의한다. 이를 벤다이어그램으로 나타내면 그림 1.2와 같다.

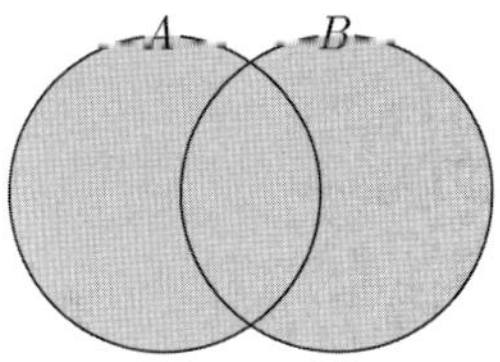

그림 1.2

정의 1.13

두 집합 A, B에 대하여 **교집합** $A \cap B$는

$$A \cap B = \{x | x \in A \text{ 그리고 } x \in B\}$$

와 같이 정의한다. 이를 벤다이어그램으로 나타내면 다음 1.3과 같다.

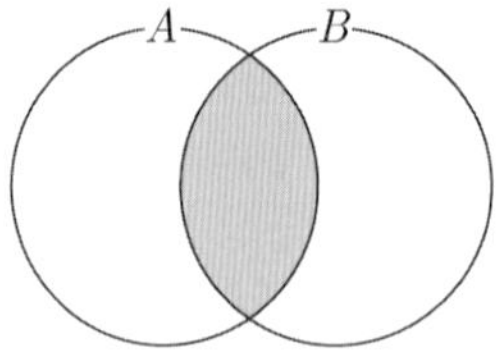

그림 1.3

정의 1.14

전체집합 U의 부분집합 A에 대하여 A의 **여집합** A^{C}는 U의 원소 중에서 집합 A에 속하지 않는 모든 원소의 집합, 즉

$$A^{C} = \{x \mid x \in U \text{ 그리고 } x \notin A\}$$

와 같이 정의한다. 이를 벤다이어그램으로 나타내면 그림 1.4와 같다.

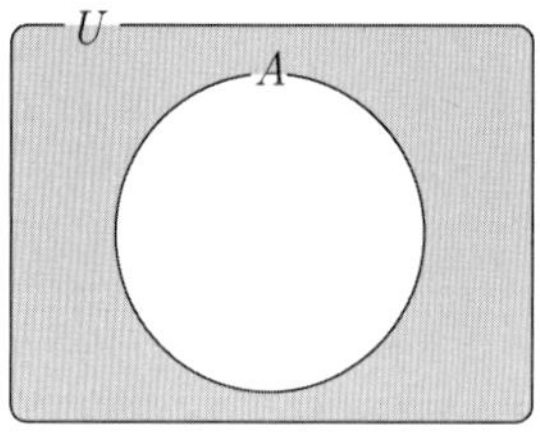

그림 1.4

정의 1.15

두 집합 A, B에 대하여 A에 대한 B의 **차집합** $A-B$는 A에는 속하고 B에는 속하지 않는 모든 원소의 집합, 즉

$$A-B = \{x \mid x \in A \text{ 그리고 } x \notin B\}$$

와 같이 정의한다.

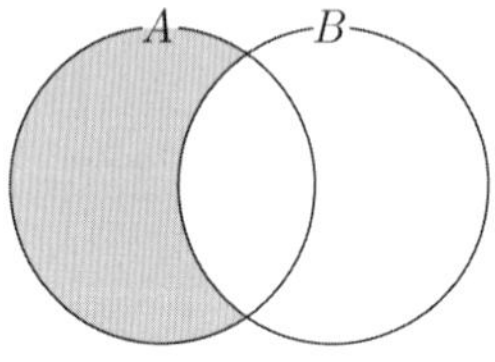

그림 1.5

예제 8 $R=\{x \mid x\text{는 실수}\}$를 전체집합이라고 하자. 전체집합 R의 부분집합

$$A=\{x \mid 0 \le x \le 10\}, \quad B=\{x \mid 5 \le x \le 15\}$$

에 대하여 다음 각각의 집합을 구하여라.

(1) $A \cup B$ (2) $A \cap B$

(3) $A-B$ (4) A^c

풀이 (1) $A \cup B=\{x \mid 0 \le 15\}$

(2) $A \cap B=\{x \mid 5 \le x \le 10\}$

(3) $A-B=\{x \mid 0 \le x < 5\}$

(4) $A^C=R-A=\{x \in R \mid x<0, \text{또는 } x>10\}$

■

정의 1.16

두 집합 A, B에 대하여

$$A \times B=\{(a, b) \mid a \in A \text{ 그리고 } b \in B\}$$

을 집합 A와 B의 카테이션곱 또는 곱집합이라고 한다.

예제 9 두 집합

$$A=\{1, 2\}, \quad B=\{1, 2, 3\}$$

에 대하여 두 집합 $A \times B$를 원소나열법으로 나타내어라.

풀이 두 집합 $A \times B$를 원소나열법으로 나타내면

$$A \times B=\{(1, 1), (1, 2), (1, 3), (2, 1), (2, 2), (2, 3)\}$$

이다.

■

정리 1.17

세 집합 A, B, C에 대하여

(1) 교환법칙 : $A \cup B=B \cup A$, $A \cap B=B \cap A$

(2) 결합법칙 : $(A \cup B) \cup C=A \cup (B \cup C)$

$(A \cap B) \cap C=A \cap (B \cap C)$

(3) 분배법칙 : $A \cap (B \cup C)=(A \cap B) \cup (A \cap C)$

$A \cup (B \cap C)=(A \cup B) \cap (A \cup C)$

예제 10 두 집합 A, B에 대하여 다음이 성립함을 벤 다이어그램을 이용하여 보여라.

$$A \cup (A \cap B) = A$$

증명 좌변과 우변을 벤 다이어그램으로 나타내면 다음과 같다.

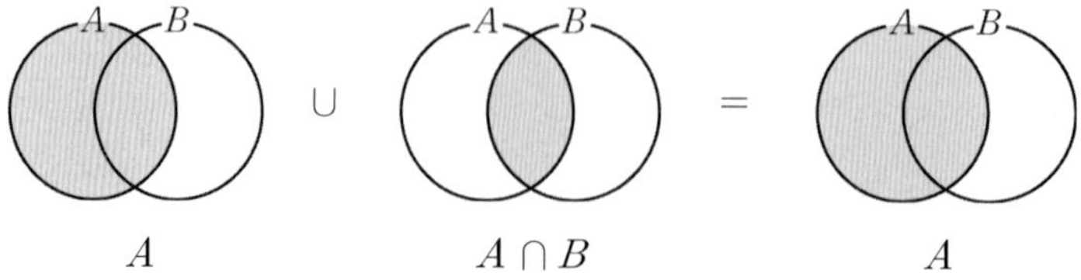

그림 1.6

따라서 $A \cup (A \cap B) = A$가 성립함을 알 수 있다. ■

정리 1.18

전체집합 U의 두 부분집합 A, B에 대하여

(1) $U^C = \varnothing$, $\varnothing^C = U$ (2) $(A^C)^C = A$

(3) $A \cup A^C = U$, $A \cap A^C = \varnothing$ (4) $A - B = A \cap B^C$

예제 11 다음 그림에서 색칠한 부분을 집합으로 나타내어라.

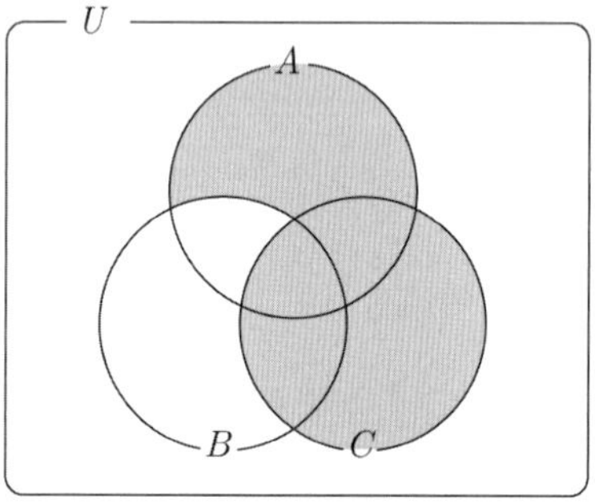

그림 1.7

풀이 색칠한 부분은 $A - B$와 C의 합집합이다. 따라서, 집합으로 나타내면 $(A - B) \cup C$이 된다. ■

예제 12 두 집합 $A=\{1,\ 2,\ 3\}$, $B=\{2,\ 4,\ 6\}$에 대하여 $A\cup X=X$, $(A\cup B)\cap X=X$를 만족하는 집합 X의 개수를 구하여라.

풀이 $A\cup X=X$에서 $A\subset X$, $(A\cup B)\cap X=X$에서 $X\subset A\cup B$이므로

$\therefore\ A\subset X\subset A\cup B$

이때, $A\cup B=\{1,\ 2,\ 3,\ 4,\ 6\}$이므로 집합 X는 1, 2, 3을 원소로 가지는 $A\cup B$의 부분집합이다. 따라서, 집합 X의 개수는 $2^{5-3}=2^2=4$(개)

■

일반적으로 합집합과 교집합의 여집합에 대하여 다음이 성립한다. 이것을 **드모르간의 법칙**이라고 한다.

정리 1.19

전체집합 U의 두 부분집합 A, B에 대하여

(1) $(A\cup B)^{\mathrm{C}}=A^{\mathrm{C}}\cap B^{\mathrm{C}}$

(2) $(A\cap B)^{\mathrm{C}}=A^{\mathrm{C}}\cup B^{\mathrm{C}}$

예제 13 전체집합 $U=\{x\mid x$는 10 이하의 자연수$\}$의 두 부분집합 A, B에 대하여 $A\cup B^c=\{1,\ 3,\ 5,\ 7,\ 9\}$일 때, $B-A$의 모든 원소의 합을 구하여라.

풀이 드모르간의 법칙을 사용하면 $(A\cup B^C)^C=A^C\cap(B^C)^C=B\cap A^C=B-A$이므로 $B-A=(A\cup B^C)^C=\{2,\ 4,\ 6,\ 8,\ 10\}$. 따라서, 모든 원소의 합은 30이다.

■

예제 14 전체집합 U의 세 부분집합 A, B, C에 대하여

$$(A-B)-C=A-(B\cup C)$$

가 성립함을 증명하여라.

증명

$$\begin{aligned}(A-B)-C &= (A\cap B^{\mathrm{C}})\cap C^{\mathrm{C}} && \text{(여집합과 차집합의 성질)}\\ &= A\cap(B^{\mathrm{C}}\cap C^{\mathrm{C}}) && \text{(결합법칙)}\\ &= A\cap(B\cup C)^{\mathrm{C}} && \text{(드모르간의 법칙)}\\ &= A-(B\cup C) && \text{(여집합과 차집합의 성질)}\end{aligned}$$

■

정리 1.20

유한집합 A, B에 대하여

$$n(A\cup B)=n(A)+n(B)-n(A\cap B)$$

이다.

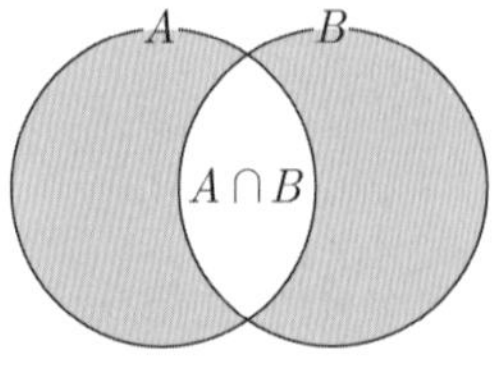

그림 1.8

예제 15 학생 수가 30명인 어느 학급에서 농구와 축구에 대한 선호도를 조사하였다. 농구를 좋아하는 학생이 18명 축구를 좋아하는 학생이 21명, 농구와 축구를 모두 좋아하는 학생이 15명일 때, 농구와 축구를 모두 싫어하는 학생 수를 구하여라.

풀이 학급의 학생 전체의 집합을 U, 농구를 좋아하는 학생의 집합을 A, 축구를 좋아하는 학생의 집합을 B라 하면

$$n(U)=30,\ n(A)=18,\ n(B)=21,\ n(A\cap B)=15$$

이므로

$$n(A\cup B)=n(A)+n(B)-n(A\cap B)=18+21-15=24$$

따라서 농구와 축구를 모두 싫어하는 학생의 집합은 $A^C\cap B^C$이므로 구하는 학생수는

$$n(A^C\cap B^C)=n(U)-n(A\cup B)=30-24=6$$

■

연습문제 1-1
Exercises

1. 집합 $A = \{1,\ 2,\ 3,\ 4\}$의 부분집합의 개수를 구하여라.

2. 집합 $A = \{2,\ 3,\ 5\}$에 대하여 $A \cup B = \{1,\ 2,\ 3,\ 4,\ 5,\ 6\}$일 때, A와 서로소인 집합 B를 구하여라.

3. 세 집합 A, B, C에 대하여 $A \cup B = \{a,\ c,\ e\}$, $A \cup C = \{a,\ b,\ c,\ d\}$일 때, $A \cup (B \cap C)$를 구하여라.

4. 전체집합 $U = \{a,\ b,\ c,\ d,\ e\}$의 두 부분집합 $A = \{a,\ b,\ c\}$, $B = \{b,\ d\}$에 대하여 다음을 구하여라.

   (1) $A \cup B$　　(2) $A \cap B$

   (3) $A - B$　　(4) $(A - B)^{C}$

5. 전체집합 U의 두 부분집합 A, B에 대하여 다음을 간단히 하여라.

   (1) $(A \cup B) \cap A^{C}$　　(2) $(A - B) \cup (B - A^{C})$

1.3 명제

정의 1.21

참과 거짓을 판별할 수 있는 문장 또는 식을 **명제**라고 한다.

이를테면 '삼각형의 세 내각의 크기의 합은 180°이다.'는 참인 명제이다. 그러나 'x는 1보다 큰 수이다.'는 x의 값이 정해지지 않아서 참, 거짓을 판별할 수 없으므로 명제가 아니다.

예제 16 다음 중에서 명제인 것을 모두 찾아라.

(1) 7은 소수이다. (2) 7는 12의 약수이다.

(3) $2+3=8$ (4) 잘 있어라.

풀이 (1), (2), (3)은 참과 거짓이 분명하나 (4)는 명령문의 형태로 명제가 될 수 없다.

정의 1.22

두 개 이상의 명제를 논리적으로 결합시켜 주는 역할을 하는 연산자를 **논리연산자**라고 한다. 이러한 논리연산자에는 "그리고(and), 또는(or), 이면 (if)" 등이 있다.

정의 1.23

논리연산자를 갖는 명제를 **합성명제**라고 하고, 논리연산자를 갖지 않는 명제를 **단순명제**라고 한다.

정의 1.24

어떤 명제 P에 대하여 'P가 아니다.'를 명제 P의 **부정**이라고 하며, 이것을 기호로

$$\sim \boldsymbol{P}$$

와 같이 나타낸다.

명제 P가 참이면 $\sim P$는 거짓이고, P가 거짓이면 $\sim P$는 참이다. 특히 명제 $\sim P$의 부정은 P, 즉 $\sim(\sim P) = P$이다.

예제 17

(1) 명제 '삼각형의 세 내각의 합은 180°이다'의 부정은 '삼각형의 세 내각의 합은 180°가 아니다'이다.

(2) 명제 '5는 2보다 작다.'는 거짓이고, 이 명제의 부정 '5는 2보다 작지 않다.'는 참이다.

■

부정연산자에 의한 진리표는 표 1.1과 같다.

P	$\sim P$
T	$\boldsymbol{F}$
F	$\boldsymbol{T}$

표 1.1

정의 1.25

두 명제 P, Q에 대하여 P와 Q의 **논리곱**은 합성명제 P and Q에 해당하며, 기호로는 $P \wedge Q$와 같이 나타낸다.

예제 18 P는 "비가 갠다"이고 Q는 "해가 비친다"라고 하면 $P \wedge Q$는 합성명제 "비가 개고 해가 비친다"를 표시한다.

■

논리곱 $P \wedge Q$의 진리값은 두 명제 P, Q가 동시에 참일 때만 참으로 정의한다. 따라서 논리곱 연산자에 의한 진리표는 표 1.2와 같다.

P	Q	$P \wedge Q$
T	T	$\boldsymbol{T}$
T	F	$\boldsymbol{F}$
F	T	$\boldsymbol{F}$
F	F	$\boldsymbol{F}$

표 1.2

정의 1.26

두 명제 P, Q에 대하여 P와 Q의 **논리합**은 합성명제 P or Q에 해당하며, 기호로는 $P \vee Q$와 같이 나타낸다.

예제 19 P를 "그는 대학의 불어과를 나왔다"이고 Q를 "그는 불란서에서 살았다"를 나타낸다고 한다면 $P \vee Q$는 "그는 대학의 불어과를 나왔든가 또는 불란서에서 살았다"라는 명제를 나타낸다. ∎

논리합 $P \vee Q$의 진리값은 두 명제 P, Q가 동시에 거짓일 때만 거짓으로 정의한다. 따라서 논리합 연산자에 의한 진리표는 표 1.3와 같다.

P	Q	$P \vee Q$
T	T	$\boldsymbol{T}$
T	F	$\boldsymbol{T}$
F	T	$\boldsymbol{T}$
F	F	$\boldsymbol{F}$

표 1.3

정의 1.27

두 명제 P, Q에 대하여 "P이면 Q이다"의 합성명제를 조건문이라고 하고, 기호로는 $P \rightarrow Q$와 같이 나타낸다.

예제 20 P를 "그는 학교를 졸업한다"라고 하고 Q를 "그는 취직한다"라고 하면 $P \rightarrow Q$는 "그는 학교를 졸업하면 취직한다"라는 합성명제이다.

■

조건문 "P이면 Q이다"는 "P이면 Q이고, P인데 Q가 아닌 것은 없다"라는 의미이다. 즉, "P이며 동시에 Q가 아닌 것은 없다"라는 뜻으로 $\sim (P \wedge \sim Q)$로 바꾸어 쓸 수 있다. 따라서 조건문 $P \rightarrow Q$의 진리값은 명제 P가 참이고 Q가 거짓일 경우에만 거짓으로 정의한다.

조건문 $P \rightarrow Q$에 의한 진리표는 표 1.4와 같다.

P	Q	$P \rightarrow Q$
T	T	$\boldsymbol{T}$
T	F	$\boldsymbol{F}$
F	T	$\boldsymbol{T}$
F	F	$\boldsymbol{T}$

표 1.4

예제 21 다음 명제들 중 거짓인 명제를 찾아라.

(1) 해가 동쪽에서 뜬다면 $2+2=5$

(2) 해가 서쪽에서 뜬다면 $2+2=4$

(3) 해가 동쪽에서 뜬다면 $2+2=4$

(4) 해가 서쪽에서 뜬다면 $2+2=5$

풀이 여기에서 (1)번만이 거짓이고 다른 것은 모두 참이다.

■

조건문 "$P \to Q$"가 참인 경우에, 기호로는

$$P \Rightarrow Q$$

와 같이 나타내며, 이 때 "명제 P는 명제 Q이기위한 **충분조건**"이라고 하고, "명제 Q는 명제 P이기위한 **필요조건**"이라고 한다.

정의 1.28

두 명제 P, Q에 대하여 "$P \to Q$인 동시에 $Q \to P$"인 형태의 합성명제를 **쌍조건문**이라고 하고, 기호로는 $P \leftrightarrow Q$ 와 같이 나타낸다.

쌍조건문 $P \leftrightarrow Q$는 $(P \to Q) \wedge (Q \to P)$와 같은 의미로서 진리값은 두 명제 P, Q가 같은 진리값을 가질 때, 즉 동시에 참이거나 거짓인 경우에 만 참이다. 따라서 쌍조건문 $P \leftrightarrow Q$에 의한 진리표는 표 1.5와 같다.

P	Q	$P \leftrightarrow Q$
T	T	$\boldsymbol{T}$
T	F	$\boldsymbol{F}$
F	T	$\boldsymbol{F}$
F	F	$\boldsymbol{T}$

표 1.5

쌍조건문 $P \leftrightarrow Q$가 참인 경우에

$$P \Leftrightarrow Q$$

와 같이 나타내며, 이 때 "명제 P는 명제 Q이기위한 **필요충분조건**", 또는 **동치**라고 한다. 특히, 동치인 관계에 있는 두 명제 P, Q에 대하여

$$P \equiv Q$$

와 같이 나타낸다.

정의 1.29

진리값이 항상 참인 합성명제를 **항진명제**라고 하고, 반면에 진리값이 항상 거짓인 합성명제를 **모순명제**라고 한다.

예제 22 명제 P, Q에 대하여 쌍조건문

$$(P\rightarrow Q)\leftrightarrow(\sim Q\rightarrow\sim P)$$

가 항진명제임을 진리표를 작성하여 확인하여라.

풀이 주어진 쌍조건문의 진리표를 작성하면 표 1.6과 같다. 진리표에서 보듯이 주어진 합성명제의 진리값은 항상 참이므로 주어진 명제는 항진명제이다. ■

P	Q	$P\rightarrow Q$	$\sim Q$	$\sim P$	$\sim Q\rightarrow\sim P$	$(P\rightarrow Q)\leftrightarrow(\sim Q\rightarrow\sim P)$
T	T	T	F	F	T	T
T	F	F	T	F	F	T
F	T	T	F	T	T	T
F	F	T	T	T	T	T

표 1.6

예제 23 명제 P에 대하여 합성명제 $P\wedge\sim P$가 모순명제임을 진리표를 작성하여 확인하여라.

풀이 합성명제 $P\wedge\sim P$의 진리표를 작성하면 표 1.와 같다. 진리표에서 보듯이 주어진 합성명제의 진리값은 항상 거짓이므로 주어진 명제는 모순명제이다.

P	$\sim P$	$P\wedge\sim P$
T	F	F
F	T	F

표 1.7

■

정의 1.30

조건문 $P \to Q$에 대하여 새로운 형태의 조건문

$$Q \to P, \quad \sim P \to \sim Q, \quad \sim Q \to \sim P$$

을 각각 주어진 조건문의 **역**, **이**, **대우**라고 한다.

이와 같은 관계를 그림으로 나타내면 다음과 같다.

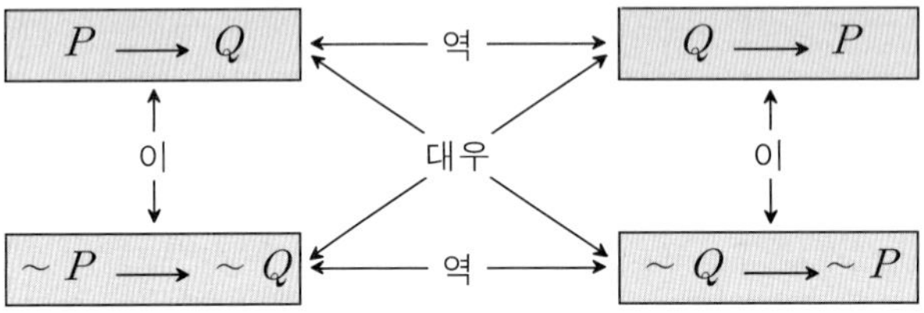

그림 1.9

예제 24 명제 '$x \geq 1$이면 $x^2 \geq 1$이다.'의 역, 이, 대우는 각각 다음과 같다.

풀이 역 : $x^2 \geq 1$이면 $x \geq 1$이다.

이 : $x < 1$이면 $x^2 < 1$이다.

대우 : $x^2 < 1$이면 $x < 1$이다.

■

정리 1.31

명제 P, Q, R에 대하여 다음이 성립한다.

(1) $\sim(\sim P) \equiv P$

(2) $\sim(P \wedge Q) \equiv \sim P \vee \sim Q$, $\quad \sim(P \vee Q) \equiv \sim P \wedge \sim Q$

(3) $P \wedge P \equiv P$, $\quad P \vee P \equiv P$

(4) $P \wedge Q \equiv Q \wedge P$, $\quad P \vee Q \equiv Q \vee P$

(5) $P \wedge (Q \vee R) \equiv (P \wedge Q) \vee (P \wedge R)$, $\quad P \vee (Q \wedge R) \equiv (P \vee Q) \wedge (P \vee R)$

정의 1.32

몇 개의 주어진 명제들로부터 새로운 명제를 얻는 것을 **추론**이라고 한다. 이 때 처음 주어진 명제들을 **전제**라고 하고, 이 들로부터 얻어진 새로운 명제를 **결론**이라고 한다.

전제 $P_1, P_2, P_3, \dots, P_n$으로부터 결론 Q를 얻는 추론의 경우에, 이를

$$P_1, P_2, P_3, \dots, P_n \mapsto Q \text{ 또는 } (P_1, P_2, P_3, \dots, P_n) \mapsto Q$$

와 같이 나타낸다.

정의 1.33

추론 자체는 한 명제이므로 진리값을 가지며, 한 추론이 참인 경우에, **타당한 추론**이라고 하고, 추론이 거짓인 경우에 **오류**라고 한다.

예제 25

P_1 : 모든 사람은 죽는다.

P_2 : 소크라테스는 사람이다.

....

P : 소크라테스는 죽는다.

■

이상은 한 추론 $P_1, P_2 \mapsto P$이며 P_1과 P_2는 전제이고 P는 결론이며 전제와 결론은 점선으로 구분한다.

추론 $P_1, P_2, P_3, \dots, P_n \mapsto Q$는 $P_1, P_2, P_3, \dots, P_n$가 모두 참이면 Q가 참일 때만 추론이다.

예제 26 추론 P, $P \rightarrow Q \mapsto Q$를 고찰하자. 진리표 (표 1.8)에서 P는 1, 2 행에서 참이고 $P \rightarrow Q$는 1, 3, 4행에서 참이다. 그러므로 제 1행에서 P와 $P \rightarrow Q$는 동시에 참이며 이때 Q도 진이다. 즉, P와 $P \rightarrow Q$가 참이면 Q도 참이다. 그러므로 P, $P \rightarrow Q \mapsto Q$는 타당한 추론이다. ■

P	Q	$P \rightarrow Q$	$P \wedge (P \rightarrow Q)$	$P \wedge (P \rightarrow Q) \rightarrow Q$
T	T	T	T	T
T	F	F	F	T
F	T	T	F	T
F	F	T	F	T

표 1.8

예제 27 추론 $P \rightarrow Q$, $Q \mapsto P$는 오류이다. 왜냐하면 진리표 (표 1.9)에서 $P \rightarrow Q$, Q가 동시에 참인 것으로 제 3행이 있는데 이 때 P가 거짓이기 때문이다. ■

P	Q	$P \rightarrow Q$	$(P \rightarrow Q) \wedge Q$	$(P \rightarrow Q) \wedge Q \rightarrow P$
T	T	T	T	T
T	F	F	F	T
F	T	T	T	F
F	F	T	F	T

표 1.9

연습문제 1-2 Exercises

1. 다음 명제 또는 조건의 부정을 말하여라.
   (1) $(x-2)^2=0$이다.
   (2) $\sqrt{4}$는 무리수이다.

2. 조건 p : $|x| \le 3$에 대하여 다음을 구하여라.
   (1) 조건 p의 부정
   (2) 전체집합이 정수 전체의 집합일 때, 조건 p의 진리집합

3. 전체집합이 실수 전체의 집합일 때, 다음 명제의 참, 거짓을 판별하여라.
   (1) 모든 x에 대하여 $x^2>0$이다.
   (2) 어떤 x에 대하여 $x^2-3x+2=0$이다.

4. 다음 명제의 역, 이, 대우를 말하고, 그것의 참, 거짓을 판별하여라.
   (1) $x+1=0$이면 $x^2-4x-5=0$이다.
   (2) $ab>0$이면 $a>0$이고 $b>0$이다.
   (3) 이등변삼각형의 두 내각의 크기는 같다.

5. P를 "그는 잠을 잔다"이고, Q를 "그는 공부를 한다"라 할 때, 다음 각 명제가 뜻하는 문장을 만들어라.
   (1) $P \vee Q$ (2) $P \to \sim Q$ (3) $\sim P \wedge Q$

6. 다음 각 논리식의 진리표를 작성하여라.
   (1) $\sim(P \to \sim Q)$ (2) $(P \wedge Q) \to (P \vee Q)$

❖ 메모

CHAPTER

02

함수

2.1 함수

정의 2.1

집합 X의 각 원소에 집합 Y의 원소를 단 하나씩 대응시킬 때 이러한 대응규칙을 **함수**(function)라고 한다. 이 대응규칙을 f라고 두면 이 함수는

$$f : X \to Y$$

로 나타내고 f는 **X에서 Y로의 함수**라고 한다.

위의 정의 2.1에서 X를 함수 f의 **정의역**, Y를 f의 **공역**이라 하고, $x \in X$인 x에 대응하는 Y의 원소를 x의 **상** 또는 x에서 f의 **값**이라 하며 $f(x)$로 나타낸다. X에 있는 모든 원소들의 상의 집합

$$\{f(x) | x \in X\}$$

을 함수 f의 **치역**이라 하고 $f(X)$로 나타낸다.

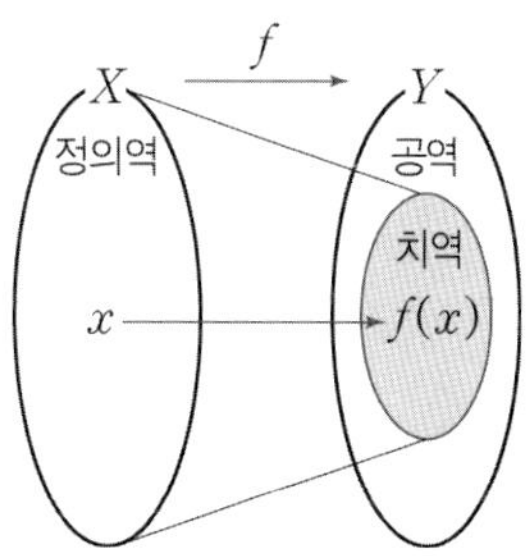

그림 2.1

예제 1 $X=\{x,\ y,\ z\}$이고 $Y=\{1,\ 2,\ 3\}$일 때, 다음 각 관계는 함수인가?

(1) $f=\{(x,\ 1),\ (y,\ 2),\ (z,\ 3)\}$

(2) $g=\{(x,\ 2),\ (y,\ 3),\ (z,\ 2)\}$

(3) $h=\{(x,\ 2),\ (y,\ 1)\}$

(4) $\psi=\{(x,\ 1),\ (y,\ 2),\ (z,\ 3),\ (x,\ 4)\}$

풀이 (1)과 (2)는 함수이고, (3)과 (4)는 함수가 아니다.

예제 2 다음 대응 중에서 집합 X에서 집합 Y로의 함수인 것을 모두 찾고, 함수인 것은 정의역과 공역을 말하여라.

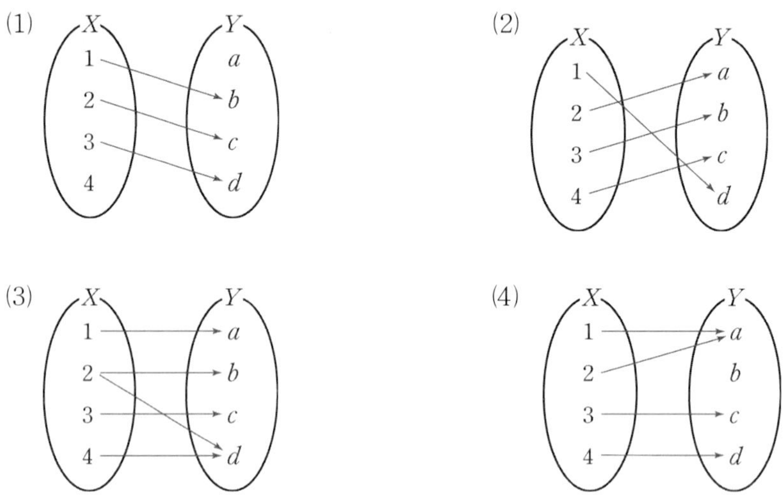

그림 2.2

풀이 (2) 함수이며 정의역$=\{1,\ 2,\ 3,\ 4\}$이고 공역$=\{a,\ b,\ c,\ d\}$이다.
(4) 함수이며 정의역$=\{1,\ 2,\ 3,\ 4\}$이고 공역$=\{a,\ b,\ c,\ d\}$이다.

예제 3

(1) 아래 그림과 같은 함수 $f: X \longrightarrow Y$에서 정의역 X의 각 원소에 대한 함숫값은 다음과 같다.

$$f(1)=a,\ f(2)=c,\ f(3)=b$$

따라서 치역은 $\{a,\ b,\ c\}$이고, 이것은 공역 Y의 부분집합이다.

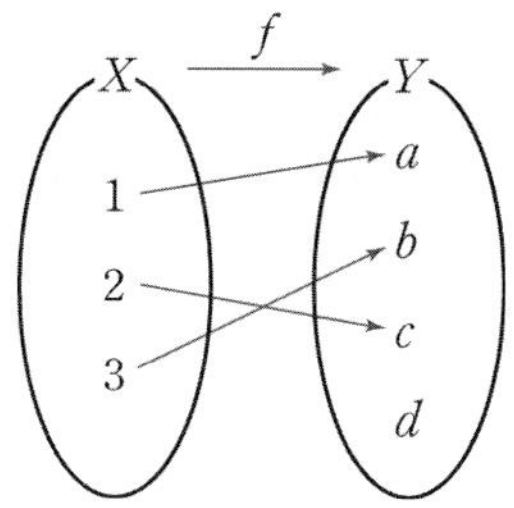

그림 2.3

(2) 실수 전체의 집합을 R라고 할 때, 함수

$$f : R \longrightarrow R,\ f(x) = x^2$$

의 치역은 음이 아닌 실수 전체의 집합이고, 이것은 공역 R의 부분집합이다.

함수 $f : X \longrightarrow Y$에서 정의역 X의 원소 x와 이에 대응하는 함숫값 $f(x)$의 순서쌍 $(x,\ f(x))$ 전체의 집합 $G(f) - \{(x,\ f(x)) | x \in X\}$를 함수 f의 **그래프**라고 한다.

특히 정의역과 공역이 모두 실수의 집합인 함수 $y = f(x)$의 그래프는 순서쌍 $(x,\ f(x))$를 좌표평면에 점으로 나타내어 그릴 수 있다.

함수의 그래프는 정의역의 각 원소 a에 대하여 y축에 평행한 직선 $x = a$와 오직 한 점에서 만난다.

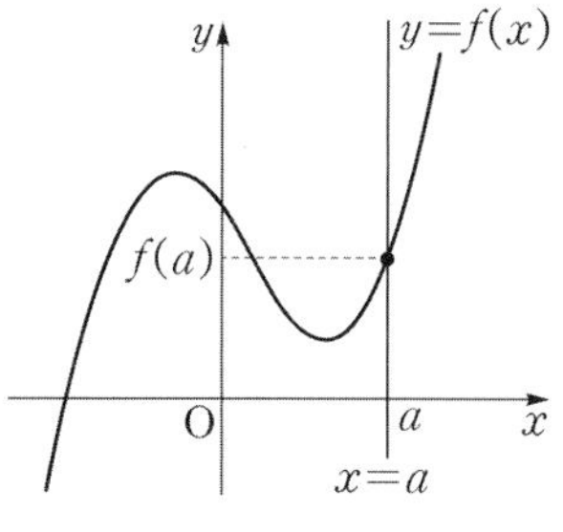

그림 2.4

예제 4 함수 $f : R \rightarrow R,\ f(x) = x^2 - 1$의 그래프를 찾아라.

풀이 $G(f) = \{x,\ f(x) | x \in R\} = \{(x,\ x^2 - 1) | x \in R\}$

이것을 좌표평면 위에 그리면 그림 2.5와 같다.

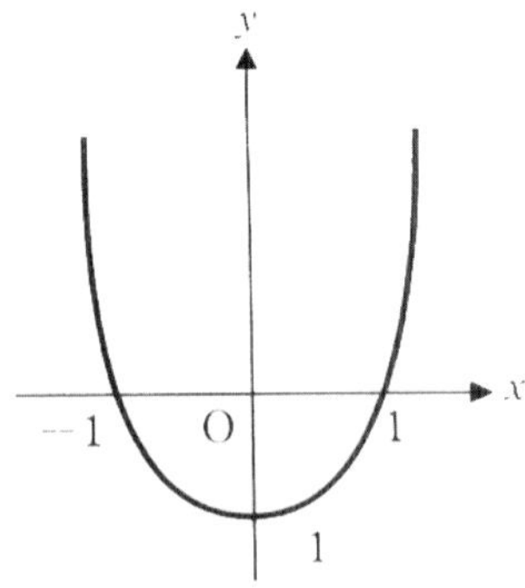

그림 2.5

정의 2.2

같은 정의역을 갖는 두 함수 f, g에 대하여 **합, 차, 곱, 몫**을 다음과 같이 정의한다.

(1) $(f+g)(x)=f(x)+g(x)$

(2) $(f-g)(x)=f(x)-g(x)$

(3) $(f\cdot g)(x)=f(x)g(x)$

(4) $\left(\dfrac{f}{g}\right)(x)=\dfrac{f(x)}{g(x)}$ (단, $g(x)\neq 0$)

예제 5 $f(x)=\sqrt{x+1}$, $g(x)=\sqrt{x-4}$ 일 때 다음을 구하여라.

(1) $(f+g)(x)$ (2) $(f-g)(x)$

(3) $(f\cdot g)(x)$ (4) $\left(\dfrac{f}{g}\right)(x)$

풀이 (1) $(f+g)(x)=\sqrt{x+1}+\sqrt{x-4}$

(2) $(f-g)(x)=\sqrt{x+1}-\sqrt{x-4}$

(3) $(f\cdot g)(x)=\sqrt{x+1}\,\sqrt{x+4}$

(4) $\left(\dfrac{f}{g}\right)(x)=\dfrac{\sqrt{x+1}}{\sqrt{x-4}}(x\neq 4)$

정의 2.3

함수 $f : X \to Y$ 에 대하여

(1) $x_1 \neq x_2$일 때 $f(x_1) \neq f(x_2)$이면 **일대일함수** 또는 **단사함수**라 한다.

(2) $f(X) = Y$이면 **위로함수** 또는 **전사함수**라 한다.

만약 (1), (2)가 동시에 성립하면 **일대일대응** 또는 **전단사함수**라고 한다.

예제 6 다음에서 f는 전사도 단사도 아니고, g는 전사이지만 단사가 아니며, h는 단사이지만 전사가 아니다.

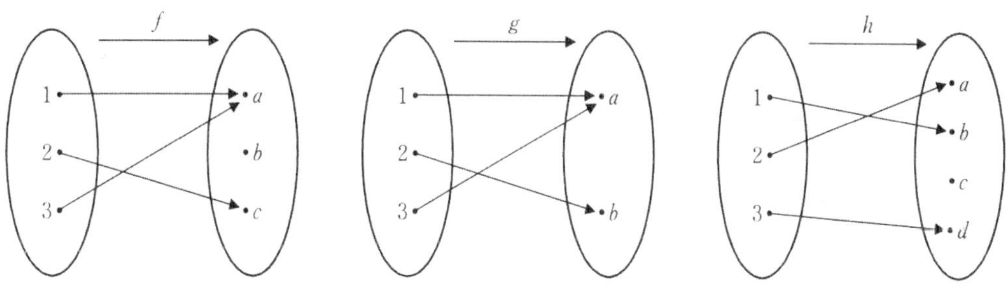

그림 2.6

예제 7 다음에서 f는 전사인 동시에 단사이므로 전단사이다.

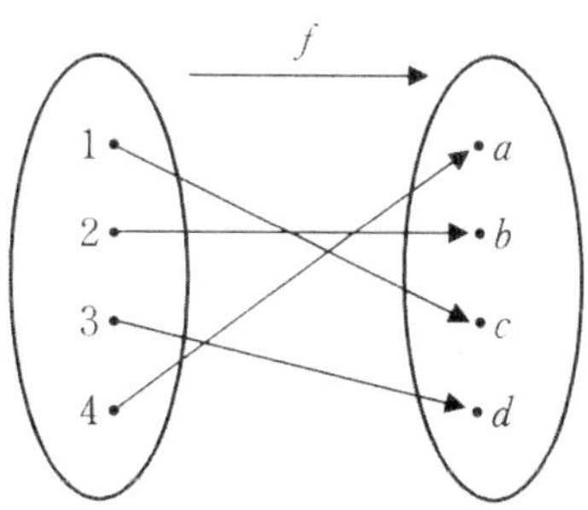

그림 2.7

예제 8 실수 전체의 집합 R에서 R로의 두 함수 f, g에 대하여

(1) $f(x)=2x$에 대하여

$x_1 \neq x_2$일 때 $2x_1 \neq 2x_2$, 즉 $f(x_1) \neq f(x_2)$

이므로 함수 f는 일대일함수이고, 치역과 공역이 같으므로 일대일대응이다.

(2) $g(x)=x^2$에 대하여

$x_1 \neq x_2$이지만 ${x_1}^2={x_2}^2$,

즉 $g(x_1)=g(x_2)$

인 경우도 있으므로 함수 g는 일대일함수가 아니다. 따라서 일대일대응도 아니다. ■

정의 2.4

일반적으로 두 함수

$$f : X \longrightarrow Y,\ g : Y \longrightarrow Z$$

가 주어졌을 때, 집합 X의 임의의 원소 x에 집합 Z의 원소 $g(f(x))$를 대응시켜서 X를 정의역, Z를 공역으로 하는 새로운 함수를 정의할 수 있다.

이때 이 새로운 함수를 f와 g의 **합성함수**라고 하며, 이것을 기호로

$$g \circ f$$

와 같이 나타낸다.

두 함수 $f : X \longrightarrow Y$와

$g : Y \longrightarrow Z$의 합성함수

$g \circ f : X \longrightarrow Z$에서 x의 함숫값을

$$(g \circ f)(x)$$

와 같이 나타낸다.

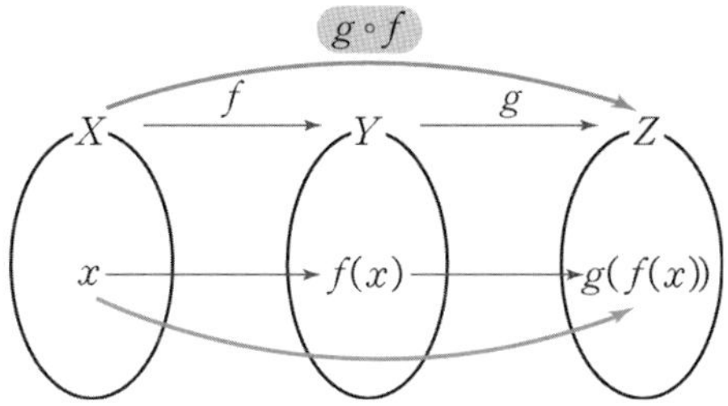

그림 2.8

이때 X의 임의의 원소 x에 Z의 원소 $g(f(x))$가 대응하므로

$$(g \circ f)(x) = g(f(x))$$

가 성립한다. 따라서 f와 g의 합성함수를

$$\boldsymbol{y = g(f(x))}$$

와 같이 나타낸다.

예제 9 $f(x) = x^2$, $g(x) = x+1$일 때, 합성함수 $f \circ g$와 $g \circ f$를 구하여라.

풀이 $(f \circ g)(x) = f(g(x)) = (x+1)^2 = x^2 + 2x + 1$

$(g \circ f)(x) = g(f(x)) = x^2 + 1$

■

정의 2.5

함수 $f: X \to Y$에 대해서 함수 $g \cdot Y \to X$가 존재하여

$$y = f(x) \Leftrightarrow x = g(y)$$

일 때 g를 f의 **역함수**(inverse function)라 하고 f^{-1}로 나타낸다.

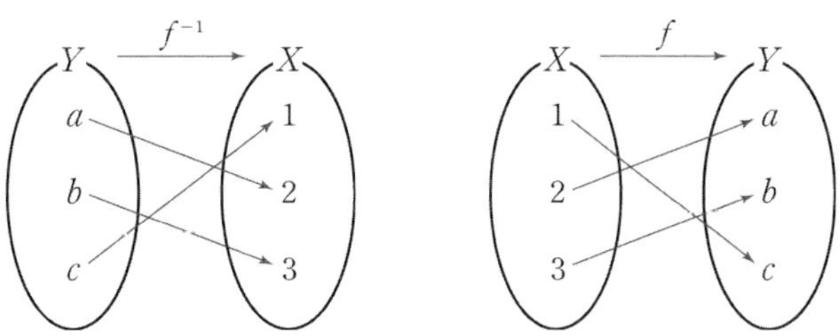

그림 2.9

정의 2.6

임의의 집합 X에 대해 함수 $f: X \to X$가 $f(x)=x$, $x \in X$로 정의할 때, f를 X 상의 항등함수라 하고 I_x로 나타낸다.

함수 $f: X \longrightarrow Y$와 그 역함수 $f^{-1}: Y \longrightarrow X$ 사이에

$$y=f(x) \Longleftrightarrow x=f^{-1}(y)$$

와 같은 관계가 성립하고, 이 관계로부터 다음이 성립한다.

$$(f^{-1} \circ f)(x)=f^{-1}(f(x))=f^{-1}(y)=x\,(x \in X)$$
$$(f \circ f^{-1})(y)=f(f^{-1}(y))=f(x)=y\,(y \in Y)$$

즉 합성함수 $f^{-1} \circ f$와 $f \circ f^{-1}$는 각각 X와 Y에서의 항등함수이다.

정리 2.7

함수 $f: X \longrightarrow Y$가 일대일대응일 때

(1) f의 역함수 $f^{-1}: Y \longrightarrow X$가 존재한다.

(2) $y=f(x) \Longleftrightarrow x=f^{-1}(y)$

(3) $(f^{-1} \circ f)(x)=x\,(x \in X)$, $(f \circ f^{-1})(y)=y\,(y \in Y)$

순서쌍 (x, y)와 (y, x)는 좌표평면에서 직선 $y=x$에 대해 대칭이다(그림 2.9 참조). 역함수의 정의에 따르면 $(x,y) \in G(f) \Leftrightarrow (y, x) \in G(f^{-1})$이기 때문에 f의 그래프와 f^{-1}의 그래프는 직선 $y=x$에 대해 대칭이다.

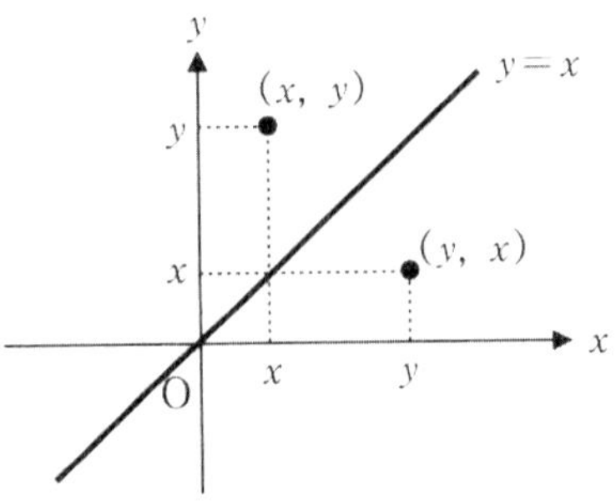

그림 2.10

예제 10 함수 $y = 3x + 2$의 역함수를 구하여라.

풀이 대응규칙 $y = 3x + 2$를 x에 관하여 풀면 $x = 3y + 2$이다. 따라서 구하는 역함수는

$$y = \frac{x-2}{3}$$

이다. ■

연습문제 2-1 Exercises

1. 다음 함수의 정의역을 구하여라.
   (1) $f(x) = \sqrt{(3-x)(2x+4)}$
   (2) $f(x) = \sqrt{\sin 3x}$
   (3) $f(x) = \left\{(x,\ y) \middle| \frac{x^2}{a^2} + \frac{y^2}{b^2} = 1\right\},\ a,\ b > 0$

2. $f\left(\frac{x-1}{x+1}\right) = \frac{x-2}{x+2}$일 때 $f(2)$를 구하여라.

3. $f(x) = \frac{1}{x-1},\ g(x) = \frac{x}{x-2}$일 때 $(f \circ g)(x) = f(x)$를 만족하는 x를 구하여라.

4. 다음 함수의 역함수를 구하여라.
   (1) $y = \sqrt{x-1}$
   (2) $y = \frac{ax+b}{cx+d}\ (ad - bc \neq 0)$

5. $X = \{-1,\ 1,\ 2\},\ Y = \{1,\ 2,\ 3,\ 4\}$일 때, X의 임의의 원소 x에 대하여 다음과 같은 X에서 Y로의 대응을 생각하자. 이 중 함수인 것과 그 치역을 구하여라.
   (1) $x \to x$
   (2) $x \to x + 2$
   (3) $x \to |x|$
   (4) $x \to x^2$

2.2 삼각함수

정의 2.8

각의 크기(즉 각도)를 나타내는 방법에는 60분법과 호도법이 있다. 1직각의 $\frac{1}{90}$ 의 크기를 1 **도**라고 하고, 기호로는 1° 와 같이 나타내며 보조단위로서 **분**, **초**를 사용한다. 이와 같이 정의된 단위를 사용하는 각의 측정법을 **60분법**이라고 한다.

평면 위의 두 반직선 OX와 OP에 의하여 $\angle XOP$가 정해진다.

아래 그림과 같이 $\angle XOP$의 크기는 $\overrightarrow{OP}$가 한 점 O를 중심으로 $\overrightarrow{OX}$의 위치에서 $\overrightarrow{OP}$의 위치까지 회전한 양으로 정의한다.

이때 $\overrightarrow{OX}$를 $\angle XOP$의 **시초선**, $\overrightarrow{OP}$를 $\angle XOP$의 **동경**이라고 한다.

동경 $\overrightarrow{OP}$가 점 O를 중심으로 회전할 때, 시계 바늘이 도는 방향과 반대인 방향을 **양의 방향**이라고 하고, 시계 바늘이 도는 방향과 같은 방향을 **음의 방향**이라고 한다.

또 동경 $\overrightarrow{OP}$가 양의 방향으로 회전하여 생기는 각의 크기는 양의 부호 +를 붙여 나타내고, 음의 방향으로 회전하여 생기는 각의 크기는 음의 부호 −를 붙여 나타낸다.

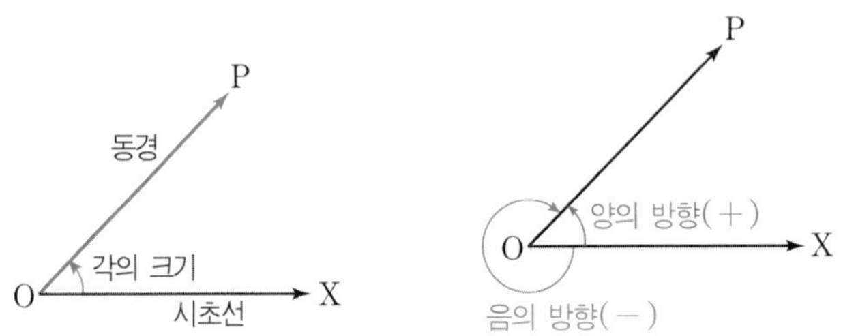

그림 2.11

$\angle XOP$의 동경 $\overrightarrow{OP}$는 점 O를 중심으로 양 또는 음의 방향으로 한 바퀴 이상 회전할 수 있으므로 360°보다 큰 각 또는 -360°보다 작은 각을 생각할 수 있다.

이를테면 크기가 480°, 760°, -405°인 각을 그림으로 나타내면 다음과 같다.

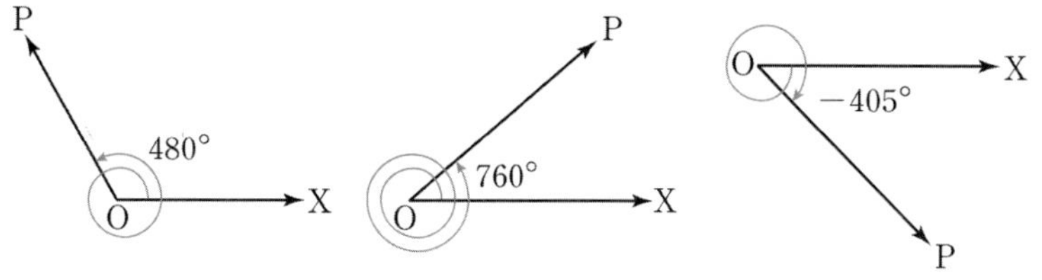

그림 2.12

시초선 $\overrightarrow{\mathrm{OX}}$는 고정되어 있으므로 $\angle \mathrm{XOP}$의 크기가 정해지면 동경 $\overrightarrow{\mathrm{OP}}$의 위치는 하나로 정해진다. 그러나 동경 $\overrightarrow{\mathrm{OP}}$의 위치가 정해져도 동경 $\overrightarrow{\mathrm{OP}}$가 나타내는 각의 크기는 하나로 정해지지 않는다.

이를테면 다음 그림과 같이 시초선 $\overrightarrow{\mathrm{OX}}$와 $30°$의 위치에 있는 동경 $\overrightarrow{\mathrm{OP}}$가 나타내는 각의 크기는 여러 가지이다.

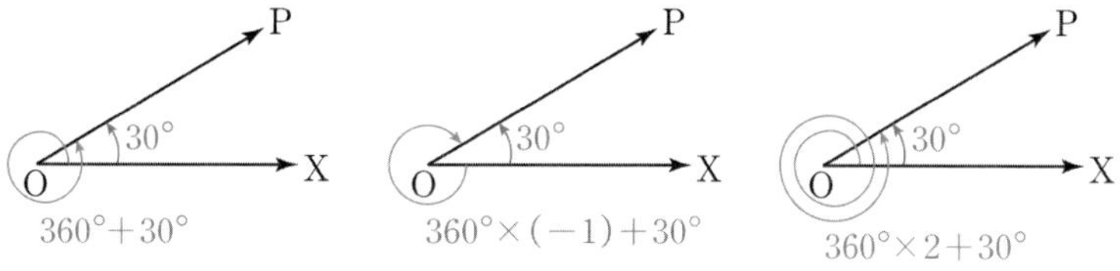

그림 2. 13

정의 2.9

일반적으로 동경 $\overrightarrow{\mathrm{OP}}$가 나타내는 한 각의 크기를 $\alpha°$라고 하면 $\angle \mathrm{XOP}$의 크기는

$$360° \times n + \alpha° \quad (n\text{은 정수})$$

의 꼴로 나타낼 수 있다. 이것을 동경 $\overrightarrow{\mathrm{OP}}$가 나타내는 일반각이라고 한다.

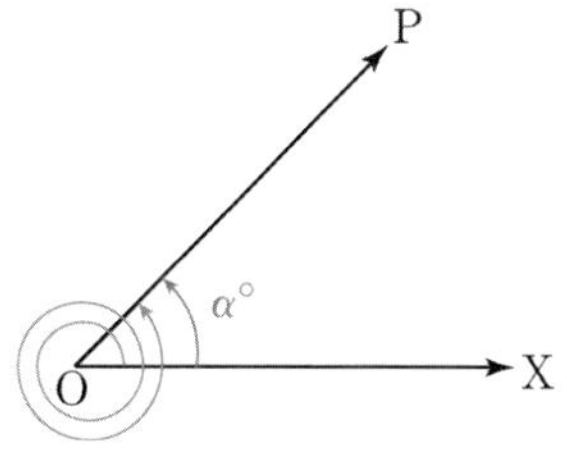

그림 2.14

아래 그림과 같이 반지름의 길이가 r인 원에서 길이가 r인 호 AB에 대한 중심각의 크기를 $\alpha°$라고 하면, 호의 길이는 중심각의 크기에 비례하므로

$$r : 2\pi r = \alpha° : 360°$$

이다. 따라서

$$\alpha° = \frac{180°}{\pi}$$

이다.

여기에서 $\dfrac{180°}{\pi}$는 반지름의 길이 r에 관계없이 항상 일정하다.

이 일정한 각의 크기 $\dfrac{180°}{\pi}$를 1라디안(radian)이라고 하며, 이것을 단위로 각의 크기를 나타내는 방법을 **호도법**이라고 한다.

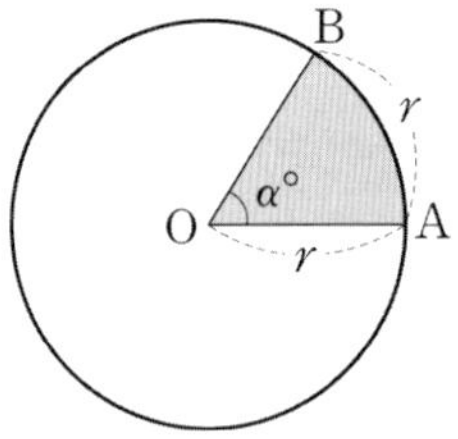

그림 2.15

예제 11 다음 주어진 각에 대하여 60분법은 호도법으로, 호도법은 60분법으로 각각 변환하여 나타내어라.

(1) $90°$ (2) $120°$ (3) $\dfrac{\pi}{3} rad$ (4) $-\dfrac{2\pi}{3} rad$

풀이 $180° = \pi\ rad$이므로 $1° = \dfrac{\pi}{180} rad$이다. 따라서

(1) $90° = 90 \cdot \dfrac{\pi}{180} rad = \dfrac{\pi}{2} rad$ (2) $120° = 120 \cdot \dfrac{\pi}{180} rad = \dfrac{2\pi}{3} rad$

(3) $\dfrac{\pi}{3} rad = \dfrac{1}{3} \cdot 180° = 60°$ (4) $-\dfrac{2\pi}{3} rad = -\dfrac{2}{3} \cdot 180° = -120°$

이다.

정의 2.10

직각삼각형에서 서로 다른 두 변을 취하여 얻어지는 변의 길이의 비를 총칭하여 **삼각비**라고 한다.

평면의 직교좌표계에서 원점 O를 시점으로 하고 반경이 $r>0$인 원주 상의 한 점 $P(a,\ b)$를 종점으로 하는 동경 OP가 x축의 양의 방향과 이루는 일반각을 θ라 할 때, θ에 대한 **삼각함수**의 정의를 다음과 같이 정의한다.

정리 2.11

$$\sin\theta = \frac{b}{r} \qquad \csc\theta = \frac{1}{\sin\theta} = \frac{r}{y} = \frac{r}{b}$$

$$\cos\theta = \frac{a}{r} \qquad \sec\theta = \frac{1}{\cos\theta} = \frac{r}{x} = \frac{r}{a}$$

$$\tan\theta = \frac{b}{a}\ (a \neq 0) \qquad \cot\theta = \frac{1}{\tan\theta} = \frac{x}{y} = \frac{a}{b}\ (b \neq 0)$$

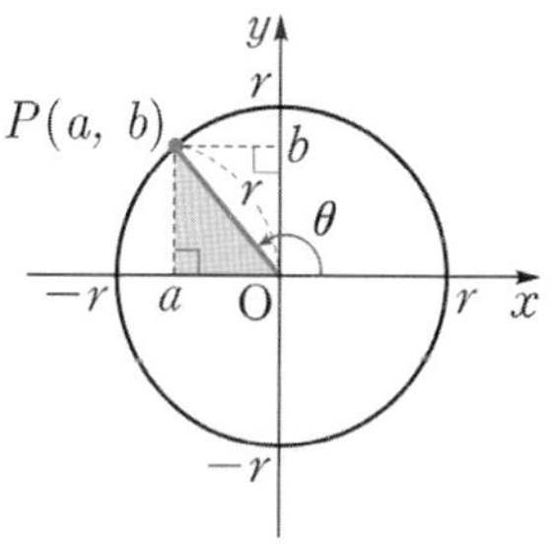

그림 2.16

예제 12 아래 그림과 같이 원점 O와 점 P(3, −4)를 지나는 동경 $\overrightarrow{\mathrm{OP}}$가 나타내는 각을 θ라고 하면, $\overline{\mathrm{OP}}=5$이므로 삼각함수의 정의에 의하여

$$\sin\theta = -\frac{4}{5}, \qquad \cos\theta = \frac{3}{5}, \qquad \tan\theta = -\frac{4}{3}$$

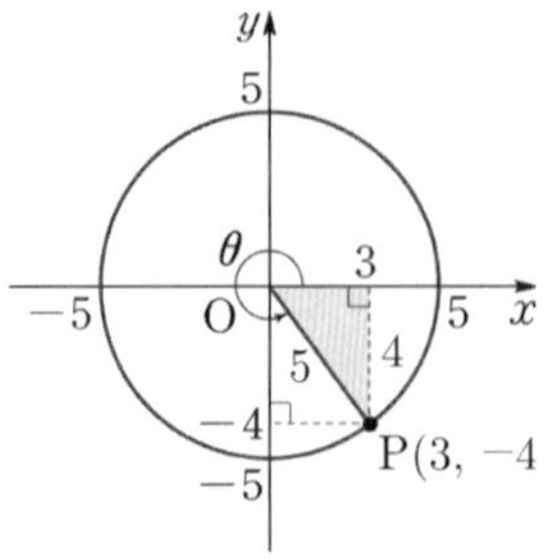

그림 2.17

정리 2.12

(1) $\tan\theta = \dfrac{\sin\theta}{\cos\theta}$

(2) $\sin^2\theta + \cos^2\theta = 1 \qquad 1+\tan^2\theta = \sec^2\theta \qquad 1+\cot^2\theta = \csc^2\theta$

예제 13 θ가 제2사분면의 각이고 $\sin\theta = \dfrac{3}{5}$일 때, $\cos\theta$, $\tan\theta$의 값을 구하여라.

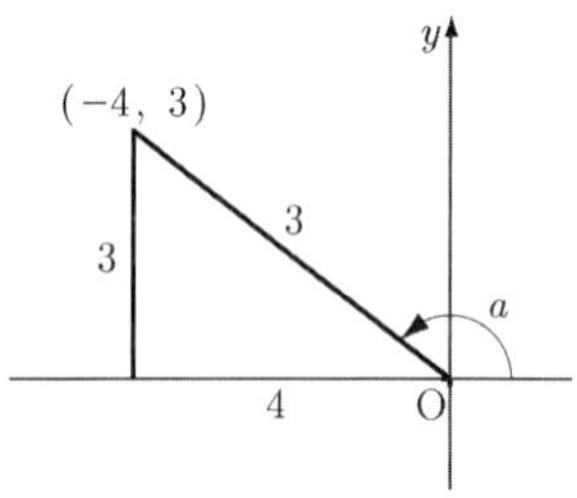

그림 2.18

$\sin^2\theta + \cos^2\theta = 1$이므로

$$\cos^2\theta = 1 - \sin^2\theta$$
$$= 1 - \left(\frac{3}{5}\right)^2 = \left(\frac{4}{5}\right)^2$$

그런데 θ는 제2사분면의 각이므로 $\cos\theta < 0$이다. 따라서

$$\cos\theta = -\frac{4}{5}$$

또한 $\tan\theta = \dfrac{\sin\theta}{\cos\theta}$이므로

$$\tan\theta = \frac{3}{5} \div \left(-\frac{4}{5}\right) = -\frac{3}{4}$$

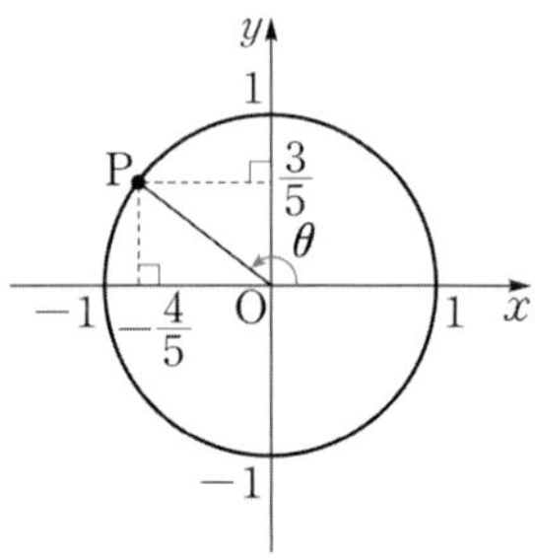

그림 2.19

예제 14 $\sin\theta - \cos\theta = \frac{1}{3}$일 때 다음을 구하여라.

(1) $\sin\theta\cos\theta$　　　　(2) $\tan\theta + \cot\theta$

풀이 (1) $(\sin\theta - \cos\theta)^2 = 1 - 2\sin\theta\cos\theta$이므로

$$\sin\theta\cos\theta = \frac{1}{2}(1 - \frac{1}{9}) = \frac{4}{9}$$

이다.

(2) (1)의 결과로부터

$$\tan\theta + \cot\theta = \frac{\sin\theta}{\cos\theta} + \frac{\cos\theta}{\sin\theta} = \frac{\sin^2\theta + \cos^2\theta}{\sin\theta\cos\theta} = \frac{1}{\sin\theta\cos\theta} = \frac{9}{4}$$

정의 2.13

함수 f가 $f(x+p) = f(x)$와 같은 성질을 만족시키는 양수 p가 존재할 때, f를 주기함수라고 하고 이를 만족시키는 최소의 양수 p를 주기라고 한다.

단위원을 이용하여 θ의 크기의 변화에 따른 $\sin\theta$의 값의 변화 상태를 알아보고, θ의 값을 가로축에, 그에 대응하는 $\sin\theta$의 값을 세로축에 나타내어 사인함수 $y = \sin\theta$의 그래프를 그리면 다음과 같다.

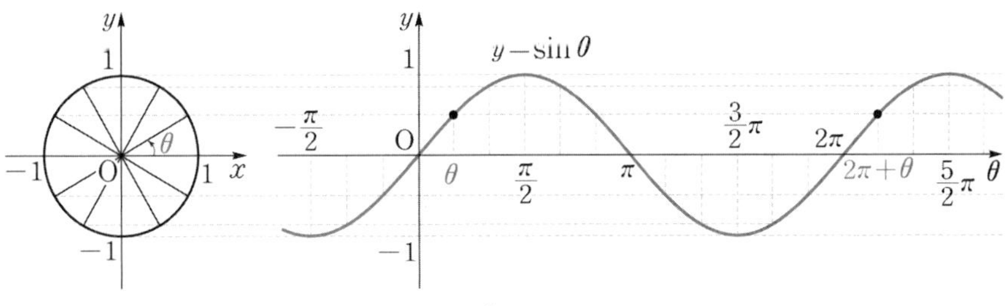

그림 2.20

정리 2.14 함수 $y=\sin x$ 의 성질

(1) 정의역은 실수 전체의 집합이다.

치역은 $\{y|-1 \le y \le 1\}$, 즉 $-1 \le \sin x \le 1$이다.

(2) 그래프는 원점에 대하여 대칭이다. 즉

$\sin(-x) = -\sin x$

(3) 주기가 2π인 주기함수이다.

사인함수와 코사인함수 사이에는

$$\sin\left(x+\frac{\pi}{2}\right)=\cos x$$

인 관계가 있으므로 $y=\cos x$의 그래프는 $y=\sin x$의 그래프를 x축의 방향으로 $-\frac{\pi}{2}$만큼 평행이동한 것과 같다.

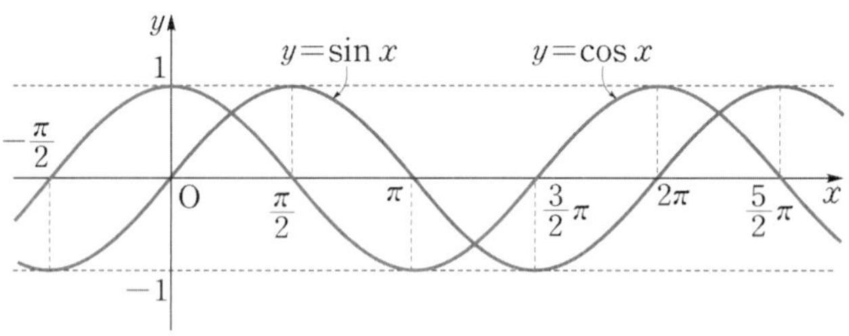

그림 2.21

정리 2.15 함수 $y=\cos x$의 성질

(1) 정의역은 실수 전체의 집합이다.

치역은 $\{y|-1 \le y \le 1\}$, 즉 $-1 \le \cos x \le 1$이다.

(2) 그래프는 y축에 대하여 대칭이다. 즉

$\cos(-x) = \cos x$

(3) 주기가 2π인 주기함수이다.

(4) $y=\cos x$의 그래프는 $y=\sin x$의 그래프를 x축의 방향으로 $-\frac{\pi}{2}$만큼 평행이동한 것과 같다.

단위원을 이용하여 θ의 크기의 변화에 따른 $\tan\theta$의 값의 변화 상태를 알아보고, θ의 값을 가로축에, 그에 대응하는 $\tan\theta$의 값을 세로축에 나타내어 탄젠트함수 $y=\tan\theta$의 그래프를 그리면 다음과 같다.

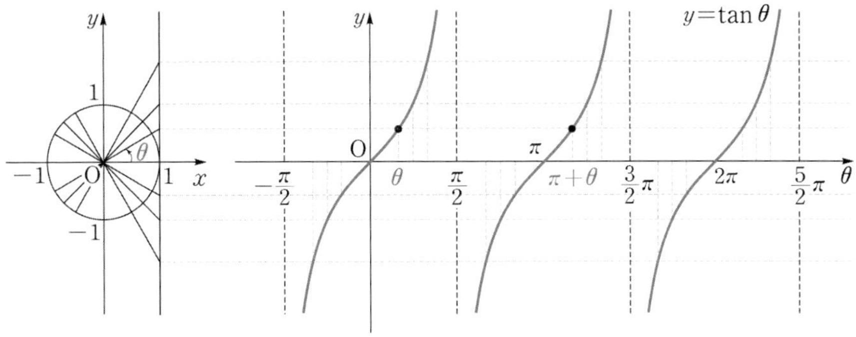

그림 2.22

정리 2.16 함수 $y=\tan x$의 성질

(1) 정의역은 $n\pi+\dfrac{\pi}{2}$(n은 정수)를 제외한 실수 전체의 집합이고, 치역은 실수 전체의 집합이다.

(2) 그래프는 원점에 대하여 대칭이다. 즉

$\tan(-x)=-\tan x$

(3) 주기가 π인 주기함수이다.

(4) 그래프의 점근선은 직선 $x=n\pi+\dfrac{\pi}{2}$(n은 정수)이다.

정리 2.17

(1) 주기공식

$$\sin(2\pi n+\theta)=\sin\theta \qquad \cos(2\pi n+\theta)=\cos\theta$$

$$\tan(n\pi+\theta)=\tan\theta$$

(2) 음각공식

$$\sin(-\theta) = -\sin\theta \qquad \cos(-\theta) = \cos\theta$$

$$\tan(-\theta) = -\tan\theta$$

(3) 여각공식

$$\sin\left(\frac{\pi}{2} - \theta\right) = \cos\theta \qquad \cos\left(\frac{\pi}{2} - \theta\right) = \sin\theta$$

$$\tan\left(\frac{\pi}{2} - \theta\right) = \cot\theta$$

(4) 보각공식

$$\sin(\pi - \theta) = \sin\theta \quad \cos(\pi - \theta) = -\cos\theta$$

$$\tan(\pi - \theta) = -\tan\theta$$

예제 15 다음 삼각함수의 값을 구하여라.

(1) $\sin\left(-\frac{\pi}{3}\right)$ (2) $\tan\left(-\frac{7\pi}{6}\right)$ (3) $\cos\left(-\frac{5\pi}{4}\right)$

풀이

(1) $\sin\left(-\frac{\pi}{3}\right) = -\sin\frac{\pi}{3} = -\frac{\sqrt{3}}{2}$

(2) $\tan\left(-\frac{7\pi}{6}\right) = -\tan\frac{7\pi}{6} = -\tan\left(\pi + \frac{\pi}{6}\right) = -\tan\frac{\pi}{6} = -\frac{1}{\sqrt{3}}$

(3) $\cos\left(-\frac{5\pi}{4}\right) = \cos\frac{5\pi}{4} = \cos\left(\pi + \frac{\pi}{4}\right) = -\cos\frac{\pi}{4} = -\frac{1}{\sqrt{2}}$

2.3 지수함수와 로그함수

정의 2.18

실수 전체의 집합을 정의역으로 하는 함수

$$y = a^x \ (a > 0,\ a \neq 1)$$

을 a를 밑으로 하는 **지수함수**라고 한다.

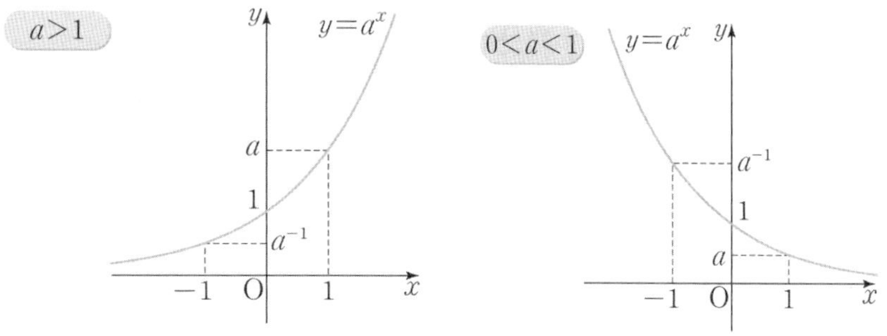

그림 2.23

정리 2.19 지수함수 $y=a^x$ $(a>0,\ a\neq 1)$의 성질

(1) 정의역은 실수 전체의 집합이고, 치역은 양의 실수 전체의 집합이다.

(2) $a>1$일 때, x의 값이 증가하면 y의 값도 증가한다.

$0<a<1$일 때, x의 값이 증가하면 y의 값은 감소한다.

(3) 그래프는 점 (0, 1)을 지난다.

(4) 그래프의 점근선은 x축이다.

예제 16 아래 그림은 지수함수 $y=\left(\frac{1}{2}\right)^x$의 그래프이다. 이 그래프를 이용하여 다음 수의 대소를 비교하여라.

(1) $\left(\frac{1}{2}\right)^{\sqrt{2}}$, $\left(\frac{1}{2}\right)^{\sqrt{3}}$ (2) $\left(\frac{1}{2}\right)^{-2}$, $\left(\frac{1}{2}\right)^{-3}$

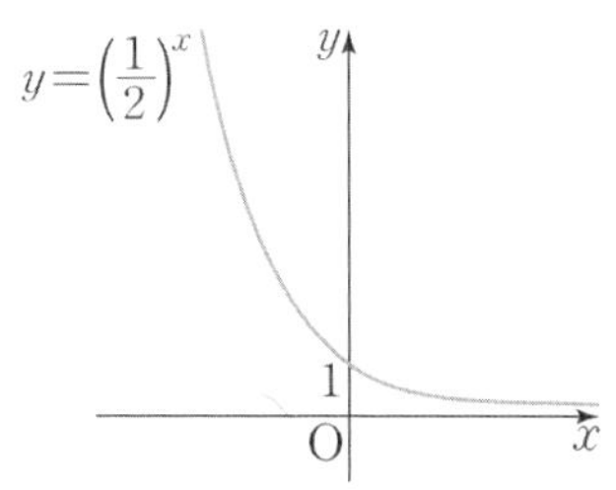

그림 2.24

풀이 $y=\left(\frac{1}{2}\right)^x$ 의 그래프에서 x의 값이 증가하면 y의 값은 감소한다.

(1)지수를 비교하면 $\sqrt{2}<\sqrt{3}$ 이므로 $\left(\frac{1}{2}\right)^{\sqrt{2}}>\left(\frac{1}{2}\right)^{\sqrt{3}}$

(2)지수를 비교하면 $-2>-3$이므로 $\left(\frac{1}{2}\right)^{-2}<\left(\frac{1}{2}\right)^{-3}$

로그함수 $y=\log_a x$ $(a>0,\ a\neq 1)$는 지수함수 $y=a^x$ $(a>0,\ a\neq 1)$의 역함수이므로 로그함수 $y=\log_a x$의 정의역은 양의 실수 전체의 집합이고 치역은 실수 전체의 집합이다.

정의 2.20

$a>0,\ a\neq 1$일 때

(1) $y=\log_a x \iff x=a^y$

(2) 로그함수 $y=\log_a x$는 지수함수 $y=a^x$ 의 역함수이다.

일반적으로 로그함수 $y=\log_a x$의 그래프는 지수함수 $y=a^x$ 의 그래프와 직선 $y=x$에 대하여 대칭이다. 이것을 이용하여 로그함수 $y=\log_a x$의 그래프를 그리면 다음 그림과 같다.

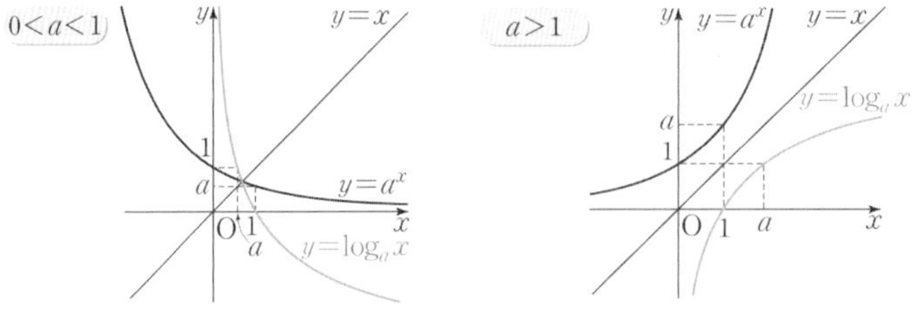

그림 2.25

정리 2.21 로그함수 $y=\log_a x$ $(a>0,\ a\neq 1)$의 성질

(1) 정의역은 양의 실수 전체의 집합이고, 치역은 실수 전체의 집합이다.

(2) $a>1$일 때, x의 값이 증가하면 y의 값도 증가한다.

$0<a<1$일 때, x의 값이 증가하면 y의 값은 감소한다.

(3) 그래프는 점 $(1,\ 0)$과 점 $(a,\ 1)$을 지난다.

(4) 그래프의 점근선은 y축이다.

예제 17 로그함수 $y=\log_{\frac{1}{2}} x$의 그래프는 아래 그림과 같다. 이 그래프를 이용하여 다음 수의 대소를 비교하여라.

(1) $\log_{\frac{1}{2}}\sqrt{3}$, $\log_{\frac{1}{2}} 2$　　　(2) $\log_{\frac{1}{2}}\frac{1}{4}$, $\log_{\frac{1}{2}}\frac{1}{3}$

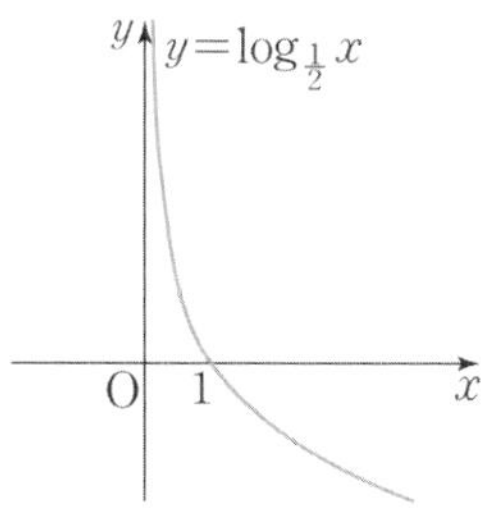

그림 2.26

풀이 $y=\log_{\frac{1}{2}} x$의 그래프에서 x의 값이 증가하면 y의 값은 감소한다.

(1) 진수를 비교하면 $\sqrt{3}<2$이므로　$\log_{\frac{1}{2}}\sqrt{3}>\log_{\frac{1}{2}} 2$

(2) 진수를 비교하면 $\frac{1}{4}<\frac{1}{3}$이므로　$\log_{\frac{1}{2}}\frac{1}{4}>\log_{\frac{1}{2}}\frac{1}{3}$

■

연습문제 2-2 Exercises

1. θ가 제2사분면의 각이고 $\cos\theta = -\frac{12}{13}$일 때, $\sin\theta$, $\tan\theta$의 값을 구하여라.

2. 다음 삼각함수의 값을 구하여라.

(1) $\sin 750°$ (2) $\sin\left(-\frac{\pi}{4}\right)$

(3) $\cos\frac{5}{3}\pi$ (4) $\tan(-510°)$

3. 함수 $y = a\sin bx + c$의 최댓값이 4, 최솟값이 -2이고 주기가 π일 때, 상수 a, b, c의 값을 구하여라. (단, $a > 0$, $b > 0$)

4. 다음 식을 간단히 하여라.

(1) $\frac{1}{\tan\theta} - \frac{\sin\theta}{1-\cos\theta}$

(2) $\sin^2\left(\frac{\pi}{2}+\theta\right) + \sin^2(\pi-\theta) - \cos^2(2\pi-\theta) + \sin^2\left(\frac{3}{2}\pi-\theta\right)$

5. 다음 식을 간단히 하여라.

(1) $\sqrt{a} \times \sqrt[3]{a}$ (2) $3\sqrt{25^4} \times \sqrt{5^3} \div \sqrt[6]{5}$

6. 다음 식을 간단히 하여라.

(1) $\log_2 12 - 2\log_2\sqrt{6}$

(2) $\log_3\sqrt{5} - \frac{1}{2}log_3\frac{1}{2} - \frac{3}{2}log_3\sqrt[3]{10}$

7. $\log 2 = a$, $\log 3 = b$ 일 때, 다음 값을 a, b 로 나타내어라.

(1) $\log 4.5$ (2) $\log_{15} 20$

8. 함수 $y = 2^{x-1} + 1$의 역함수를 구하여라.

CHAPTER 03

행렬과 행렬식

3.1 행렬의 연산

$m \times n$ 개의 실수를

$$\begin{pmatrix} a_{11} & a_{12} & a_{13} & \cdots & a_{1n} \\ a_{21} & a_{22} & u_{23} & \cdots & a_{2n} \\ a_{31} & a_{32} & a_{33} & \cdots & a_{3n} \\ \cdots & \cdots & \cdots & \cdots & \cdots \\ a_{i1} & a_{i2} & a_{i3} & \cdots & a_{in} \\ \cdots & \cdots & \cdots & \cdots & \cdots \\ a_{m1} & a_{m2} & a_{m3} & \cdots & a_{mn} \end{pmatrix}$$

와 같이 직사각형 모양으로 나열하고 소괄호로 묶어놓은 것을 $m \times n$ **행렬**이라 하며, 가로줄을 **행**, 세로줄을 **열**이라 하고, 행렬을 이루는 실수 하나 하나를 행렬의 **성분**이라 한다.

이 때, i 행 j 열의 성분 a_{ij}와 영문 대문자를 이용하여 행렬 A를

$$A = (a_{ij})$$

로 나타내기도 한다.

행렬 $A = (a_{ij})$ 에서 행의 수 m 와 열의 수 n 가 같을 때, 이를 **정사각행렬**이라 한다.

$m \times n$ 행렬 A와 $p \times q$ 행렬 B에 대하여 $m = p$, $n = q$일 때, 즉 두 행렬 A와 B의 행의 개수와 열의 개수가 각각 같을 때, 행렬 A와 B는 **같은 꼴**이라고 한다.

또 행렬 A와 B가 같은 꼴이고 대응하는 성분이 각각 같을 때, 행렬 A와 B는 서로 같다고 하며, 기호로

$$A = B$$

와 같이 나타낸다.

정의 3.1

크기가 같은 두 행렬 $A = (a_{ij})$, $B = (b_{ij})$에 대하여

$$a_{ij} = b_{ij}$$

일 때, 두 행렬은 **상등**이라 하고 $A = B$로 표시한다.

예제 1 두 행렬 $A = \begin{pmatrix} x-y & 2 \\ 3 & x+y \end{pmatrix}$, $B = \begin{pmatrix} 5 & 2 \\ 3 & 1 \end{pmatrix}$에 대하여 $A = B$가 성립하도록 x와 y값을 구하여라.

풀이 두 행렬이 같기 위해서는 두 행렬의 대응하는 성분이 서로 같아야 하므로

$$x - y = 5,\ x + y = 1$$

두 식을 연립하여 풀면

$$x = 3,\ y = -2$$

■

일반적으로 두 행렬 A, B가 같은 꼴일 때, A와 B의 대응하는 각 성분의 합을 성분으로 하는 행렬을 A와 B의 **합**이라 하고, 기호로

$$A + B$$

와 같이 나타낸다. 또 두 행렬 A, B가 같은 꼴일 때, A의 각 성분에 대응하는 B의 성분을 뺀 것을 성분으로 하는 행렬을 A에서 B를 뺀 **차**라 하고, 기호로

$$A - B$$

와 같이 나타낸다.

정의 3.2

크기가 같은 두 행렬 $A=(a_{ij})$, $B=(b_{ij})$에 대하여

$$A+B=(a_{ij}+b_{ij}), \quad A-B=(a_{ij}-b_{ij})$$

로 나타낸다.

예제 2 두 행렬 $A=\begin{pmatrix} 6 & 3 \\ 4 & 7 \end{pmatrix}$, $B=\begin{pmatrix} 2 & 3 \\ 1 & 2 \end{pmatrix}$에 대하여 $A+B$와 $A-B$를 구하여라.

풀이

$$A+B=\begin{pmatrix} 6+2 & 3+3 \\ 4+1 & 7+2 \end{pmatrix}=\begin{pmatrix} 8 & 6 \\ 5 & 9 \end{pmatrix}$$

$$A-B=\begin{pmatrix} 6-2 & 3-3 \\ 4-1 & 7-2 \end{pmatrix}=\begin{pmatrix} 4 & 0 \\ 3 & 5 \end{pmatrix}$$

■

행렬의 덧셈에서는 수의 덧셈에서와 마찬가지로 교환법칙, 결합법칙이 성립한다.

정리 3.3

같은 꼴의 행렬 A, B, C에 대하여

(1)교환법칙 $A+B=B+A$

(2)결합법칙 $(A+B)+C=A+(B+C)$

성분이 모두 0인 행렬을 **영행렬**이라 하고, 기호로 O와 같이 나타낸다.

이를테면 1×2, 2×2, 2×3 행렬의 영행렬은 각각 다음과 같다.

$$(0 \quad 0), \begin{pmatrix} 0 & 0 \\ 0 & 0 \end{pmatrix}, \begin{pmatrix} 0 & 0 & 0 \\ 0 & 0 & 0 \end{pmatrix}$$

일반적으로 임의의 행렬 A와 같은 꼴의 영행렬 O에 대하여

$$A+O=O+A=A$$

가 성립한다. 따라서 영행렬 O는 행렬의 덧셈에 대한 항등원이다.

또 행렬 A의 모든 성분의 부호를 바꾼 것을 성분으로 하는 행렬을 기호로 $-A$와 같이 나타낸다.

이때, 영행렬 O와 임의의 행렬 A에 대하여

$$A+(-A)=(-A)+A=O$$

가 성립한다. 따라서 같은 꼴의 행렬의 집합에서 임의의 행렬 A의 덧셈에 대한 역원은 $-A$이다.

한편 같은 꼴의 행렬 A와 B에 대하여

$$A+(-B)=A-B$$

가 성립한다.

예제 3 $X+\begin{pmatrix}1 & 3\\ 2 & -5\end{pmatrix}=\begin{pmatrix}3 & 1\\ 4 & 2\end{pmatrix}$을 만족시키는 행렬 X를 구하여라.

풀이 식의 양변에 $-\begin{pmatrix}1 & 3\\ 2 & -5\end{pmatrix}$을 더하면

$X=\begin{pmatrix}3 & 1\\ 4 & 2\end{pmatrix}-\begin{pmatrix}1 & 3\\ 2 & -5\end{pmatrix}=\begin{pmatrix}2 & -2\\ 2 & 7\end{pmatrix}$이다. ■

일반적으로 임의의 실수 k에 대하여 행렬 A의 각 성분을 k배 한 것을 행렬 A를 k배 한 행렬이라 하고, 이것을 기호로 kA와 같이 나타낸다.

정의 3.4

실수에 k에 대하여 $kA=(ka_{ij})$

임의의 행렬 A와 영행렬 O가 같은 꼴이고 k가 실수일 때, 행렬의 실수배의 정의로부터 다음이 성립한다.

$$1A=A,\ (-1)A=-A,\ 0A=O,\ kO=O$$

일반적으로 행렬의 실수배에 대하여 다음이 성립한다.

정리 3.5

같은 꼴의 행렬 A, B와 임의의 실수 k, l에 대하여

(1) $(kl)A = k(lA)$

(2) $(k+l)A = kA + lA$, $k(A+B) = kA + kB$

예제 4 두 행렬 $A = \begin{pmatrix} 3 & -1 \\ 0 & 2 \end{pmatrix}$, $B = \begin{pmatrix} -2 & 3 \\ 1 & 4 \end{pmatrix}$에 대하여 $2A + X = 2X + B$를 만족시키는 행렬 X를 구하여라.

풀이 $2A + X = 2X + B$에서 X를 A, B로 나타내면 $2X - X = 2A - B$

$$\therefore\ X = 2A - B = 2\begin{pmatrix} 3 & -1 \\ 0 & 2 \end{pmatrix} - \begin{pmatrix} -2 & 3 \\ 1 & 4 \end{pmatrix}$$

$$= \begin{pmatrix} 6 & -2 \\ 0 & 4 \end{pmatrix} - \begin{pmatrix} -2 & 3 \\ 1 & 4 \end{pmatrix} = \begin{pmatrix} 8 & -5 \\ -1 & 0 \end{pmatrix}$$

■

일반적으로 $m \times l$ 행렬 A와 $l \times n$ 행렬 B에 대하여 행렬 A의 제i행의 성분과 행렬 B의 제j열의 성분을 차례로 곱하여 더한 값을 (i, j) 성분으로 하는 행렬을 행렬 A와 B의 곱이라 하고, 기호로 AB와 같이 나타낸다.

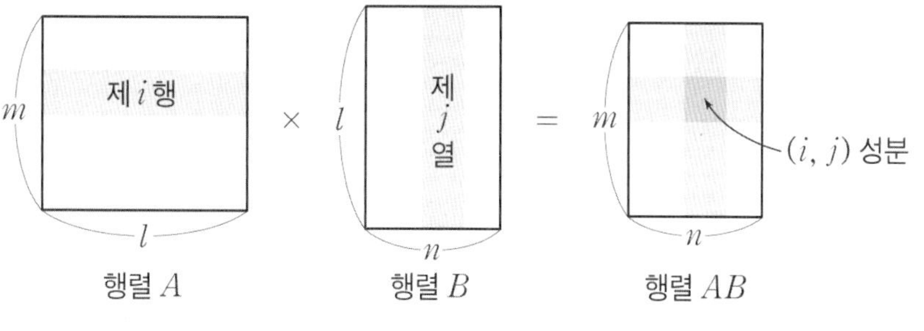

행렬 A의 열의 개수와 행렬 B의 행의 개수가 같을 때에만 두 행렬의 곱 AB가 정의된다.

정의 3.6

두 행렬 $A=(a_{ij})$를 $m\times r$ 행렬, $B=(b_{ij})$를 $r\times n$ 행렬이라 할 때, 두 행렬 $A=(a_{ij})$, $B=(b_{ij})$의 곱 AB은

$$\begin{aligned} AB &= a_{i1}b_{1j}+a_{i2}b_{2j}+a_{i3}b_{3j}+\cdots+a_{ik}b_{kj}+\cdots+a_{in}b_{nj} \\ &= \sum_{k=1}^{n} a_{ik}b_{kj} \end{aligned}$$

예제 5 $A=\begin{pmatrix} -1 & 3 \\ 3 & -2 \end{pmatrix}$, $B=\begin{pmatrix} 1 & -1 & 3 \\ 1 & -3 & -2 \end{pmatrix}$일 때,

(1) AB를 구하여라. (2) BA는 정의되는가?

풀이 (1) $AB=\begin{pmatrix} -1 & 3 \\ 3 & -2 \end{pmatrix}\cdot\begin{pmatrix} 1 & -1 & 3 \\ 1 & -3 & -2 \end{pmatrix}=\begin{pmatrix} 2 & -8 & -9 \\ 1 & 3 & 13 \end{pmatrix}$.

(2) BA는 정의 안됨.

■

예제 6 세 행렬 $A=\begin{pmatrix} a & 1 \\ 0 & 2 \end{pmatrix}$, $B=\begin{pmatrix} 1 & -1 \\ b & 1 \end{pmatrix}$, $C=\begin{pmatrix} 2 & 0 \\ 2 & c \end{pmatrix}$에 대하여 $AB=C$가 성립할 때, a, b, c의 값을 구하여라.

풀이

$$\begin{aligned} AB &= \begin{pmatrix} a & 1 \\ 0 & 2 \end{pmatrix}\begin{pmatrix} 1 & -1 \\ b & 1 \end{pmatrix}=\begin{pmatrix} a\times 1+1\times b & a\times(-1)+1\times 1 \\ 0\times 1+2\times b & 0\times(-1)+2\times 1 \end{pmatrix} \\ &= \begin{pmatrix} a+b & -a+1 \\ 2b & 2 \end{pmatrix} \end{aligned}$$

이므로 $AB=C$에서

$$\begin{pmatrix} a+b & -a+1 \\ 2b & 2 \end{pmatrix}=\begin{pmatrix} 2 & 0 \\ 2 & c \end{pmatrix}$$

즉, $a+b=2$, $-a+1=0$, $2b=2$, $2=c$

$$\therefore\ a=1,\ b=1,\ c=2$$

■

두 행렬 $A=\begin{pmatrix}1 & -2\\3 & 2\end{pmatrix}$, $B=\begin{pmatrix}2 & 1\\-1 & 3\end{pmatrix}$에 대하여 AB, BA는 각각

$$AB=\begin{pmatrix}1 & -2\\3 & 2\end{pmatrix}\begin{pmatrix}2 & 1\\-1 & 3\end{pmatrix}=\begin{pmatrix}4 & -5\\4 & 9\end{pmatrix}$$

$$BA=\begin{pmatrix}2 & 1\\-1 & 3\end{pmatrix}\begin{pmatrix}1 & -2\\3 & 2\end{pmatrix}=\begin{pmatrix}5 & -2\\8 & 8\end{pmatrix}$$

이므로 $AB\neq BA$이다.

일반적으로 행렬의 곱셈에서는 수의 곱셈에서와 달리 교환법칙이 성립하지 않는다. 그러나 합과 곱이 정의되는 세 행렬 A, B, C와 실수 k에 대하여 다음이 성립한다.

정리 3.7

합과 곱이 정의되는 세 행렬 A, B, C와 실수 k에 대하여

(1) 결합법칙 $(AB)C=A(BC)$

(2) 분배법칙 $A(B+C)=AB+AC$, $(A+B)C=AC+BC$

(3) 곱의 실수배 $k(AB)=(kA)B=A(kB)$

수의 곱셈에서는 두 실수 a, b에 대하여 다음이 항상 성립한다.

$$ab=0 \Leftrightarrow a=0 \text{ 또는 } b=0$$

그러나 행렬의 곱셈에서는

$$A=O \text{ 또는 } B=O \Rightarrow AB=O$$

은 성립하지만 일반적으로 그의 역

$$AB=O \Rightarrow A=O \text{ 또는 } B=O$$

은 성립하지 않는다.

이를테면 $A=\begin{pmatrix}1 & 1\\1 & 1\end{pmatrix}$, $B=\begin{pmatrix}-1 & 1\\1 & -1\end{pmatrix}$일 때, $A\neq O$, $B\neq O$이지만

$$AB=\begin{pmatrix}1 & 1\\1 & 1\end{pmatrix}\begin{pmatrix}-1 & 1\\1 & -1\end{pmatrix}=\begin{pmatrix}0 & 0\\0 & 0\end{pmatrix}=O$$

이다.

또 행렬에서는 $A\neq O$이고 $AB=AC$이지만 $B\neq C$인 경우도 있다.

예제 7 $A=\begin{pmatrix}1 & 2\\ 3 & 6\end{pmatrix}$, $B=\begin{pmatrix}-2 & 3\\ 0 & -1\end{pmatrix}$, $C=\begin{pmatrix}0 & 1\\ -1 & 0\end{pmatrix}$일 때

$$AB=\begin{pmatrix}1 & 2\\ 3 & 6\end{pmatrix}\begin{pmatrix}-2 & 3\\ 0 & -1\end{pmatrix}=\begin{pmatrix}-2 & 1\\ -6 & 3\end{pmatrix}$$

$$AC=\begin{pmatrix}1 & 2\\ 3 & 6\end{pmatrix}\begin{pmatrix}0 & 1\\ -1 & 0\end{pmatrix}=\begin{pmatrix}-2 & 1\\ -6 & 3\end{pmatrix}$$

즉, $A\neq O$이고 $AB=AC$이지만 $B\neq C$이다.

정사각행렬 $A=(a_{ij})$에서 $a_{ij}=\begin{cases}1, & i=j\\ 0, & i\neq j\end{cases}$인 행렬

$$I_n=\begin{pmatrix}1 & 0 & 0 & \cdots & 0\\ 0 & 1 & 0 & \cdots & 0\\ 0 & 0 & 1 & \cdots & 0\\ \cdots & 0 & 0 & 0 & \cdots\end{pmatrix}$$

을 n차 **단위 행렬**이라 하고 I_n으로 표시한다.

예제 8 이차단위행렬: $I_2=\begin{pmatrix}1 & 0\\ 0 & 1\end{pmatrix}$, 삼차단위행렬: $I_3=\begin{pmatrix}1 & 0 & 0\\ 0 & 1 & 0\\ 0 & 0 & 1\end{pmatrix}$

수의 곱셈에 대한 항등원은 1이다. 행렬의 곱셈에서는 단위행렬이 이와 같은 역할을 한다.

예를 들어 두 행렬 $A=\begin{pmatrix}4 & 1\\ 2 & 5\end{pmatrix}$, $I_2=\begin{pmatrix}1 & 0\\ 0 & 1\end{pmatrix}$에 대하여

$$AI_2=\begin{pmatrix}4 & 1\\ 2 & 5\end{pmatrix}\begin{pmatrix}1 & 0\\ 0 & 1\end{pmatrix}=\begin{pmatrix}4 & 1\\ 2 & 5\end{pmatrix}$$

$$I_2A=\begin{pmatrix}1 & 0\\ 0 & 1\end{pmatrix}\begin{pmatrix}4 & 1\\ 2 & 5\end{pmatrix}=\begin{pmatrix}4 & 1\\ 2 & 5\end{pmatrix}$$

이므로 $AI_2=I_2A=A$이다.

일반적으로 n차 정사각행렬 A와 n차 단위행렬 I에 대하여

$$AI=IA=A$$

가 성립한다.

정의 3.8

n차 정사각행렬 $A=(a_{ij})$에서 $a_{11}, a_{22}, a_{33}, \dots, a_{nn}$를 행렬 A의 주대각성분이라고 한다.

정의 3.9

정사각행렬 중에서 주대각성분 아래쪽에 위치한 모든 비대각성분이 0인 행렬을 **상삼각행렬**이라고 하고, 주대각성분 위쪽에 위치한 모든 비대각성분이 0인 행렬을 **하삼각행렬**이라고 한다. 상삼각행렬과 하삼각행렬을 합쳐서 **삼각행렬**이라고 한다.

예제 9 행렬 $A=\begin{pmatrix} -1 & 0 \\ 0 & 1 \end{pmatrix}$와 $B=\begin{pmatrix} 1 & 0 & 0 \\ 0 & 1 & 0 \\ 0 & 0 & 1 \end{pmatrix}$는 삼각행렬이다.

■

정의 3.10

정사각행렬 중에서 주대각성분을 제외한 모든 성분이 0인 행렬을 **대각행렬**이라고 한다.

예제 10 행렬 $A=\begin{pmatrix} 1 & 0 \\ 0 & 1 \end{pmatrix}$와 $B=\begin{pmatrix} 1 & 0 & 0 \\ 0 & 1 & 0 \\ 0 & 0 & 1 \end{pmatrix}$는 대각행렬이다.

■

n차 정사각행렬 A에 대하여 A의 거듭제곱 A^m(m은 자연수)은 수 연산에서와 마찬가지로

$$A^2=AA,\ A^3=A^2\cdot A,\ A^4=A^3A,\ \dots,\ A^m=A^{m-1}A$$

와 같이 정의한다. 특히, $A^0=I_n$으로 정의한다.

정의 3.11

A가 정사각행렬일 때 임의의 음이 아닌 정수 m, n에 대하여

$$A^m A^n = A^{m+n}, \qquad (A^m)^n = A^{mn}$$

예제 11 행렬 $A = \begin{pmatrix} 1 & 2 \\ 4 & -3 \end{pmatrix}$에 대하여 $2A^3 - 4A + 5A^0$를 구하여라.

풀이 행렬 A에 대하여

$$A^2 = AA = \begin{pmatrix} 1 & 2 \\ 4 & -3 \end{pmatrix}\begin{pmatrix} 1 & 2 \\ 4 & -3 \end{pmatrix} = \begin{pmatrix} 9 & -4 \\ -8 & 17 \end{pmatrix},\ A^3 = A^2 A = \begin{pmatrix} 9 & -4 \\ -8 & 17 \end{pmatrix}\begin{pmatrix} 1 & 2 \\ 4 & -3 \end{pmatrix} = \begin{pmatrix} -7 & 30 \\ 60 & -67 \end{pmatrix}$$

이다. 따라서

$$2A63 - 4A + 5A^0 = 2\begin{pmatrix} -7 & 30 \\ 60 & -67 \end{pmatrix} - 4\begin{pmatrix} 1 & 2 \\ 4 & -3 \end{pmatrix} + 5\begin{pmatrix} 1 & 0 \\ 0 & 1 \end{pmatrix} = \begin{pmatrix} -13 & 52 \\ 104 & -117 \end{pmatrix}$$

■

$m \times n$크기의 행렬 $A = (a_{ij})$에 대하여 A의 i번째 행을 i번째 열로 갖는 새로운 $n \times m$크기의 행렬을 A의 전치행렬이라고 하고 A^t로 나타낸다. 즉,

$$A = \begin{pmatrix} a_{11} & a_{12} & a_{13} & \cdots & a_{1n} \\ a_{21\,12} & a_{22} & a_{23} & \cdots & a_{2n} \\ a_{31\,13} & a_{32} & a_{33} & \cdots & a_{3n} \\ \cdots & \cdots & \cdots & \cdots & \cdots \\ a_{m1} & a_{m2} & a_{m3} & \cdots & a_{mn} \end{pmatrix} \text{의 전치행렬은 } A^t = \begin{pmatrix} a_{11} & a_{21} & a_{31} & \cdots & a_{n1} \\ a_{12} & a_{22} & a_{32} & \cdots & a_{n2} \\ a_{13} & a_{23} & a_{33} & \cdots & a_{n3} \\ \cdots & \cdots & \cdots & \cdots & \cdots \\ a_{1m} & a_{2m} & a_{3m} & \cdots & a_{nm} \end{pmatrix}$$

예제 12 다음 행렬의 전치행렬을 구하여라.

(1) $A = \begin{pmatrix} 2 & 3 & -1 \\ 0 & -1 & 5 \end{pmatrix}$ (2) $B = \begin{pmatrix} 1 & -2 \\ 0 & -1 \end{pmatrix}$

풀이

(1) $A^t = \begin{pmatrix} 2 & 0 \\ 3 & -1 \\ -1 & 5 \end{pmatrix}$ (2) $B = \begin{pmatrix} 1 & 0 \\ -2 & -1 \end{pmatrix}$

■

정리 3.12

$m \times n$행렬 A, B와 실수 α에 대하여

(1) $(A^t)^t = t, \quad (A+B)^t = A^t + B^t, \quad (\alpha A)^t = \alpha A^t$

(2) $(AB)^t = B^t A^t$

정의 3.13

정사각행렬 A가

$$A^t = A$$

일 때 A를 **대칭행렬**이라고 한다. 즉, $a_{ij} = a_{ji}$ $(i, j = 1, 2, \ldots n)$

예제 13 행렬 $A = \begin{pmatrix} 1 & 0 & 1 \\ 0 & 1 & -2 \\ 1 & -2 & 0 \end{pmatrix}$은 대칭행렬이다.

풀이 주어진 행렬 A의 전치행렬을 구하면

$$A^t = \begin{pmatrix} 1 & 0 & 1 \\ 0 & 1 & -2 \\ 1 & -2 & 0 \end{pmatrix}$$

이다. 따라서 $a_{ij} = a_{ji}$ $(i, j = 1,\ 2,\ 3)$이 성립함을 알 수가 있다.

■

정의 3.14

정사각행렬 A가

$$A^t = -A$$

일 때 A를 **교대행렬**이라고 한다. 즉, $a_{ij} = -a_{ji}$ $(i, j = 1, 2, \ldots n)$

3.2 역행렬

정의 3.15

수에서와 마찬가지로 같은 꼴의 두 정사각행렬 A, X와 단위행렬 E에 대하여

$$AX = XA = E$$

를 만족시키는 X가 존재할 때, X를 A의 **역행렬**이라 하고, A의 역행렬을 기호로

$$\boldsymbol{A}^{-1}$$

와 같이 나타낸다.

따라서 역행렬의 정의에 의하여 다음이 성립한다.

$$AA^{-1}=A^{-1}A=E$$

이를테면 두 행렬 $A=\begin{pmatrix}2 & 1\\1 & 1\end{pmatrix}$과 $B=\begin{pmatrix}1 & -1\\-1 & 2\end{pmatrix}$에 대하여

$$AB=\begin{pmatrix}2 & 1\\1 & 1\end{pmatrix}\begin{pmatrix}1 & -1\\-1 & 2\end{pmatrix}=\begin{pmatrix}1 & 0\\0 & 1\end{pmatrix}=E$$

$$BA=\begin{pmatrix}1 & -1\\-1 & 2\end{pmatrix}\begin{pmatrix}2 & 1\\1 & 1\end{pmatrix}=\begin{pmatrix}1 & 0\\0 & 1\end{pmatrix}=E$$

이므로 B는 A의 역행렬이고, A는 B의 역행렬이다. 즉

$$B=A^{-1},\ A=B^{-1}$$

정리 3.16

행렬 $A=\begin{pmatrix}a & b\\c & d\end{pmatrix}$에 대하여 A의 역행렬 A^{-1}는 다음과 같다.

(1) $ad-bc=0$일 때, A^{-1}는 존재하지 않는다.

(2) $ad-bc\neq 0$일 때, $A^{-1}=\dfrac{1}{ad-bc}\begin{pmatrix}d & -b\\-c & a\end{pmatrix}$

예제 14 행렬 $A=\begin{pmatrix}1 & 1\\1 & 2\end{pmatrix}$의 역행렬 A^{-1}을 구하여라.

풀이 $A^{-1}=\dfrac{1}{ad-bc}\begin{pmatrix}d & -b\\-c & a\end{pmatrix}$로부터 역행렬 A^{-1}는

$$A^{-1}=\begin{pmatrix}2 & -1\\-1 & 1\end{pmatrix}$$

■

이차정사각행렬 A의 역행렬 A^{-1}가 존재할 때, $AA^{-1}=A^{-1}A=E$이므로 A^{-1}의 역행렬은 A이다. 즉, 다음이 성립한다.

$$(A^{-1})^{-1}=A$$

또 이차정사각행렬 A와 B에 대하여 각각의 역행렬 A^{-1}와 B^{-1}가 존재할 때, 곱셈에 대한 결합법칙에 의하여

$$\begin{aligned}(AB)(B^{-1}A^{-1}) &= A(BB^{-1})A^{-1} = AEA^{-1}\\ &= AA^{-1} = E\\ (B^{-1}A^{-1})(AB) &= B^{-1}(A^{-1}A)B = B^{-1}EB\\ &= B^{-1}B = E\end{aligned}$$

이므로 AB의 역행렬은 $B^{-1}A^{-1}$이다. 즉, 다음이 성립한다.

$$(AB)^{-1} = B^{-1}A^{-1}$$

정리 3.17

이차정사각행렬 A와 B의 역행렬을 각각 A^{-1}와 B^{-1}라고 하면

(1) $(A^{-1})^{-1} = A$ (2) $(AB)^{-1} = B^{-1}A^{-1}$

예제 15 두 행렬 $A = \begin{pmatrix} 1 & 0 \\ 2 & 1 \end{pmatrix}$, $B = \begin{pmatrix} 3 & 2 \\ 1 & 1 \end{pmatrix}$에 대하여

$$AB = \begin{pmatrix} 1 & 0 \\ 2 & 1 \end{pmatrix}\begin{pmatrix} 3 & 2 \\ 1 & 1 \end{pmatrix} = \begin{pmatrix} 3 & 2 \\ 7 & 5 \end{pmatrix}$$

$$(AB)^{-1} = \begin{pmatrix} 3 & 2 \\ 7 & 5 \end{pmatrix}^{-1} = \begin{pmatrix} 5 & -2 \\ -7 & 3 \end{pmatrix}$$

$$A^{-1} = \begin{pmatrix} 1 & 0 \\ -2 & 1 \end{pmatrix},\ B^{-1} = \begin{pmatrix} 1 & -2 \\ -1 & 3 \end{pmatrix}$$

$$B^{-1}A^{-1} = \begin{pmatrix} 1 & -2 \\ -1 & 3 \end{pmatrix}\begin{pmatrix} 1 & 0 \\ -2 & 1 \end{pmatrix} = \begin{pmatrix} 5 & -2 \\ -7 & 3 \end{pmatrix}$$

따라서 $(AB)^{-1} = B^{-1}A^{-1}$가 성립한다.

■

연습문제 3-1 Exercises

1. 두 행렬 $A_1 = \begin{pmatrix} 1 & 0 & 9 \\ 0 & -1 & 5 \end{pmatrix}$, $A_2 = \begin{pmatrix} 0 & -1 & 5 \\ 1 & 2 & -1 \end{pmatrix}$에 대하여 다음을 계산하여라.

   (1) $2A_1 - A_2$ (2) $A_1 + 3A_2$

2. 다음 등식을 만족하는 a, b, c의 값을 구하여라.

   (1) $\begin{pmatrix} 3 & 1 \\ -2 & 0 \end{pmatrix}\begin{pmatrix} 1 & a \\ b & 2 \end{pmatrix} = \begin{pmatrix} 3 & 5 \\ -2 & -2 \end{pmatrix}$ (2) $A = \begin{pmatrix} a & 0 \\ 1 & -2 \end{pmatrix}\begin{pmatrix} -1 & 2 \\ 0 & b \end{pmatrix} = \begin{pmatrix} -2 & c \\ -1 & 0 \end{pmatrix}$

3. $A = \begin{pmatrix} 3 & 1 \\ -2 & 0 \end{pmatrix}$, $B = \begin{pmatrix} -1 & 3 & 0 \\ 3 & -2 & 1 \end{pmatrix}$, $C = \begin{pmatrix} 1 & -1 & 3 \\ 1 & -3 & -2 \\ 2 & 1 & 3 \end{pmatrix}$에 대하여 다음을 계산하여라.

   (1) AB (2) BC (3) CB

4. 다음 등식을 만족하는 x, y의 값을 구하여라.

   (1) $\begin{pmatrix} 3 & 1 \\ 5 & 2 \end{pmatrix}\begin{pmatrix} 2 & x \\ y & 3 \end{pmatrix} = \begin{pmatrix} 1 & 0 \\ 0 & 1 \end{pmatrix}$ (2) $\begin{pmatrix} x & -1 \\ -1 & y \end{pmatrix}\begin{pmatrix} 2 & 1 \\ 1 & 1 \end{pmatrix} = \begin{pmatrix} 1 & 0 \\ 0 & 1 \end{pmatrix}$

5. 행렬 $A = \begin{pmatrix} 2 & 4 \\ 1 & 3 \end{pmatrix}$의 역행렬 A^{-1}을 구하여라.

3.3 치환

집합 $I_n = \{1, 2, 3, \ldots, n\}$ 위의 전단사함수

$$\sigma : I_n \to I_n$$

을 **치환**이라고 하고, $2\times n$크기의 행렬 형식으로 $\sigma = \begin{pmatrix} 1 & 2 & 3 \ldots & n \\ \sigma(1) & \sigma(2) & \sigma(3) \ldots & n(n) \end{pmatrix}$와 같이 나타낸다. 이때 1행에는 정의역의 원소를 순서대로 위치시키고 2행에는 1행의 각 원소에 대응하는 함숫값을 위치시킨다. 특히, 항등함수인 치환을 **항등치환**이라고 하고 간단히 1로 나타낸다.

예제 16 $I_n = \{1, 2, 3\}$ 위의 치환을 모두 구하여라.

풀이 I_n 위의 치환은 $I_n = \{1, 2, 3\}$ 으로의 전단사함수이므로 전체 6개가 존재한다. 이들을 모두 나타내면

$$\begin{pmatrix} 1\,2\,3 \\ 1\,2\,3 \end{pmatrix}, \quad \begin{pmatrix} 1\,2\,3 \\ 2\,3\,1 \end{pmatrix}, \quad \begin{pmatrix} 1\,2\,3 \\ 3\,1\,2 \end{pmatrix}, \quad \begin{pmatrix} 1\,2\,3 \\ 1\,3\,2 \end{pmatrix}, \quad \begin{pmatrix} 1\,2\,3 \\ 3\,2\,1 \end{pmatrix}, \quad \begin{pmatrix} 1\,2\,3 \\ 2\,1\,3 \end{pmatrix}$$

와 같다.

■

정의 3.18

σ, δ가 각각 $I_n = \{1, 2, 3 \ldots, n\}$ 위의 치환일 때 치환의 곱 $\sigma\delta$는

$$(\sigma\delta)(i) \equiv \delta(\sigma(i)), i = 1, 2, 3, \ldots, n$$

와 같이 정의한다.

예제 17 다음 두 치환의 곱 $\sigma\delta$를 구하여라.

(1) $\sigma = \begin{pmatrix} 1\,2\,3\,4 \\ 2\,1\,4\,3 \end{pmatrix}$, $\quad \delta = \begin{pmatrix} 1\,2\,3\,4 \\ 3\,4\,1\,2 \end{pmatrix}$

(2) $\sigma = \begin{pmatrix} 1\,2\,3\,4\,5 \\ 3\,5\,2\,1\,4 \end{pmatrix}$, $\quad \delta = \begin{pmatrix} 1\,2\,3\,4\,5 \\ 4\,5\,1\,2\,3 \end{pmatrix}$

풀이 (1) $\sigma\delta=\begin{pmatrix}1&2&3&4\\2&1&4&3\end{pmatrix}\begin{pmatrix}1&2&3&4\\3&4&1&2\end{pmatrix}=\begin{pmatrix}1&2&3&4\\4&3&2&1\end{pmatrix}$ (2) $\sigma\delta=\begin{pmatrix}1&2&3&4&5\\3&5&2&1&4\end{pmatrix}\begin{pmatrix}1&2&3&4&5\\4&5&1&2&3\end{pmatrix}=\begin{pmatrix}1&2&3&4&5\\1&3&5&4&2\end{pmatrix}$

예제 18 다음 두 치환의 곱 $\sigma\delta$와 $\delta\sigma$를 구하여라.

$$\sigma=\begin{pmatrix}1&2&3&4&5\\3&1&4&5&2\end{pmatrix},\qquad \delta=\begin{pmatrix}1&2&3&4&5\\4&1&5&3&2\end{pmatrix}$$

풀이

$$\sigma\delta=\begin{pmatrix}1&2&3&4&5\\3&1&4&5&2\end{pmatrix}\begin{pmatrix}1&2&3&4&5\\4&1&5&3&2\end{pmatrix}=\begin{pmatrix}1&2&3&4&5\\5&4&3&2&1\end{pmatrix}$$

$$\delta\sigma=\begin{pmatrix}1&2&3&4&5\\4&1&5&3&2\end{pmatrix}\begin{pmatrix}1&2&3&4&5\\3&1&4&5&2\end{pmatrix}=\begin{pmatrix}1&2&3&4&5\\5&3&2&4&1\end{pmatrix}$$

이다. 따라서 $\sigma\delta\neq\delta\sigma$이다. 즉, 치환의 곱에서 교환법칙은 성립하지 않는다.

정의 3.19

치환의 역함수를 역치환이라고 하고 치환 σ의 역치환을 σ^{-1}와 같이 나타낸다.

예제 19 치환 $\rho=\begin{pmatrix}1&2&3\\2&3&1\end{pmatrix}$, $\delta=\begin{pmatrix}1&2&3&4&5\\4&3&2&5&1\end{pmatrix}$의 역치환을 구하여라.

풀이 역치환은 치환의 역함수를 의미하므로 각각의 역치환은

$$\sigma^{-1}=\begin{pmatrix}2&3&1\\1&2&3\end{pmatrix}=\begin{pmatrix}1&2&3\\3&1&2\end{pmatrix},\qquad \delta^{-1}=\begin{pmatrix}4&3&2&5&1\\1&2&3&4&5\end{pmatrix}=\begin{pmatrix}1&2&3&4&5\\5&3&2&1&4\end{pmatrix}$$

정리 3.20

$I_{n}=\{1, 2, 3, \ldots, n\}$ 위의 치환 σ, δ에 대하여

(1) $(\sigma\delta)^{-1}=\delta^{-1}\sigma^{-1}$　　　(2) $(\sigma^{-1})^{-1}=\sigma$

집합 $I_{n}=\{1, 2, 3, \ldots, n\}$에 있는 서로 다른 자연수 $i_1, i_2, i_3, \ldots, i_r$ $(1<r\leq n)$이 치환 σ에 의하여

$$\sigma(i_1) = i_2,\ \sigma(i_2) = i_3,\ \dots,\ \sigma(i_{r-1}) = i_r,\ \sigma(i_r) = i_1$$

와 같은 순환고리를 가지면서, $i_1, i_2, \dots, i_r$을 제외한 I_n에 있는 나머지 원소들은 치환 σ에 의해 자신을 자신으로 대응시킬 때 이러한 치환 σ를 일컬어 길이가 r인 **순회치환**이라고 한다. 특히, 항등치환은 길이가 1인 순회치환이라고 한다.

길이가 r인 순회치환의 경우에 치환의 표현을

$$\sigma = (i_1\, i_2\, i_3 \dots i_{r-1} i_r)$$

와 같이 $1 \times r$크기의 행렬형식으로 나타낸다.

예제 20 다음 치환을 순회치환의 형태로 나타내어라.

(1) $\sigma = \begin{pmatrix} 1\,2\,3\,4\,5 \\ 3\,5\,2\,1\,4 \end{pmatrix}$　　(2) $\delta = \begin{pmatrix} 1\,2\,3\,4\,5\,6 \\ 3\,4\,1\,5\,6\,2 \end{pmatrix}$

풀이 (1) 치환 σ를 순회치환의 형태로 나타내면 $\sigma = (1\,3\,2\,5\,4)$이다.

(2) 치환 δ를 순회치환의 형태로 나타내면 $\delta = (1\,3)(2\,4\,5\,6)$이다.

■

예제 21 집합 $I_n = \{1, 2, 3\}$위의 치환을 모두 구하고 각각의 치환을 순회치환의 형태로 나타내어라.

풀이 집합 $I_n = \{1, 2, 3\}$위의 치환을 모두 구하면

$$\begin{pmatrix} 1\,2\,3 \\ 1\,2\,3 \end{pmatrix}, \begin{pmatrix} 1\,2\,3 \\ 2\,3\,1 \end{pmatrix}, \begin{pmatrix} 1\,2\,3 \\ 3\,1\,2 \end{pmatrix}, \begin{pmatrix} 1\,2\,3 \\ 1\,3\,2 \end{pmatrix}, \begin{pmatrix} 1\,2\,3 \\ 3\,2\,1 \end{pmatrix}, \begin{pmatrix} 1\,2\,3 \\ 2\,1\,3 \end{pmatrix}$$

이다. 따라서 이들을 각각 순회치환의 형태로 나타내면

$$1,\ (1\,2\,3),\ (1\,3\,2),\ (2\,3),\ (1\,3),\ (1\,2)$$

와 같다.

■

예제 22 집합 $I_n = \{1, 2, 3, 4, 5, 6\}$위의 두 개의 치환

$$\sigma = \begin{pmatrix} 1\,2\,3\,4\,5\,6 \\ 2\,4\,3\,1\,5\,6 \end{pmatrix}, \qquad \delta = \begin{pmatrix} 1\,2\,3\,4\,5\,6 \\ 1\,2\,5\,4\,6\,3 \end{pmatrix}$$

을 각각 순회치환의 형태로 나타내고, 또한 등식 $\sigma\delta = \delta\sigma$와 $\sigma^3 = 1$이 각각 성립함을 확인하여라.

풀이 ((1) 두 개의 치환 σ, δ를 각각 순회치환의 형태로 나타내면

$$\sigma = \begin{pmatrix} 1\,2\,3\,4\,5\,6 \\ 2\,4\,3\,1\,5\,6 \end{pmatrix} = (1\,2\,4), \qquad \delta = \begin{pmatrix} 1\,2\,3\,4\,5\,6 \\ 1\,2\,5\,4\,6\,3 \end{pmatrix} = (3\,5\,6)$$

(2) 치환의 곱 $\sigma\delta$, $\delta\sigma$를 각각 계산하면

$$\sigma\delta = \begin{pmatrix} 1\,2\,3\,4\,5\,6 \\ 2\,4\,3\,1\,5\,6 \end{pmatrix}\begin{pmatrix} 1\,2\,3\,4\,5\,6 \\ 1\,2\,5\,4\,6\,3 \end{pmatrix} = \begin{pmatrix} 1\,2\,3\,4\,5\,6 \\ 2\,4\,5\,1\,6\,3 \end{pmatrix}$$

$$\delta\sigma = \begin{pmatrix} 1\,2\,3\,4\,5\,6 \\ 1\,2\,5\,4\,6\,3 \end{pmatrix}\begin{pmatrix} 1\,2\,3\,4\,5\,6 \\ 2\,4\,3\,1\,5\,6 \end{pmatrix} = \begin{pmatrix} 1\,2\,3\,4\,5\,6 \\ 2\,4\,5\,1\,6\,3 \end{pmatrix}$$

이므로 $\sigma\delta = \delta\sigma$이다. 즉, 공통인 수를 갖지 않은 순회치환 $\sigma = (1\,2\,4)$와 $\delta = (3\,5\,6)$의 곱은 교환법칙이 성립함을 알 수 있다.

(3) 길이가 3인 순회치환 σ에 대하여 σ^3은

$$\sigma^3 = \begin{pmatrix} 1\,2\,3\,4\,5\,6 \\ 2\,4\,3\,1\,5\,6 \end{pmatrix}\begin{pmatrix} 1\,2\,3\,4\,5\,6 \\ 2\,4\,3\,1\,5\,6 \end{pmatrix}\begin{pmatrix} 1\,2\,3\,4\,5\,6 \\ 2\,4\,3\,1\,5\,6 \end{pmatrix} = \begin{pmatrix} 1\,2\,3\,4\,5\,6 \\ 1\,2\,3\,4\,5\,6 \end{pmatrix}$$

로서 항등치환임을 알 수 있다. ■

정의 3.21

길이가 2인 순회치환을 **호환**이라고 하고 숫자 i와 j만이 서로 바뀌고 나머지 숫자는 변하지 않은 호환의 형태를 간단히 $(i\ j)$와 같이 나타낸다. 또한 길이가 r인 순회치환 $(i_1\, i_2 \cdots i_{r-1}\, i_r)$은

$$(i_1\, i_2 \cdots i_{r-1}\, i_r) = (i_1\, i_2)(i_1\, i_3)\cdots(i_1\, i_{r-1})(i_1\, i_r)$$

와 같이 $r-1$개의 호환의 곱으로 정의한다.

예제 23 다음 치환을 호환의 곱으로 나타내어라.

(1) $\sigma = \begin{pmatrix} 1\,2\,3\,4\,5 \\ 2\,4\,5\,1\,3 \end{pmatrix}$　　　(2) $\delta = \begin{pmatrix} 1\,2\,3\,4\,5\,6\,7 \\ 2\,4\,1\,3\,6\,5\,7 \end{pmatrix}$

풀이 (1) σ를 순회치환의 형태로 나타낸 후에 이를 다시 호환의 곱으로 나타내면

$$\sigma = (1\,2\,4)(3\,5) = (1\,2)(1\,4)(3\,5)$$

와 같다.

(2) δ를 순회치환의 형태로 나타낸 후에 이를 다시 호환의 곱으로 나타내면

$$\delta = (1\,2\,4\,3)(5\,6) = (1\,2)(1\,4)(1\,3)(5\,6)$$

와 같다.

정의 3.22

짝수 개의 호환의 곱으로 표시되는 치환을 **우치환**이라고 하고 홀수 개의 호환의 곱으로 표시되는 치환을 **기치환**이라고 한다. 특히 항등치환은 우치환으로 정의한다.

예제 24 집합 $I_n = \{1, 2, 3\}$위의 치환을 모두 구하고 이들을 각각 우치환과 기치환으로 구분하여라.

풀이 집합 $I_n = \{1, 2, 3\}$위의 치환을 모두 구하면

$$\begin{pmatrix} 1\,2\,3 \\ 1\,2\,3 \end{pmatrix}, \begin{pmatrix} 1\,2\,3 \\ 2\,3\,1 \end{pmatrix}, \begin{pmatrix} 1\,2\,3 \\ 3\,1\,2 \end{pmatrix}, \begin{pmatrix} 1\,2\,3 \\ 1\,3\,2 \end{pmatrix}, \begin{pmatrix} 1\,2\,3 \\ 3\,2\,1 \end{pmatrix}, \begin{pmatrix} 1\,2\,3 \\ 2\,1\,3 \end{pmatrix}$$

이다. 따라서 이들을 각각 순회치환의 형태로 나타내면

$$\sigma_1 = 1,\ \sigma_2 = (1\,2\,3),\ \sigma_3 = (1\,3\,2),\ \sigma_4 = (2\,3),\ \sigma_5 = (1\,3),\ \sigma_6 = (1\,2)$$

와 같다. 또한 $\sigma_2 = (1\,2\,3) = (1\,2)(1\,3)$, $\sigma_3 = (1\,3\,2) = (1\,3)(1\,2)$이므로 σ_1, σ_2, σ_3은 우치환이고 σ_4, σ_5, σ_6은 기치환이다.

정의 3.23

치환 σ가 우치환이면 $+1$, 기치환이면 -1을 취하는 기호를 σ의 부호라 하고 $sgn\,\sigma$로 표시한다. 즉,

$$sgn\,\sigma = \begin{cases} +1 & (\sigma : \text{우치환}) \\ -1 & (\sigma : \text{기치환}) \end{cases}$$

예제 25 다음 치환의 부호를 구하여라.

(1) $\sigma = \begin{pmatrix} 1\,2\,3\,5 \\ 3\,4\,5\,2 \end{pmatrix}$ (2) $\delta = \begin{pmatrix} 1\,2\,3\,4\,5 \\ 2\,5\,3\,1\,4 \end{pmatrix}$

풀이 (1) $\sigma = \begin{pmatrix} 1\,2\,3\,5 \\ 3\,4\,5\,2 \end{pmatrix} = (1\,3\,5\,2\,4) = (1\,3)(1\,5)(1\,2)(1\,4)$이므로 우치환이다.

따라서 $sgn\,\sigma = +1$.

(2) $\delta = \begin{pmatrix} 1\,2\,3\,4\,5 \\ 2\,5\,3\,1\,4 \end{pmatrix} = (1\,2\,5\,4) = (12)(15)(14)$이므로 기치환이다.

따라서 $sgn\,\sigma = -1$.

연습문제 3-2 Exercises

1. 다음 치환의 곱 $\sigma_1\sigma_2$ 및 $\sigma_2\sigma_1$을 구하여라.

(1) $\sigma_1 = \begin{pmatrix} 1\,2\,3\,4 \\ 2\,1\,4\,3 \end{pmatrix}$ $\sigma_2 = \begin{pmatrix} 1\,2\,3\,4 \\ 2\,4\,1\,3 \end{pmatrix}$ (2) $\sigma_1 = \begin{pmatrix} 1\,2\,3\,4\,5 \\ 3\,5\,2\,1\,4 \end{pmatrix}$ $\sigma_2 = \begin{pmatrix} 1\,2\,3\,4\,5 \\ 4\,5\,1\,2\,3 \end{pmatrix}$

2. 다음 치환을 호환의 곱으로 표시하여라.

(1) $\sigma_1 = \begin{pmatrix} 1\,2\,3\,4\,5\,6 \\ 3\,4\,5\,6\,2\,1 \end{pmatrix}$ (2) $\sigma_2 = \begin{pmatrix} 1\,2\,3\,4\,5\,6 \\ 5\,4\,1\,6\,3\,2 \end{pmatrix}$

3. 다음 치환의 곱을 계산하여라.

$\begin{pmatrix} 1\,2\,3\,4\,5 \\ 1\,5\,4\,3\,2 \end{pmatrix}\begin{pmatrix} 1\,2\,3\,4\,5 \\ 2\,4\,5\,1\,3 \end{pmatrix}\begin{pmatrix} 1\,2\,3\,4\,5 \\ 4\,3\,1\,5\,2 \end{pmatrix}$

4. 다음 치환의 부호를 구하여라.

(1) $\sigma_1 = \begin{pmatrix} 1\,2\,3 \\ 2\,3\,1 \end{pmatrix}$ (2) $\sigma_2 = \begin{pmatrix} 1\,2\,3\,4\,5 \\ 5\,3\,1\,4\,2 \end{pmatrix}$

3.4 행렬식

정의 3.24

행렬 $A=(a_{ij})\in M_{n\times n}$에 대하여

$$\det\ A=\begin{vmatrix} a_{11} & a_{12} & \dots & a_{1n} \\ a_{21} & a_{22} & \dots & a_{2n} \\ \dots & \dots & \dots & \dots \\ a_{n1} & a_{n2} & \dots & a_{nn} \end{vmatrix}\text{를}$$

행렬 A의 **행렬식**이라고 하며, $\det\ A$의 값을

$$\det\ A=\sum sgn\begin{pmatrix} 1\ 2 \dots n \\ i\ \ j \dots l \end{pmatrix} a_{1i}a_{2j}\cdots a_{nl}$$

과 같이 정의한다. 이 때 $\sum$는 $\begin{pmatrix} 1\ 2 \dots n \\ i\ \ j \dots l \end{pmatrix}$에서 $i, j, \dots, l$에 $1, 2, \dots, n$의 모든 치환을 대입하여 얻은 $n!$ 개항의 합을 나타낸다.

예제 26 2차 행렬식을 행렬 $A=(a_{ij})\in M_{2\times 2}$에 대하여 $\det A$를 구하여라.

풀이 $n=2$인 경우, 치환의 수는 $2!=2$이므로

$$\begin{vmatrix} a_{11} & a_{12} \\ a_{21} & a_{22} \end{vmatrix}=\sum sgn\begin{pmatrix} 1\ 2 \\ i\ j \end{pmatrix}a_{1i}a_{2j}$$

$$=sgn\begin{pmatrix} 1\ 2 \\ 1\ 2 \end{pmatrix}a_{11}a_{22}+sgn\begin{pmatrix} 1\ 2 \\ 2\ 1 \end{pmatrix}a_{12}a_{21}$$

$$=a_{11}a_{22}-a_{21}a_{22}$$

■

예제 27 행렬 $A=(a_{ij})\in M_{3\times 3}$에 대하여 $\det A$를 구하여라.

$$\begin{vmatrix} a_{11} & a_{12} & a_{13} \\ a_{21} & a_{22} & a_{23} \\ a_{31} & a_{32} & a_{33} \end{vmatrix}=\sum sgn\begin{pmatrix} 1\ 2\ 3 \\ i\ j\ k \end{pmatrix}a_{1i}a_{2j}a_{3k}$$

풀이 $n=3$인 경우, 치환의 수는 $3!=6$이므로

$$\begin{vmatrix} a_{11} & a_{12} & a_{13} \\ a_{21} & a_{22} & a_{23} \\ a_{31} & a_{32} & a_{33} \end{vmatrix} = \sum sgn\begin{pmatrix} 1\,2\,3 \\ i\ j\ k \end{pmatrix} a_{1i}a_{2j}a_{3k}$$

$$= sgn\begin{pmatrix} 1\,2\,3 \\ 1\,2\,3 \end{pmatrix} a_{11}a_{22}a_{33} + sgn\begin{pmatrix} 1\,2\,3 \\ 2\,3\,1 \end{pmatrix} a_{12}a_{23}a_{31} + sgn\begin{pmatrix} 1\,2\,3 \\ 3\,1\,2 \end{pmatrix} a_{13}a_{21}a_{32}$$

$$+ sgn\begin{pmatrix} 1\,2\,3 \\ 2\,1\,3 \end{pmatrix} a_{12}a_{21}a_{33} + sgn\begin{pmatrix} 1\,2\,3 \\ 3\,2\,1 \end{pmatrix} a_{13}a_{22}a_{31} + sgn\begin{pmatrix} 1\,2\,3 \\ 1\,3\,2 \end{pmatrix} a_{11}a_{23}a_{32}$$

$$= a_{11}a_{22}a_{33} + a_{12}a_{23}a_{31} + a_{13}a_{21}a_{32} - a_{13}a_{22}a_{31} - a_{11}a_{23}a_{32}$$

$$- a_{11}a_{23}a_{32}$$

■

2차, 3차 행렬식을 전개할 때 Sarrus의 방법을 사용하면 편리하다.

정리 3.25 Sarrus의 법칙

(1) $\begin{vmatrix} a_{11} & a_{12} \\ a_{21} & a_{22} \end{vmatrix} = a_{11}a_{22} - a_{12}a_{21}$

(2) $\begin{vmatrix} a_{11} & a_{12} & a_{13} \\ a_{21} & a_{22} & a_{23} \\ a_{31} & a_{32} & a_{33} \end{vmatrix} = a_{11}a_{22}a_{33} + a_{13}a_{21}a_{32} + a_{12}a_{23}a_{31} - a_{13}a_{22}a_{31} - a_{11}a_{23}a_{32} - a_{12}a_{21}a_{33}$

Sarrus의 공식은 4차 이상에서는 적용되지 않는다.

예제 28 Sarrus의 법칙을 적용하여 다음 행렬식을 구하여라.

(1) $\begin{vmatrix} 10 & -3 \\ 6 & -2 \end{vmatrix}$　　　(2) $\begin{vmatrix} 2 & 2 & 1 \\ 1 & 0 & 2 \\ 2 & 1 & 2 \end{vmatrix}$

풀이 (1) $\begin{vmatrix} 10 & -3 \\ 6 & -2 \end{vmatrix} = 10\times(-2)-(-3)\times 6 \equiv -20+18=-2$

(2) $\begin{vmatrix} 2 & 2 & 1 \\ 1 & 0 & 2 \\ 2 & 1 & 2 \end{vmatrix} = 2\times 0\times 2+2\times 2\times 2+1\times 1\times 1-2\times 0\times 1$

$-2\times 2\times 1-2\times 1\times 2=1$

■

예제 29 Sarrus의 법칙을 적용하여 다음 각각의 방정식의 해를 구하여라.

(1) $\begin{vmatrix} x & x \\ 4 & 2x \end{vmatrix} = 0$ (2) $\begin{vmatrix} 1 & 1 & 1 \\ 1 & x & 2 \\ 1 & x^2 & 4 \end{vmatrix} = 0$

풀이 (1) Sarrus의 법칙을 적용하여 좌변의 행렬식을 구한 후에 방정식의 형태를 간단히 나타내면

$$x(x-2)=0$$

이다. 따라서 구하는 해는 $x=0$ 또는 $x=2$이다.

(2) Sarrus의 법칙을 적용하여 좌변의 행렬식을 구한 후에 방정식의 형태를 간단히 나타내면

$$(x-1)(x-2)=0$$

이다. 따라서 구하는 해는 $x=1$ 또는 $x=2$이다.

■

정리 3.26 임의의 행렬 $A=(aji) \in M_{m \times n}$에 대하여 $\det A = \det A^t$이다.

$$\begin{vmatrix} a_{11} & a_{12} & \ldots & a_{1n} \\ a_{21} & a_{22} & \ldots & a_{2n} \\ \ldots & \ldots & \ldots & \ldots \\ a_{n1} & a_{n2} & \ldots & a_{nn} \end{vmatrix} = \begin{vmatrix} a_{11} & a_{21} & \ldots & a_{n1} \\ a_{12} & a_{22} & \ldots & a_{n2} \\ \ldots & \ldots & \ldots & \ldots \\ a_{1n} & a_{2n} & \ldots & a_{nn} \end{vmatrix}$$

예제 30 $A=\begin{pmatrix} 1 & 2 & 3 \\ 4 & 5 & 6 \\ 7 & 8 & 9 \end{pmatrix}$에서 $\det A = 0 = \det A^t$

정리 3.27

임의의 두 행(또는 열)을 맞바꾸면 행렬식의 값의 부호가 바꾼다. 즉,

$$\begin{vmatrix} a_{11} & a_{12} & \cdots & a_{1n} \\ \cdots & \cdots & \cdots & \cdots \\ a_{i1} & a_{i2} & \cdots & a_{in} \\ a_{j1} & a_{j2} & \cdots & a_{jn} \\ \cdots & \cdots & \cdots & \cdots \\ a_{n1} & a_{n2} & \cdots & a_{nn} \end{vmatrix} = - \begin{vmatrix} a_{11} & a_{12} & \cdots & a_{1n} \\ \cdots & \cdots & \cdots & \cdots \\ a_{j1} & a_{j2} & \cdots & a_{jn} \\ a_{i1} & a_{i2} & \cdots & a_{in} \\ \cdots & \cdots & \cdots & \cdots \\ a_{n1} & a_{n2} & \cdots & a_{nn} \end{vmatrix}$$

예제 31 $\begin{vmatrix} 2 & 6 & 4 \\ 1 & 3 & 0 \\ -1 & 0 & 2 \end{vmatrix} = 12$이고 1행과 2행을 바꾸면 $\begin{vmatrix} 1 & 3 & 0 \\ 2 & 6 & 4 \\ -1 & 0 & 2 \end{vmatrix} = -12$이다.

정리 3.28

두 행(또는 열)의 성분이 서로 같으면 행렬식의 값은 0이다. 즉

$$\begin{vmatrix} a_{11} & a_{12} & \cdots & a_{1n} \\ \cdots & \cdots & \cdots & \cdots \\ a_{i1} & a_{i2} & \cdots & a_{in} \\ a_{i1} & a_{i2} & \cdots & a_{in} \\ \cdots & \cdots & \cdots & \cdots \\ a_{n1} & a_{n2} & \cdots & a_{nn} \end{vmatrix} = 0$$

예제 32 $\begin{vmatrix} 1 & 2 & 3 \\ 0 & 1 & 0 \\ 1 & 2 & 3 \end{vmatrix} = 0$이다.

■

정리 3.29

i 행(또는 i 열)의 모든 성분을 k 배 한 것은 행렬식의 값에 k 배한 것과 같다. 즉

$$\begin{vmatrix} a_{11} & a_{12} & \cdots & a_{1n} \\ \cdots & \cdots & \cdots & \cdots \\ ka_{i1} & ka_{i2} & \cdots & ka_{in} \\ \cdots & \cdots & \cdots & \cdots \\ a_{n1} & a_{n2} & \cdots & a_{nn} \end{vmatrix} = k \begin{vmatrix} a_{11} & a_{12} & \cdots & a_{1n} \\ \cdots & \cdots & \cdots & \cdots \\ a_{i1} & a_{i2} & \cdots & a_{in} \\ \cdots & \cdots & \cdots & \cdots \\ a_{n1} & a_{n2} & \cdots & a_{nn} \end{vmatrix}$$

예제 33 $\begin{vmatrix} 4 & 6 & 1 \\ 3 & -9 & 2 \\ -1 & 12 & 5 \end{vmatrix} = \begin{vmatrix} 4 & 3\cdot 2 & 1 \\ 3 & 3\cdot(-3) & 2 \\ -1 & 3\cdot 4 & 5 \end{vmatrix} = 3\begin{vmatrix} 4 & 2 & 1 \\ 3 & -3 & 2 \\ -1 & 4 & 5 \end{vmatrix} = 3\begin{vmatrix} 4 & 2 & 1 \\ 3 & -3 & 2 \\ -1 & 4 & 5 \end{vmatrix}$이다.

■

정리 3.30

(1) 한 행(또는 열)의 모든 원소가 0인 행렬식의 값은 0이다.

(2) 행렬식의 두 행(또는 열)의 대응하는 원소가 비례하면 그 행렬식의 값은 0이다.

예제 34

(1) $\begin{vmatrix} 0 & 0 & 0 \\ 3 & -9 & 2 \\ -1 & 12 & 5 \end{vmatrix} = 0$이다.

(2) $\begin{vmatrix} 1 & 2 & 3 \\ 2 & 4 & 6 \\ 1 & 5 & 2 \end{vmatrix} = \begin{vmatrix} 1 & 2 & 3 \\ 2\cdot 1 & 2\cdot 2 & 2\cdot 3 \\ 1 & 5 & 2 \end{vmatrix} = 2\begin{vmatrix} 1 & 2 & 3 \\ 1 & 2 & 3 \\ 1 & 5 & 2 \end{vmatrix}$이다.

정리 3.31

i 행의 모든 성분이 두 실수의 합으로 주어지면 다음과 같이i 행의 성분을 따로따로 하여 만든 행렬식의 합과 같다.

$$\begin{vmatrix} a_{11} & a_{12} & \cdots & a_{1n} \\ \cdots & \cdots & \cdots & \cdots \\ a_{i1}+b_{i1} & a_{i2}+b_{i2} & \cdots & a_{in}+b_{in} \\ \cdots & \cdots & \cdots & \cdots \\ a_{n1} & a_{n2} & \cdots & a_{nn} \end{vmatrix}$$

$$= \begin{vmatrix} a_{11} & a_{12} & \cdots & a_{1n} \\ \cdots & \cdots & \cdots & \cdots \\ a_{i1} & a_{i2} & \cdots & a_{in} \\ \cdots & \cdots & \cdots & \cdots \\ a_{n1} & a_{n2} & \cdots & a_{nn} \end{vmatrix} + \begin{vmatrix} a_{11} & a_{12} & \cdots & a_{1n} \\ \cdots & \cdots & \cdots & \cdots \\ b_{i1} & b_{i2} & \cdots & b_{in} \\ \cdots & \cdots & \cdots & \cdots \\ a_{n1} & a_{n2} & \cdots & a_{nn} \end{vmatrix}$$

예제 35 $\begin{vmatrix} 4x+3 & 6 & 1 \\ x & 3 & 4 \\ 2x-1 & 1 & -1 \end{vmatrix} = \begin{vmatrix} 4x & 2 & 1 \\ x & 3 & 4 \\ 2x & 1 & -1 \end{vmatrix} + \begin{vmatrix} 3 & 2 & 1 \\ 0 & 3 & 4 \\ -1 & 1 & -1 \end{vmatrix}$ 이다.

정리 3.32

j 행에 k 배하여 더한 것을 새로운 i 행으로 한 행렬의 행렬식 값은 원래 행렬의 행렬식 값과 같다.

$$\begin{vmatrix} a_{11} & a_{12} & \cdots & a_{1n} \\ \cdots & \cdots & \cdots & \cdots \\ a_{i1}+ka_{j1} & a_{i2}+ka_{j2} & \cdots & a_{in}+ka_{jn} \\ a_{j1} & a_{j2} & \cdots & a_{jn} \\ \cdots & \cdots & \cdots & \cdots \\ a_{n1} & a_{n2} & \cdots & a_{nn} \end{vmatrix} = \begin{vmatrix} a_{11} & a_{12} & \cdots & a_{1n} \\ \cdots & \cdots & \cdots & \cdots \\ a_{i1} & a_{i2} & \cdots & a_{in} \\ a_{j1} & a_{j2} & \cdots & a_{jn} \\ \cdots & \cdots & \cdots & \cdots \\ a_{n1} & a_{n2} & \cdots & a_{nn} \end{vmatrix}$$

예제 36 다음 행렬식을 구하여라.

(1) $\begin{vmatrix} 1 & 2 & 3 \\ 3 & 3 & 1 \\ -1 & -2 & -3 \end{vmatrix}$ (2) $\begin{vmatrix} 6 & 0 & 12 \\ 3 & -5 & 6 \\ 10 & 15 & -5 \end{vmatrix}$ (3) $\begin{vmatrix} 3 & 2 & 7 & 5 \\ 1 & 3 & 0 & 0 \\ 2 & 4 & -1 & 0 \\ 2 & 0 & 0 & 0 \end{vmatrix}$

풀이

(1) $\begin{vmatrix} 1 & 2 & 3 \\ 3 & 3 & 1 \\ -1 & -2 & -3 \end{vmatrix} = -1\cdot\begin{vmatrix} 1 & 2 & 3 \\ 3 & 3 & 1 \\ 1 & 2 & 3 \end{vmatrix} = 0.$

(2) $\begin{vmatrix} 6 & 0 & 12 \\ 3 & -5 & 6 \\ 10 & 15 & -5 \end{vmatrix} = 6\cdot 5\begin{vmatrix} 1 & 0 & 2 \\ 3 & -5 & 6 \\ 2 & 3 & -1 \end{vmatrix}$

$= 6\cdot 5\begin{vmatrix} 1 & 0 & 0 \\ 3 & -5 & 0 \\ 2 & 3 & -5 \end{vmatrix} = 6\cdot 5\cdot 1\cdot(-5)\cdot(-5) = 750.$

(3) $\begin{vmatrix} 3 & 2 & 7 & 5 \\ 1 & 3 & 0 & 0 \\ 2 & 4 & -1 & 0 \\ 2 & 0 & 0 & 0 \end{vmatrix} = -\begin{vmatrix} 2 & 0 & 0 & 0 \\ 1 & 3 & 0 & 0 \\ 2 & 4 & -1 & 0 \\ 3 & 2 & 7 & 5 \end{vmatrix} = -2\cdot 3\cdot(-1)\cdot 5 = 30.$

■

예제 37 다음 행렬식을 구하여라.

(1) $\begin{vmatrix} 7 & 11 & 4 \\ 13 & 15 & 10 \\ 3 & 9 & 6 \end{vmatrix}$ (2) $\begin{vmatrix} a+b & a+2b & a+3b \\ a+3b & a+4b & a+5b \\ a+6b & a+7b & a+8b \end{vmatrix}$

풀이

(1) $\begin{vmatrix} 7 & 11 & 4 \\ 13 & 15 & 10 \\ 3 & 9 & 6 \end{vmatrix} = 3\begin{vmatrix} 7 & 11 & 4 \\ 13 & 15 & 10 \\ 1 & 3 & 2 \end{vmatrix} = 3 \cdot 2\begin{vmatrix} 7 & 11 & 2 \\ 13 & 15 & 5 \\ 1 & 3 & 1 \end{vmatrix} = 6\begin{vmatrix} 5 & 5 & 2 \\ 8 & 0 & 5 \\ 0 & 0 & 1 \end{vmatrix} = -240$

[1열−3열, 2열−3열×3]

(2) $\begin{vmatrix} a+b & a+2b & a+3b \\ a+3b & a+4b & a+5b \\ a+6b & a+7b & a+8b \end{vmatrix} = \begin{vmatrix} a+b & b & 2b \\ a+3b & b & 2b \\ a+6b & b & 2b \end{vmatrix} = 0$

[2열−1열, 3열−1열]

예제 38 다음 방정식을 풀어라.

$$\begin{vmatrix} 1-x & -4 & -2 \\ 2 & 7-x & 4 \\ 4 & 10 & 6+x \end{vmatrix} = 0$$

풀이

$$\begin{vmatrix} 1-x & -4 & -2 \\ 2 & 7-x & 4 \\ 4 & 10 & 6+x \end{vmatrix} = \begin{vmatrix} 1-x & 0 & -2 \\ 2 & -1-x & 4 \\ 4 & -2-2x & 6+x \end{vmatrix}$$

[2열−3열×2] [3행−2행×2]

$$= \begin{vmatrix} 1-x & 0 & -2 \\ 2 & -1-x & 4 \\ 0 & 0 & -2+x \end{vmatrix} = (x-1)(x+1)(x-2)$$

이므로 방정식 $(x-1)(x+1)(x-2)=0$의 해는 $x=-1, 1, 2$이다.

예제 39 다음 행렬식의 결과를 인수분해 하여라.

$$D = \begin{vmatrix} 1 & a & a^2 \\ 1 & b & b^2 \\ 1 & c & c^2 \end{vmatrix}$$

풀이

$$D = \begin{vmatrix} 1 & a & a^2 \\ 1 & b & b^2 \\ 1 & c & c^2 \end{vmatrix} = \begin{vmatrix} 1 & a & a^2 \\ 0 & b-a & b^2-a^2 \\ 0 & c-a & c^2-a^2 \end{vmatrix}$$

[2행−1행, 3행−1행]

$$= (b-a)(c-a)\begin{vmatrix} 1 & a & a^2 \\ 0 & 1 & b+a \\ 0 & 1 & c+a \end{vmatrix} = (b-a)(c-a)\begin{vmatrix} 1 & a & a^2 \\ 0 & 0 & b+a \\ 0 & 0 & c-b \end{vmatrix}$$

[3행−2행]

$$= (b-a)(c-a)(c-b)$$

정의 3.33

행렬식 D로부터 제 i행과 j열을 제외한 나머지 원소로 만든 $n-1$차 행렬식을 D의 (i, j) **소행렬식**이라고 하고 M_{ij}로 쓰기로 한다.

예제 40 $\begin{vmatrix} 1 & 1 & 0 \\ -1 & 2 & 1 \\ 3 & 2 & -2 \end{vmatrix}$ 에서

$$M_{11} = \begin{vmatrix} 2 & 1 \\ 2 & -2 \end{vmatrix} = -6 \qquad M_{12} = \begin{vmatrix} -1 & 1 \\ 3 & -2 \end{vmatrix} = -1$$

이다.

■

정의 3.34

n차 행렬식 D에서 a_{ij}의 소행렬식 M_{ij}로부터

$$A_{ij} = (-1)^{i+j} M_{ij}$$

와 같이 정의되는 수 A_{ij}를 일컬어 a_{ij}의 **여인수**라고 한다.

예제 41 $A = \begin{vmatrix} 1 & 1 & 0 \\ -1 & 2 & 1 \\ 3 & 2 & -2 \end{vmatrix}$ 에서

$$A_{11} = (-1)^{1+1} M_{11} = M_{11} = M_{11} = \begin{vmatrix} 2 & 1 \\ 2 & -2 \end{vmatrix} = -6$$

이다.

임의의 $i(i=1,\ 2,\ \cdots,\ n)$에 대하여

$$\begin{vmatrix} a_{11} & a_{12} & \cdots & a_{1j} & \cdots & a_{1n} \\ a_{21} & a_{22} & \cdots & a_{2j} & \cdots & a_{2n} \\ \cdots & \cdots & \cdots & \cdots & \cdots & \cdots \\ a_{i1} & a_{i2} & \cdots & a_{ij} & \cdots & a_{in} \\ \cdots & \cdots & \cdots & \cdots & \cdots & \cdots \\ a_{n1} & a_{n2} & \cdots & a_{nj} & \cdots & a_{nn} \end{vmatrix}$$

$$= a_{i1}\begin{vmatrix} a_{11} & a_{12} & \cdots & a_{1j} & \cdots & a_{1n} \\ a_{21} & a_{22} & \cdots & a_{2j} & \cdots & a_{2n} \\ \cdots & \cdots & \cdots & \cdots & \cdots & \cdots \\ 1 & 0 & \cdots & 0 & \cdots & 0 \\ \cdots & \cdots & \cdots & \cdots & \cdots & \cdots \\ a_{n1} & a_{n2} & \cdots & a_{nj} & \cdots & a_{nn} \end{vmatrix} + \cdots + a_{ij}\begin{vmatrix} a_{11} & a_{12} & \cdots & a_{1j} & \cdots & a_{1n} \\ a_{21} & a_{22} & \cdots & a_{2j} & \cdots & a_{2n} \\ \cdots & \cdots & \cdots & \cdots & \cdots & \cdots \\ 0 & 0 & \cdots & 1 & \cdots & 0 \\ \cdots & \cdots & \cdots & \cdots & \cdots & \cdots \\ a_{n1} & a_{n2} & \cdots & a_{nj} & \cdots & a_{nn} \end{vmatrix}$$

$$+ \cdots + a_{in}\begin{vmatrix} a_{11} & a_{12} & \cdots & a_{1j} & \cdots & a_{1n} \\ a_{21} & a_{22} & \cdots & a_{2j} & \cdots & a_{2n} \\ \cdots & \cdots & \cdots & \cdots & \cdots & \cdots \\ 0 & 0 & \cdots & 0 & \cdots & 1 \\ \cdots & \cdots & \cdots & \cdots & \cdots & \cdots \\ a_{n1} & a_{n2} & \cdots & a_{nj} & \cdots & a_{nn} \end{vmatrix}$$

로 나타낼 수 있다. 이 때, 행렬식

$$\begin{vmatrix} a_{11} & a_{12} & \cdots & a_{1j} & \cdots & a_{1n} \\ a_{21} & a_{22} & \cdots & a_{2j} & \cdots & a_{2n} \\ \cdots & \cdots & \cdots & \cdots & \cdots & \cdots \\ a_{i1} & a_{i2} & \cdots & a_{ij} & \cdots & a_{in} \\ \cdots & \cdots & \cdots & \cdots & \cdots & \cdots \\ a_{n1} & a_{n2} & \cdots & a_{nj} & \cdots & a_{nn} \end{vmatrix}$$

에서 i 행과 j 열을 지워서 얻어지는 $(n-1)$ 차 소행렬식 M_{ij}

$$M_{ij} = \begin{vmatrix} a_{11} & a_{12} & \cdots & a_{1\,j-1} & a_{1\,j+1} & \cdots & a_{1n} \\ a_{21} & a_{22} & \cdots & a_{2\,j-1} & a_{2\,j+1} & \cdots & a_{2n} \\ \cdots & \cdots & \cdots & \cdots & \cdots & \cdots & \cdots \\ a_{(i-1)1} & a_{(i-1)2} & \cdots & a_{(i-1)(j-1)} & a_{(i-1)(j+1)} & \cdots & a_{i-1\,n} \\ a_{(i+1)1} & a_{(i+1)2} & \cdots & a_{(i+1)(j-1)} & a_{(i+1)(j+1)} & \cdots & a_{(i+1)n} \\ \cdots & \cdots & \cdots & \cdots & \cdots & \cdots & \cdots \\ a_{n1} & a_{n2} & \cdots & a_{n(j-1)} & a_{n(j+1)} & \cdots & a_{nn} \end{vmatrix},$$

i 행의 모든 성분들에 대하여 $i\,j$ 성분만 1이고 다른 모든 성분은 0인 n차 정사각행렬의 행렬식

$$\begin{vmatrix} a_{11} & a_{12} & \cdots & a_{1j} & \cdots & a_{1n} \\ a_{21} & a_{22} & \cdots & a_{2j} & \cdots & a_{2n} \\ \cdots & \cdots & \cdots & \cdots & \cdots & \cdots \\ 0 & 0 & \cdots & 1 & \cdots & 0 \\ \cdots & \cdots & \cdots & \cdots & \cdots & \cdots \\ a_{n1} & a_{n2} & \cdots & a_{nj} & \cdots & a_{nn} \end{vmatrix}$$

에서 i 행을 $(i-1)$행과 서로 바꾸고, 이를 다시 $(i-2)$행과 바꾸기를 $(i-1)$회 시행하여 i 행을 1행으로, 또 j 열을 $(j-1)$ 열과 서로 바꾸고, 이를 다시 $(j-2)$ 열과 바꾸기를 $(j-1)$ 회 시행하여 j 열을 1열로 하여 얻어지는 행렬식에서 1행과 1열을 소거하여 얻어지는 여인수 A_{ij}라 하면 $A_{ij}=(-1)^{i+j}M_{ij}$이다. 따라서 n 차 정방행렬의 행렬식의 값은

$$\begin{vmatrix} a_{11} & a_{12} & \cdots & a_{1j} & \cdots & a_{1n} \\ a_{21} & a_{22} & \cdots & a_{2j} & \cdots & a_{2n} \\ \cdots & \cdots & \cdots & \cdots & \cdots & \cdots \\ a_{i1} & a_{i2} & \cdots & a_{ij} & \cdots & a_{in} \\ \cdots & \cdots & \cdots & \cdots & \cdots & \cdots \\ a_{n1} & a_{n2} & \cdots & a_{nj} & \cdots & a_{nn} \end{vmatrix}$$

$$= a_{i1}A_{i1} + a_{i2}A_{i2} + a_{i3}A_{i3} + \cdots + a_{in}A_{in}$$

$$= \sum_{j=1}^{n} (-1)^{i+j-2} a_{ij} M_{ij}$$

$$= \sum_{j=1}^{n} (-1)^{i+j} a_{ij} M_{ij} = \sum_{j=1}^{n} a_{ij} A_{ij} \qquad \text{(a)}$$

이다. 이 때, 식 (a)을 i 행에 관한 Laplace 전개식이라 한다.

같은 방법으로 j 열에 관한 Laplace 전개식은

$$\begin{vmatrix} a_{11} & a_{12} & \cdots & a_{1j} & \cdots & a_{1n} \\ a_{21} & a_{22} & \cdots & a_{2j} & \cdots & a_{2n} \\ \cdots & \cdots & \cdots & \cdots & \cdots & \cdots \\ a_{i1} & a_{i2} & \cdots & a_{ij} & \cdots & a_{in} \\ \cdots & \cdots & \cdots & \cdots & \cdots & \cdots \\ a_{n1} & a_{n2} & \cdots & a_{nj} & \cdots & a_{nn} \end{vmatrix}$$

$$= a_{1j}A_{1j} + a_{2j}A_{2j} + a_{3j}A_{3j} + \cdots + a_{nj}A_{nj}$$

$$= \sum_{i=1}^{n} (-1)^{i+j} a_{ij} M_{ij} \qquad \text{(b)}$$

이다.

■

예제 42 행렬식 $\begin{vmatrix} 1 & 2 & 3 \\ -2 & 1 & 0 \\ 1 & -1 & 2 \end{vmatrix}$을

(1) 2행에 관한 Laplace 전개식을 이용하여 구하여라.

(2) 3열에 관한 Laplace 전개식을 이용하여 구하여라.

풀이

(1) $\begin{vmatrix} 1 & 2 & 3 \\ -2 & 1 & 0 \\ 1 & -1 & 2 \end{vmatrix} = (-1)^{2+1}\cdot(-2)\cdot\begin{vmatrix} 2 & 3 \\ -1 & 2 \end{vmatrix} + (-1)^{2+2}\cdot 1\cdot\begin{vmatrix} 1 & 3 \\ 1 & 2 \end{vmatrix} = 13.$

(2) $\begin{vmatrix} 1 & 2 & 3 \\ -2 & 1 & 0 \\ 1 & -1 & 2 \end{vmatrix} = (-1)^{1+3}\cdot 3\cdot\begin{vmatrix} -2 & 1 \\ 1 & -1 \end{vmatrix} + (-1)^{3+3}\cdot 2\cdot\begin{vmatrix} 1 & 2 \\ -2 & 1 \end{vmatrix} = 13.$

■

예제 43 다음 행렬식을 구하여라.

$$D = \begin{vmatrix} 2 & -1 & 3 & 5 \\ 4 & 0 & 1 & 0 \\ 9 & -7 & 4 & 2 \\ 11 & -6 & 2 & 0 \end{vmatrix}$$

풀이 제 2행에 관하여 전개하면

$$D = (-1)^{2+1}\cdot 4\begin{vmatrix} -1 & 3 & 5 \\ -7 & 4 & 2 \\ -6 & 2 & 0 \end{vmatrix} + (-1)^{2+3}\begin{vmatrix} 2 & -1 & 5 \\ 9 & -7 & 2 \\ 11 & -6 & 0 \end{vmatrix}$$

$$= 4\cdot(-18) - 117 = -189$$

■

정리 3.35

제 1행에서 a_{11} 을 제외한 모든 성분이 0일 때, 행렬식의 값은 처음 행렬식에서 제 1행과 제 1열을 지우고 얻어지는 $(n-1)$ 차 행렬의 행렬식에 a_{11}을 곱한 것이다. 즉,

$$\begin{vmatrix} a_{11} & 0 & 0 & \cdots & 0 \\ a_{21} & a_{22} & a_{23} & \cdots & a_{2n} \\ \cdots & \cdots & \cdots & \cdots & \cdots \\ a_{n1} & a_{n2} & a_{n3} & \cdots & a_{nn} \end{vmatrix} = a_{11}\cdot\begin{vmatrix} a_{22} & a_{23} & \cdots & a_{2n} \\ a_{32} & a_{33} & \cdots & a_{3n} \\ \cdots & \cdots & \cdots & \cdots \\ a_{n2} & a_{n3} & \cdots & a_{nn} \end{vmatrix}$$

예제 44

$$\begin{vmatrix} 3 & 0 & 0 \\ 5 & 2 & -1 \\ 1 & -2 & 4 \end{vmatrix} = 3 \begin{vmatrix} 2 & -1 \\ -2 & 4 \end{vmatrix} = 18$$

행렬식을 이용해 다음과 같은 연립일차방정식을 풀어보자.

$$\begin{aligned} &a_{11}x_1 + a_{12}x_2 + \ldots + a_{1n}x_n = b_1 \\ &a_{21}x_1 + a_{22}x_2 + \ldots + a_{2n}x_n = b_2 \\ &\cdots\cdots\cdots\cdots\cdots\cdots\cdots\cdots\cdots \\ &a_{n1}x_1 + a_{n2}x_2 + \ldots + a_{nn}x_n = b_n \end{aligned} \tag{1}$$

이라 하자. 여기서 미지수의 계수로 만든 행렬식을

$$D = \begin{vmatrix} a_{11} & a_{12} \ldots & a_{1n} \\ a_{21} & a_{22} \ldots & a_{2n} \\ \cdots & \cdots \quad \cdots & \cdots \\ a_{n1} & a_{n2} \ldots & a_{nn} \end{vmatrix}$$

이라 두고 이 행렬식에서 $a_{\alpha\beta}$의 여인수를 $A_{\alpha\beta}$라 한다. 지금 식 (1)의 제 1식, 제 2식, ..., 제 n식의 양변에 각각 A_{1k}, A_{2k}, $A_{3k}, \ldots, A_{nk}$를 곱하고 변끼리 더하면

$$\begin{aligned} &(a_{11A_{1k}} + a_{21}A_{2k} + \ldots + a_{n1}A_{nk})x_1 + (a_{12}A_{2k} + a_{22}A_{2k} + \ldots a_{n2}A_{nk})x_2 \\ &+ \ldots + (a_{1n}A_{1k} + a_{2n}A_{2k} + \ldots + a_{nn}A_{nk})x_n \\ &= b_1A_{1k} + b_2A_{2k} + \ldots + b_nA_{nk} \end{aligned}$$

여기서

$$D_k = b_1A_{1k} + b_2A_{2k} + \ldots + b_nA_{nk}$$

라 두면, D_k는 행렬식 D에서 제 k열의 원소 $a_{1k}, a_{2k,} \ldots, a_{nk}$를 $b_{1,}\, b_{2,} \ldots, b_n$으로 바꾸어 놓은 것이다. 즉,

$$D_k = \begin{vmatrix} a_{11} & a_{12} \ldots & a_{1k-1} & b_1 & a_{1k+1} \ldots & a_{1n} \\ a_{21} & a_{22} \ldots & a_{2k-1} & b_2 & a_{2k+1} \ldots & a_{2n} \\ \cdots & \cdots \quad \cdots & \cdots & \cdots & \cdots \quad \cdots & \cdots \\ a_{n1} & a_{n2} \ldots & a_{nk-1} & b_n & a_{nk+1} \ldots & a_{nn} \end{vmatrix} \tag{2}$$

이므로 식 (2)에서 $k = 1, 2, \ldots, n$이라 두면, 식 (a)에 의해서

$$Dx_1 = D_{1,}\ Dx_2 = D_{2,} \ldots, Dx_n = D_n$$

을 얻는다.

따라서 $D \neq 0$일 때

$$x_1 = \frac{D_1}{D},\ x_2 = \frac{D_2}{D},\ \ldots, x_n = \frac{D_n}{D} \tag{3}$$

을 얻는다.

역으로 식 (3)을 식 (1) 에 대입하면

$$a_{i1}x_1 + a_{i2}x_2 + \ldots + a_{in}x_n = \frac{1}{D}(a_{i1}D_1 + a_{i2}D_2 + \ldots + a_{in}D_n)$$

여기서

$$\begin{aligned} &a_{i1}D_1 + a_{i2}D_2 + \ldots + a_{in}D_n = a_{i1}(b_1A_{11} + b_2A_{21} + \ldots + b_nA_{n1}) \\ &+ a_{i2}(b_1A_{12} + b_2A_{22} + \ldots + b_nA_{n2}) + \ldots + a_{in}(b_1A_{1n} + b_2A_{2n} + \ldots + b_nA_{nn}) \\ &= b_1\sum a_{ij}A_{1j} + b_2\sum a_{ij}A_{2j} + \ldots. + b_n\sum a_{ij}A_{nj} \end{aligned}$$

그런데 $i \neq s$이면 $\sum a_{ij}A_{sj} = 0,\ i = s$이면 $\sum a_{ij}A_{sj} = D$이므로

$$a_{i1}D_1 + a_{i2}D_2 + \ldots + a_{\in}D_n = b_iD$$

따라서

$$a_{i1}x_1 + a_{i2}x_2 + \ldots + a_{in}\,x_n = \frac{1}{D}(b_iD) = b_i\ \ (i = 1,\ 2,\ \ldots, n)$$

그러므로 식 (3)은 연립1차방정식 (1)의 해이다. 이것으로부터 다음 성질을 얻는다.

정리 3.36 Cramer의 공식

연립1차방정식

$$\begin{cases} a_{11}x_1 + a_{12}x_2 + \ldots + a_{1n}x_n = b_1 \\ a_{21}x_1 + a_{22}x_2 + \ldots + a_{2n}x_n = b_2 \\ \cdots\cdots\cdots\cdots\cdots\cdots\cdots\cdots \\ a_{n1}x_1 + a_{n2}x_2 + \ldots + a_{nn}x_n = b_n \end{cases}$$

은 미지수의 계수를 원소로 하는 행렬식 D가 0이 아니면 단 하나의 해를 가지고, 그 해는

$$x_1 = \frac{D_1}{D},\ x_2 = \frac{D_2}{D},\ \ldots,\ \frac{D_n}{D}$$

이다.

예제 45 Cramer 공식을 이용하여 다음연립방정식의 해를 구하여라.

(1) $\begin{cases} x+2y=3 \\ 2x-\ \ y=1 \end{cases}$ (2) $\begin{cases} 3x+\ \ y+3z=8 \\ x-2y-\ \ z=1 \\ 2x+5y+2z=1 \end{cases}$

풀이 (1) $D=\begin{vmatrix} 1 & 2 \\ 2 & -1 \end{vmatrix}=-5,\ D_1=\begin{vmatrix} 3 & 2 \\ 1 & -1 \end{vmatrix}=-5,\ D_2=\begin{vmatrix} 1 & 3 \\ 2 & 1 \end{vmatrix}=-5$

이하 같음으로

$$x=\frac{D_1}{D}=1,\quad y=\frac{D_2}{D}=1.$$

(2) $D=\begin{vmatrix} 3 & 1 & 3 \\ 1 & -2 & -1 \\ 2 & 5 & 2 \end{vmatrix}=26$ 이고,

$$D_1=\begin{vmatrix} 8 & 1 & 3 \\ 1 & -2 & -1 \\ 1 & 5 & 2 \end{vmatrix}=26,\ D_2=\begin{vmatrix} 3 & 8 & 3 \\ 1 & 1 & -1 \\ 2 & 1 & 2 \end{vmatrix}=-26,$$

$$D_3=\begin{vmatrix} 3 & 1 & 8 \\ 1 & -2 & 1 \\ 2 & 5 & 1 \end{vmatrix}=52$$

이므로 $x=1,\ y=-1,\ z=2.$

연립1차방정식 (1)에서 $b_1=b_2=\dots=b_n=0$인 경우, 즉

$$\begin{cases} a_{11}x_1+a_{12}x_2+\dots+a_{1n}x_n=0 \\ a_{21}x_1+a_{22}x_2+\dots+a_{2n}x_n=0 \\ \cdots\cdots\cdots\cdots\cdots\cdots\cdots\cdots\cdots \\ a_{n1}x_1+a_{n2}x_2+\dots+a_{nn}x_n=0 \end{cases} \tag{4}$$

인 **동차연립일차방정식**에 대하여 알아보자.

여기서

$$D=\begin{vmatrix} a_{11} & a_{12} & \dots & a_{1n} \\ a_{21} & a_{22} & \dots & a_{2n} \\ \dots & \dots & \dots & \dots \\ a_{n1} & a_{n2} & \dots & a_{nn} \end{vmatrix}$$

이라 할 때 $D\neq 0$이면 Cramer의 공식에 의해

$$x_1=x_2=\dots=x_n=0$$

을 얻는다. 이 해를 **자명한** 해라고 부른다.

정의 3.37

동차연립일차방정식 (3)이 $x_1 = x_2 = \dots = x_n = 0$이외의 해를 가지면 $D = 0$이다.

예제 46 연립일차방정식 $\begin{cases} a_1 x + b_1 y + c_1 = 0 \\ a_2 x + b_2 y + c_2 = 0 \\ a_3 x + b_3 y + c_3 = 0 \end{cases}$ 에서 $\begin{vmatrix} a_1 & b_1 & c_1 \\ a_2 & b_2 & c_2 \\ a_3 & b_3 & c_3 \end{vmatrix}$ 의 값을 구하여라.

풀이

연립방정식 $\begin{cases} a_1 x + b_1 y + c_1 = 0 \\ a_2 x + b_2 y + c_2 = 0 \\ a_3 x + b_3 y + c_3 = 0 \end{cases}$ 은

$\begin{cases} a_1 x + b_1 y + c_1 z = 0 \\ a_2 x + b_2 y + c_2 z = 0 \\ a_3 x + b_3 y + c_3 z = 0 \end{cases}$ 에서 $z = 1$ 인 경우로 간주할 수 있으므로

처음 주어진 연립방정식은 적어도 하나가 0이 아닌 해를 갖는다.

따라서 $\begin{vmatrix} a_1 & b_1 & c_1 \\ a_2 & b_2 & c_2 \\ a_3 & b_3 & c_3 \end{vmatrix} = 0$.

■

예제 47 다음 동차연립일차방정식이 0이 아닌 해를 갖일 때, k의 값을 구하여라.

(1) $\begin{cases} kx - y + 4z = 0 \\ 2x + y - z = 0 \\ x + y - 2z = 0 \end{cases}$ (2) $\begin{cases} kx - 2y + z = 0 \\ x + ky + 2z = 0 \\ 3y + z = 0 \end{cases}$

풀이

(1) $\begin{cases} kx - y + 4z = 0 \\ 2x + y - z = 0 \\ x + y - 2z = 0 \end{cases}$ 에서 행렬식 $\begin{vmatrix} k & 1 & 4 \\ 2 & 1 & -1 \\ 1 & 1 & -2 \end{vmatrix} = 0$ 이므로

$(-2k + 4 + 1) - (4 + 4 - k) = 0$,

$\therefore\ k = -3$

(2) $\begin{cases} kx - 2y + z = 0 \\ x + ky + 2z = 0 \\ 3y + z = 0 \end{cases}$ 에서 행렬식 $\begin{vmatrix} k & -2 & 1 \\ 1 & k & 2 \\ 0 & 3 & 1 \end{vmatrix} = 0$ 이므로

$(k^2 + 3) - (-2 - 6k) = 0$, $k^2 + 6k + 5 = 0$,

$(k + 5)(k + 1) = 0$,

$\therefore\ k = -5$ 또는 $k = -1$.

■

정의 3.38

주어진 n차 정사각행렬 A에 대하여

$$AX = XA = I$$

를 만족하는 n차 정사각행렬 X가 존재할 때, A를 **정칙행렬**이라고 한다.

정리 3.39

A가 정칙행렬이면 A의 역행렬은 단 하나 존재한다.

증명 A가 정칙행렬이므로 A의 역행렬은 반드시 존재한다. 지금 A의 역행렬이 두 개 존재한다고 가정하고 이것을 X, Y라 하면

$$AX = XA = I, \quad AY = YA = I$$

가 성립한다. 따라서

$$X = XI = X(AY) = (XA)Y = IY = Y$$

이다. ∎

정의 3.40

행렬 $A = (a_{ij})$에서 a_{ij}의 여인수를 A_{ij}라 할 때

$$(A_{ji}) = \begin{pmatrix} A_{11} & A_{21} & \dots & A_{n1} \\ A_{12} & A_{22} & \dots & A_{n2} \\ \dots & \dots & \dots & \dots \\ A_{1n} & A_{2n} & \dots & A_{nn} \end{pmatrix}$$

을 행렬 A의 **수반행렬**이라 하고 $adj\,A$로 나타낸다.

예제 48 행렬 $A = \begin{pmatrix} 1 & 2 \\ 3 & 4 \end{pmatrix}$의 모든 소행렬식과 여인수를 구하고, 이를 이용하여 행렬 A의 수반행렬을 구하여라.

풀이 A의 소행렬식들은 각각

$$M_{11}=4,\ M_{12}=3,\ M_{21}=2,\ M_{22}=1$$

이고 A의 여인수들은 각각

$$A_{11}=M_{11}=4,\ A_{12}=-M_{12}=-3,\ A_{21}=-M_{21}=-2,\ A_{22}=M_{22}=1$$

이다. 따라서 행렬 A의 수반행렬은

$$adj\,A=\begin{pmatrix} A_{11} & A_{21} \\ A_{12} & A_{22} \end{pmatrix}=\begin{pmatrix} 4 & -2 \\ -3 & 1 \end{pmatrix}$$

이다.

정리 3.41

n차 정사각행렬 A가 정칙이기 위한 필요충분조건은

$$|A| \neq 0$$

이다.

정리 3.42

n차 정사각행렬 $A=(a_{ij})$가 정칙이면, 그 역행렬 A^{-1}은

$$A^{-1}=(\frac{A_{ji}}{|A|})=\begin{pmatrix} \frac{A_{11}}{|A|} & \frac{A_{21}}{|A|} & \cdots & \frac{A_{n1}}{|A|} \\ \frac{A_{12}}{|A|} & \frac{A_{22}}{|A|} & \cdots & \frac{A_{n2}}{|A|} \\ \cdots & \cdots & \cdots & \cdots \\ \frac{A_{1n}}{|A|} & \frac{A_{2n}}{|A|} & \cdots & \frac{A_{nn}}{|A|} \end{pmatrix}$$

이다. 여기서 A_{ij}는 행렬 A의 a_{ij} 여인수이다.

예제 49 다음 행렬들의 역행렬을 구하여라.

(1) $A=\begin{pmatrix} 2 & 3 & -4 \\ 0 & -4 & 2 \\ 1 & -1 & 5 \end{pmatrix}$ (2) $B=\begin{pmatrix} a & b \\ c & d \end{pmatrix}$ $(ad-bc \neq 0)$

풀이

(1) $|A|=\begin{vmatrix} 2 & 3 & -4 \\ 0 & -4 & 2 \\ 1 & -1 & 5 \end{vmatrix}=-46$이므로 A는 정칙행렬이고, 역행렬이 존재한다.

$$A_{11}=(-1)^{1+1}\begin{vmatrix} -4 & 2 \\ -1 & 5 \end{vmatrix}=-18$$

같은 방법으로,

$$A_{12}=2,\ A_{13}=4,\ A_{21}=-11,\ A_{22}=14$$
$$A_{23}=5,\ A_{31}=-10,\ A_{32}=-4,\ A_{22}=-8$$

따라서 역행렬은 다음과 같다.

$$A^{-1}=-\frac{1}{46}\begin{pmatrix} -18 & -11 & -10 \\ 2 & 14 & -4 \\ 4 & 5 & -8 \end{pmatrix}$$

(2) $|B|\neq 0$이므로 B는 정칙행렬이고, 역행렬이 존재한다.

$$B_{11}=(-1)^{1+1}|d|=d,\quad B_{12}=(-1)^{1+2}|b|=-b,$$
$$B_{11}=(-1)^{2+1}|b|=-b,\quad B_{22}=(-1)^{2+2}|a|=a$$

따라서 $B^{-1}=\dfrac{1}{ad-bc}\begin{pmatrix} d & -b \\ -c & a \end{pmatrix}$

연습문제 3-3 Exercises

1. 다음 행렬식을 구하여라.

(1) $\begin{vmatrix} 3 & 2 \\ -1 & 2 \end{vmatrix}$ (2) $\begin{vmatrix} 3 & 2 & 0 & 1 \\ 0 & 2 & 1 & 5 \\ 0 & 0 & 1 & 3 \\ 0 & 0 & 0 & 2 \end{vmatrix}$

(3) $\begin{vmatrix} 6 & 0 & 12 \\ 3 & -5 & 6 \\ 5 & 15 & -5 \end{vmatrix}$ (4) $\begin{vmatrix} 2 & -1 & 3 & 1 \\ 1 & 2 & -1 & 3 \\ 0 & 2 & 0 & -1 \\ 1 & 3 & 0 & 2 \end{vmatrix}$

2. 다음 행렬식을 구하여라.

(1) $\begin{vmatrix} 1 & 1 & 1 \\ a & b & c \\ b+c & c+a & a+b \end{vmatrix}$ (2) $\begin{vmatrix} 14 & 16 & 18 \\ 10 & 17 & 24 \\ 15 & 18 & 21 \end{vmatrix}$

3. 다음 행렬식을 구하여라.

(1) $\begin{vmatrix} a & -a & -a & -a \\ b & b & -b & -b \\ c & c & c & -c \\ d & d & d & d \end{vmatrix}$ (2) $\begin{vmatrix} 0 & a & b & c \\ -a & 0 & l & m \\ -b & -l & 0 & n \\ -c & -m & -n & 0 \end{vmatrix}$

4. 행렬식 $\begin{vmatrix} 1 & 3 & -2 \\ -1 & 0 & 0 \\ 0 & 2 & 3 \end{vmatrix}$에 대하여 다음을 구하여라.

(1) 2행에 관한 Laplace 전개식을 이용하여 행렬식의 값을 구하여라.

(2) 3열에 관한 Laplace 전개식을 이용하여 행렬식의 값을 구하여라.

5. 행렬 $A=\begin{pmatrix} 1 & 2 & 0 \\ 2 & 0 & 3 \\ -1 & -2 & 1 \end{pmatrix}$에 대하여 다음을 구하여라.

(1) A 의 여인자행렬　　(2) A 의 수반행렬　　(3) A 의 역행렬 A^{-1}

6. 다음 행렬의 역행렬이 존재하면 그 역행렬을 구하여라.

(1) $A=\begin{pmatrix} 1 & 4 \\ 2 & 6 \end{pmatrix}$　　(2) $B=\begin{pmatrix} 2 & 0 & -1 \\ 1 & 3 & 0 \\ 0 & 4 & 1 \end{pmatrix}$

(3) $C=\begin{pmatrix} 2 & 1 & -1 \\ 1 & 2 & -1 \\ 1 & 0 & 3 \end{pmatrix}$　　(4) $D=\begin{pmatrix} 1 & 0 & 0 & 1 \\ -1 & 1 & 0 & 2 \\ 0 & 1 & 0 & 1 \\ 0 & 0 & 1 & 1 \end{pmatrix}$

7. 다음 연립방정식을 Cramer의 공식을 이용하여 풀어라.

(1) $\begin{cases} 4x-2y=3 \\ 6x+2y=7 \end{cases}$　　(2) $\begin{cases} 2x+3y+z=-4 \\ 4x+y-3z=2 \\ -x+2y+2z=-6 \end{cases}$

(3) $\begin{cases} 3x+y-z=2 \\ 2x+3y+z=4 \\ x-y+5z=7 \end{cases}$

CHAPTER

04 수열과 급수

4.1 수 열

정의 4.1

자연수의 집합 N을 정의역, 실수의 집합 R을 공역으로 하는 함수

$f: N \rightarrow R$ 에 의해 얻어진 수들을 순서대로 나열한 것

을 **수열**이라 한다.

특히, 정의역을 자연수의 부분집합으로 했을 때의 수열을 **유한수열**이라고 하고 정의역을 자연수 전체집합으로 했을 때의 수열을 **무한수열**이라고 한다. 일반적으로 특별한 언급없이 수열이라고 함은 무한수열을 의미한다.

예제 1 규칙 $f(n)=2n$에 의해 자연수 $n(1 \le n \le 5)$에 대응하는 $f(n)$의 값들로 이루어진 수열을 구하여라.

풀이 규칙 $f(n)=2n$로부터 $n=1, 2, 3, 4, 5$에 대응하는 수들을 얻어진 순서대로 나열한 형태이므로 $f(1), f(2), f(3), f(4), f(5)$이다. 즉

$$2, 4, 6, 8, 10$$

인 유한수열이다. ■

예제 2 규칙 $g(n)=n+2$에 의해 자연수 $n \in N$에 대응하는 $g(n)$의 값들로 이루어진 수열을 구하여라.

풀이 규칙 $g(n)=n+2$로부터 $n=1, 2, 3, 4, 5, \ldots$에 대응하는 수들을 얻어진 순서대로 나열한 형태이므로 $f(1), f(2), f(3), f(4), f(5), \ldots$이다. 즉

$$3,\ 4,\ 5,\ 6,\ 7, \ldots$$

인 무한수열이다. ■

정의 4.2

수열 $f:\ N \to R$ 에서 함숫값 $f(1),\ f(2),\ f(3),\ \cdots,\ f(n), \cdots$ 이

$$a_1,\ a_2,\ a_3,\ \cdots,\ a_n,\ \cdots$$

일 때, 함숫값 a_1 을 초항 또는 제 1항, a_2 를 제 2항, a_n 을 제 n 항 또는 일반항이라 한다.

일반항 a_n 을 이용하여 수열을 $\{a_n\}$ 으로 나타내기도 한다.

예제 3 일반항이 다음과 같이 주어지는 각 수열의 초항과 제 5항을 구하여라.

(1) $a_n=2n+5$ (2) $a_n=2^n$

풀이 (1) 일반항 $a_n=2n+5$로부터 초항은 $a_1=2 \cdot 1+5=7$이고, 제 5항은 $a_5=2 \cdot 5+5=15$이다.

(2) 일반항 $b_n=2^n$로부터 초항은 $a_1=2^1=2$이고, 제5항은 $a_5=2^5=32$이다. ■

정의 4.3

첫째항부터 차례로 일정한 수를 더하여 만들어지는 수열을 **등차수열**이라 하고, 그 일정한 수를 **공차**라고 한다.
따라서 공차가 d인 등차수열 $\{a_n\}$의 모든 항에 대하여

$$a_{n+1} = a_n + d \ (n = 1,\ 2,\ 3,\ \cdots)$$

인 관계가 성립한다.

정리 4.4

첫째항이 a이고, 공차가 d인 등차수열 $\{a_n\}$의 일반항 a_n은

$$a_n = a + (n-1)d$$

첫째항이 a이고, 공차가 d인 등차수열 $\{a_n\}$의 각 항을 다음과 같이 차례로 쓸 수 있다.

$$\begin{aligned}
a_1 &= a = a + 0d \\
a_2 &= a_1 + d = a + 1d \\
a_3 &= a_2 + d = (a+d) + d = a + 2d \\
&\vdots \\
a_n &= a_{n-1} + d = \{a + (n-2)d\} + d = a + (n-1)d \\
&\vdots
\end{aligned}$$

예제 4 첫째항이 2이고, 공차가 3인 등차수열의 일반항 a_n을 구하여라.

풀이 $a_n = 2 + (n-1) \times 3 = 3n - 1$

■

예제 5 수열 2, 5, 8, 11, …의 일반항을 구하여라.

풀이 첫째항이 2이고, 공차가 3인 등차수열이므로 일반항 a_n은

$$a_n = 2 + (n-1) \times 3 = 3n - 1$$

수열 $\{a_n\}$에서 첫째항부터 제n항까지의 합을 기호로

$$\boldsymbol{S_n}$$

과 같이 나타낸다. 즉, $S_n = a_1 + a_2 + a_3 + \cdots + a_n$이다.

이제 등차수열의 합을 구하는 공식을 유도하여 보자.

첫째항이 a이고, 공차가 d인 등차수열의 제n항을 l이라고 하면 첫째 항부터 제n항까지의 합 S_n은

$$S_n = a + (a+d) + (a+2d) + \cdots + (l-2d) + (l-d) + l \quad ㉠$$

㉠에서 우변의 각 항의 순서를 거꾸로 하여 쓰면

$$S_n = l + (l-d) + (l-2d) + \cdots + (a+2d) + (a+d) + a \quad ㉡$$

㉠, ㉡을 변끼리 더하면

$$\therefore\ S_n = \frac{n(a+l)}{2} \quad ㉢$$

한편 $l = a + (n-1)d$이므로 이것을 ㉢에 대입하여 정리하면

$$S_n = \frac{n\{2a+(n-1)d\}}{2}$$

■

정리 4.5

첫째항이 a, 공차가 d, 제n항이 l인 등차수열의 첫째항부터 제n항까지의 합 S_n은

$$S_n = \frac{n(a+l)}{2} = \frac{n\{2a+(n-1)d\}}{2}$$

예제 6 초항이 1이고, 공차가 2인 등차수열의 처음 6개 항의 합을 구하여라.

풀이 $a = 1$, $l = 11$, $n = 6$ 이므로 구하는 등차수열의 합 S는

$$S = \frac{1}{2}\{6 \cdot (1+11)\} = 36.$$

■

예제 7 초항이 3, 공차가 4인 등차수열의 처음 10개 항의 합을 구하여라.

풀이 $a=3$, $d=4$, $n=10$ 이므로 구하는 등차수열의 합 S는

$$S=\frac{10}{2}(2\cdot 3+9\cdot 4)=210.$$

■

예제 8 초항이 5, 공차가 3인 등차수열에서 초항부터 n항까지의 합이 75이다. n의 값을 구하여라.

풀이

$$\frac{n}{2}\{2\cdot 5+(n-1)\cdot 3\}=75$$

에서 $(3n+25)(n-6)=0$ 이므로

$$n=6.$$

■

예제 9 1부터 n까지 자연수의 합을 구하여라.

풀이 1부터 n까지 자연수는 초항이 1, 공차가 1인 등차수열이므로 n번째 항은 $a_n=n$ 이므로

$$1+2+3+\cdots+n=\frac{n}{2}(1+n)=\frac{n(n+1)}{2}.$$

■

정리 4.6

세 수 a, b, c가 이 순서대로 등차수열을 이룰 때, b를 a와 c의 **등차중항** 또는 **산술평균**이라고 한다. 이때, b가 a와 c의 등차중항이기 위한 필요충분조건은 $2b=a+c$이다.

수열 $\{a_n\}$의 첫째항부터 제n항까지의 합을 S_n이라고 할 때,

$$S_1 = a_1$$
$$S_2 = a_1 + a_2 = S_1 + a_2$$
$$S_3 = a_1 + a_2 + a_3 = S_2 + a_3$$
$$\vdots$$
$$S_n = a_1 + a_2 + a_3 + \cdots + a_{n-1} + a_n = S_{n-1} + a_n$$

따라서 a_n과 S_n 사이에는 다음과 같은 관계가 있다.

정리 4.7

수열 $\{a_n\}$의 첫째항부터 제n항까지의 합을 S_n이라고 하면

(1) $n=1$일 때, $a_1 = S_1$

(2) $n \geq 2$일 때, $a_n = S_n - S_{n-1}$

예제 10 수열 $\{a_n\}$의 첫째항부터 제n항까지의 합이 $S_n = 3n^2 - n$일 때 일반항 a_n을 구하여라.

풀이 (1) $n=1$일 때 $a_1 = S_1 = 3\times 1^2 - 1 = 2$

(2) $n \geq 2$일 때

$$a_n = S_n - S_{n-1} = (3n^2 - n) - \{3(n-1)^2 - (n-1)\}$$
$$= 6n - 4 \qquad ㉠$$

이때, ㉠에 $n=1$을 대입하면 $a_1 = 6\times 1 - 4 = 2$이므로 ㉠의 a_n은 $n=1$인 경우에도 성립한다.

따라서 일반항 a_n은 $a_n = 6n-4$

■

정의 4.8

등차수열 $\{a_n\}$의 각 항의 역수들로 이루어지는 수열

$$\frac{1}{a_1}, \frac{1}{a_2}, \frac{1}{a_3}, \cdots, \frac{1}{a_n}, \cdots$$

을 조화수열이라 한다.

등차수열 1, 3, 5, 7, 9,… 의 조화수열은

$$1,\ \frac{1}{3},\ \frac{1}{5},\ \frac{1}{7},\ \frac{1}{9},\cdots$$

이다.

예제 11 수열 12, 6, 4, 3, … , a_{10},… , a_n 에서 a_{10} 와 a_n 을 구하여라.

풀이 각 항의 역수로 이루어지는 수열

$$\frac{1}{12},\ \frac{1}{6},\ \frac{1}{4},\ \frac{1}{3},\cdots,\ \frac{1}{a_{10}},\ \cdots,\ \frac{1}{a_n}$$

은 초항이 $\frac{1}{12}$, 공차가 $\frac{1}{12}$ 인 등차수열이므로

$$\frac{1}{a_n}=\frac{1}{12}+(n-1)\frac{1}{12}=\frac{n}{12}$$

로부터 $a_n=\frac{12}{n}$, $a_{10}=\frac{6}{5}$.

■

정의 4.9

0이 아닌 세 실수 a, x, b 가 그 순서대로 조화수열을 이룰 때, x 를 a 와 b 의 **조화중항** 또는 **조화평균**이라 한다.

세 실수 a, x, b 가 그 순서대로 조화수열을 이룰 때, n가 a와 b이 조화중항일 필요충분조건은

$$\frac{2}{x}=\frac{1}{a}+\frac{1}{b},\quad 즉\quad x=\frac{2ab}{a+b}$$

예제 12 두 실수 2와 8의 조화중항을 구하여라.

풀이 두 실수의 조화중항을 x 라 하면

$$x=\frac{2\cdot 2\cdot 8}{2+8}=\frac{16}{5}$$

■

정의 4.10

첫째항부터 차례로 일정한 수를 곱하여 만들어지는 수열을 **등비수열**이라 하고, 그 일정한 수를 **공비**라고 한다.
따라서 공비가 r인 등비수열 $\{a_n\}$의 모든 항에 대하여

$$a_{n+1} = a_n r \ (n = 1,\ 2,\ 3,\ \cdots)$$

인 관계가 성립한다.

첫째항이 a이고, 공비가 r인 등비수열 $\{a_n\}$의 각 항을 다음과 같이 차례로 쓸 수 있다.

$$\begin{aligned} a_1 &= a = ar^0 \\ a_2 &= a_1 r = ar^1 \\ a_3 &= a_2 r = (ar)r = ar^2 \\ &\vdots \\ a_n &= a_{n-1} r = (ar^{n-2})r = ar^{n-1} \\ &\vdots \end{aligned}$$

정리 4.11

첫째항이 a이고, 공비가 r인 등비수열 $\{a_n\}$의 일반항 a_n은

$$a_n = ar^{n-1}$$

예제 13 다음 등비수열에서 공비 및 n 번째 항을 구하여라.

(1) 27, 9, 3, 1,⋯　　　　(2) 1, 2, 4, 8, ⋯

풀이 (1) 수열 27, 9, 3, 1,⋯ 에서

$$r = \frac{9}{27} = \frac{1}{3}, \quad a_n = 27 \cdot \left(\frac{1}{3}\right)^{n-1} = 3^{4-n}$$

(2) 1, 2, 4, 8, ⋯ 에서

$$r = \frac{2}{1} = 2, \quad a_n = 1 \cdot 2^{n-1} = 2^{n-1}$$

■

예제 14 제3항이 −6, 제6항이 48인 등비수열에서 초항과 공비를 구하여라.

풀이 초항을 a, 공비를 r 라 하면

$$ar^2 = -6, \ ar^5 = 48$$

이고, $a \neq 0$, $r \neq 0$ 이므로

$r^3 = -8$ 에서 공비는 $r = -2$, $4a = -6$ 에서 초항은 $a = -\dfrac{3}{2}$

■

예제 15 양의 세 실수 a_1, x, a_2 가 그 순서대로 등비수열을 이룰 때, 세 실수의 상용로그 $\log a_1$, $\log x$, $\log a_2$은 어떤 수열을 이루는가?

풀이 세 실수 a_1, x, a_2 가 그 순서대로 등비수열을 이루므로

$$x^2 = a_1 \cdot a_2$$

따라서 $2\log x = \log a_1 + \log a_2$

이므로 $\log a_1$, $\log x$, $\log a_2$은 등차수열을 이룬다.

■

첫째항이 a이고, 공비가 r인 등비수열의 첫째항부터 제n항까지의 합 S_n은

$$S_n = a + ar + ar^2 + \cdots + ar^{n-2} + ar^{n-1} \qquad ㉠$$

㉠의 양변에 r를 곱하면

$$rS_n = ar + ar^2 + ar^3 + \cdots + ar^{n-1} + ar^n \qquad ㉡$$

㉠에서 ㉡을 변끼리 빼면

$$(1-r)S_n = a(1-r^n)$$

따라서 $r \neq 1$이면

$$S_n = \frac{a(1-r^n)}{1-r} = \frac{a(r^n-1)}{r-1}$$

$r = 1$이면 ㉠에서

$$S_n = na$$

정리 4.12

첫째항이 a이고, 공비가 r인 등비수열의 첫째항부터 제n항까지의 합 S_n은

(1) $r \neq 1$일 때, $S_n = \frac{a(1-r^n)}{1-r} = \frac{a(r^n-1)}{r-1}$

(2) $r = 1$일 때, $S_n = na$

예제 16 초항이 -3이고 공비가 2인 등비수열 $\{a_n\}$에 대하여 10항까지의 합 S_n을 구하여라.

풀이 초항이 $a=-3$이고 공비가 $r=2$인 등비수열이므로 합 S_{10}은

$$S_n = \underbrace{a+a+a+\cdots+a}_{n\text{개}} = na$$

$$S_{10} = \frac{(-3)\cdot(2^{10}-1)}{2-1} = (-3)\cdot(2^{10}-1) = -3069$$

■

예제 17 각 항이 실수이고, 첫째항부터 제3항까지의 합이 21, 첫째항부터 제6항까지의 합이 189인 등비수열 $\{a_n\}$의 일반항을 구하여라.

풀이 첫째항을 a, 공비를 r라 하고, 첫째항부터 제n항까지의 합을 S_n이라고 하면

$$S_3 = \frac{a(r^3-1)}{r-1} = 21 \quad ㉠$$

$$S_6 = \frac{a(r^6-1)}{r-1} = 189 \quad ㉡$$

㉡을 변형하면

$$\frac{a(r^6-1)}{r-1} = \frac{a(r^3-1)(r^3+1)}{r-1} = 189 \quad ㉢$$

㉠을 ㉢에 대입하면

$$21(r^3+1) = 189,\ r^3+1 = 9 \qquad \therefore r^3 = 8$$

그런데 r는 실수이므로

$r = 2$ ㉣

㉣을 ㉠에 대입하면

$7a = 21 \quad \therefore a = 3$

$\therefore \ a_n = 3 \cdot 2^{n-1}$

■

예제 18 초항부터 n 번째 항까지의 합 S_n 이 $S_n = 3^n - 1$ 인 등비수열에서 초항과 공비를 구하여라.

풀이 $S_n = a_1 + a_2 + a_3 + \cdots + a_n$ 에서

$n \geq 2$ 이면 $a_n = S_n - S_{n-1}$

$= (3^n - 1) - (3^{n-1} - 1) = 3^n - 3^{n-1} = 2 \cdot 3^{n-1}$,

$n = 1$ 이면 $a_1 = S_1 = 2$ 이므로

구하는 등비수열의 초항은 $a_1 = 2$, 공비는 $r = 3$.

■

예제 19 초항부터 n 번째 항까지의 합 S_n 이

$$S_n = 2 \cdot 3^n + k$$

로 주이지는 등비수열에서 k 의 값을 구하여라.

풀이 $S_n = 2 \cdot 3^n + k$에서

$a_1 = S_1 = 6 + k$

$a_n = S_n - S_{n-1} (n \geq 2)$

$= (2 \cdot 3^n + k) - (2 \cdot 3^{n-1} + k)$

$= 2 \cdot (3^n - 3^{n-1})$

$= 2 \cdot 2 \cdot 3^{n-1} = 4 \cdot 3^{n-1} (n \geq 2)$

$\therefore \ n = 1$이면, $a_1 = 4 \cdot 3 = 4 = 6 + k$이므로 $k = -2$이다.

■

4.2 수열의 합

수열 $\{a_n\}$의 첫째항부터 제n항까지의 합 $a_1+a_2+a_3+\cdots+a_n$은 기호 Σ를 사용하여 다음과 같이 간단하게 나타낸다.

$$a_1+a_2+a_3+\cdots+a_n=\sum_{k=1}^{n} a_k$$

예제 20

(1) $1+2+3+\cdots+n=\sum_{l=1}^{n} l$ (2) $3+6+9+\cdots+3n=\sum_{i=1}^{n} 3i$

(3) $\sum_{k=1}^{n} 4=\underbrace{4+4+4+\cdots+4}_{n\text{개}}$ (4) $\sum_{k=1}^{n} 2^{k-1}=1+2+4+\cdots+2^{n-1}$

두 수열 $\{a_n\}$, $\{b_n\}$과 상수 c에 대하여

(1) $\sum_{k=1}^{n}(a_k+b_k)=(a_1+b_1)+(a_2+b_2)+(a_3+b_3)+\cdots+(a_n+b_n)$

$$=(a_1+a_2+a_3+\cdots+a_n)+(b_1+b_2+b_3+\cdots+b_n)$$

$$=\sum_{k=1}^{n} a_k+\sum_{k=1}^{n} b_k$$

(2) $\sum_{k=1}^{n}(a_k-b_k)=(a_1-b_1)+(a_2-b_2)+(a_3-b_3)+\cdots+(a_n-b_n)$

$$=(a_1+a_2+a_3+\cdots+a_n)-(b_1+b_2+b_3+\cdots+b_n)$$

$$=\sum_{k=1}^{n} a_k-\sum_{k=1}^{n} b_k$$

(3) $\sum_{k=1}^{n} ca_k=ca_1+ca_2+ca_3+\cdots+ca_n$

$$=c(a_1+a_2+a_3+\cdots+a_n)=c\sum_{k=1}^{n} a_k$$

(4) $\sum_{k=1}^{n} c=\underbrace{c+c+c+\cdots+c}_{n\text{개}}=cn$

정리 4.13

(1) $\sum_{k=1}^{n}(a_k+b_k)=\sum_{k=1}^{n}a_k+\sum_{k=1}^{n}b_k$ (2) $\sum_{k=1}^{n}(a_k-b_k)=\sum_{k=1}^{n}a_k-\sum_{k=1}^{n}b_k$

(3) $\sum_{k=1}^{n}ca_k=c\sum_{k=1}^{n}a_k$ (단, c는 상수) (4) $\sum_{k=1}^{n}c=cn$ (단, c는 상수)

등차수열의 합의 공식을 이용하면 다음이 성립한다.

$$1+2+3+\cdots+n=\sum_{k=1}^{n}k=\frac{n(n+1)}{2}$$

이제 자연수의 제곱의 합, 즉 $1^2+2^2+3^2+\cdots+n^2=\sum_{k=1}^{n}k^2$을 구하여 보자.

항등식 $(k+1)^3-k^3=3k^2+3k+1$의 k에 1, 2, 3, …, n을 각각 대입하면

$k=1$일 때, $2^3-1^3=3\cdot1^2+3\cdot1+1$

$k=2$일 때, $3^3-2^3=3\cdot2^2+3\cdot2+1$

$k=3$일 때, $4^3-3^3=3\cdot3^2+3\cdot3+1$

⋮ ⋮

$k=n$일 때, $(n+1)^3-n^3=3n^2+3n+1$

이 n개의 등식을 변끼리 더하여 정리하면

$$\begin{aligned}(n+1)^3-1^3&=3(1^2+2^2+\cdots+n^2)+3(1+2+\cdots+n)+\underbrace{(1+1+\cdots+1)}_{n개}\\&=3\sum_{k=1}^{n}k^2+3\cdot\frac{n(n+1)}{2}+n\end{aligned}$$

$$\begin{aligned}\therefore\ \sum_{k=1}^{n}k^2&=\frac{1}{3}\left\{(n+1)^3-3\cdot\frac{n(n+1)}{2}-n-1\right\}\\&=\frac{n(n+1)(2n+1)}{6}\end{aligned}$$

정리 4.14

(1) $\sum_{k=1}^{n} k = 1+2+3+\cdots+n = \dfrac{n(n+1)}{2}$

(2) $\sum_{k=1}^{n} k^2 = 1^2+2^2+3^2+\cdots+n^2 = \dfrac{n(n+1)(2n+1)}{6}$

(3) $\sum_{k=1}^{n} k^3 = 1^3+2^3+3^3+\cdots+n^3 = \left\{\dfrac{n(n+1)}{2}\right\}^2$

예제 21 다음 합을 구하여라.

(1) $\sum_{k=1}^{n}(k^2+k)$ (2) $\sum_{k=1}^{n}k(k^2+2)$

풀이

(1) $\sum_{k=1}^{n}(k^2+k) = \sum_{k=1}^{n}k^2 + \sum_{k=1}^{n}k$

$$= \frac{n(n+1)(2n+1)}{6} + \frac{n(n+1)}{2} = \mathbf{\frac{n(n+1)(n+2)}{3}}$$

(2) $\sum_{k=1}^{n}k(k^2+2) = \sum_{k=1}^{n}(k^3+2k) = \sum_{k=1}^{n}k^3 + 2\sum_{k=1}^{n}k$

$$= \left\{\frac{n(n+1)}{2}\right\}^2 + 2\cdot\frac{n(n+1)}{2}$$

$$= \frac{n(n+1)}{4}\{n(n+1)+4\} = \mathbf{\frac{n(n+1)(n^2+n+4)}{4}}$$

■

일반항이 분수식이고, 분모가 두 일차식의 곱으로 나타나는 수열의 합을 구할 때에는

$$\frac{1}{A\cdot B} = \frac{1}{B-A}\left(\frac{1}{A} - \frac{1}{B}\right) \text{ (단, } A \neq B)$$

임을 이용하여 각 항을 두 개의 항으로 분리하여 구한다.

예제 22 $\frac{1}{1\cdot 2}+\frac{1}{2\cdot 3}+\frac{1}{3\cdot 4}+\cdots+\frac{1}{n(n+1)}$을 구하여라.

풀이 $S=\frac{1}{1\cdot 2}+\frac{1}{2\cdot 3}+\frac{1}{3\cdot 4}+\cdots+\frac{1}{n(n+1)}$에서 수열

$\frac{1}{1\cdot 2},\ \frac{1}{2\cdot 3},\ \frac{1}{3\cdot 4},\ \cdots,\ \frac{1}{n(n+1)}$의 일반항을 a_k라고 하면

$$a_k=\frac{1}{k(k+1)}=\frac{1}{k}-\frac{1}{k+1}$$

$$\begin{aligned}\therefore\ S&=\sum_{k=1}^{n}a_k=\sum_{k=1}^{n}\frac{1}{k(k+1)}\\&=\sum_{k=1}^{n}\left(\frac{1}{k}-\frac{1}{k+1}\right)\\&=\left(1-\frac{1}{2}\right)+\left(\frac{1}{2}-\frac{1}{3}\right)+\left(\frac{1}{3}-\frac{1}{4}\right)+\cdots+\left(\frac{1}{n}-\frac{1}{n+1}\right)\\&=1-\frac{1}{n+1}=\frac{n}{n+1}\end{aligned}$$

■

정의 4.15

수열 $a_1,\ a_2,\ a_3,\ \cdots,\ a_n,\ \cdots$에 대하여 b_n을 다음과 같이 정의하자.

$$b_n=a_{n+1}-a_n\ (n=1,\ 2,\ 3,\ \cdots)$$

이때, 수열 $\{b_n\}$을 주어진 수열 $\{a_n\}$의 **제1계차수열**이라고 한다

수열 $\{a_n\}$의 계차수열을 $\{b_n\}$이라고 하면

$$\begin{aligned}b_1&=a_2-a_1\\b_2&=a_3-a_2\\b_3&=a_4-a_3\\&\vdots\\b_{n-1}&=a_n-a_{n-1}\end{aligned}$$

이들을 변끼리 더하면

$$b_1 + b_2 + \cdots + b_{n-1} = a_n - a_1$$

$$\therefore\ a_n = a_1 + (b_1 + b_2 + \cdots + b_{n-1}) = a_1 + \sum_{k=1}^{n-1} b_k \ (\text{단},\ n = 2,\ 3,\ 4,\ \cdots)$$

정의 4.16

수열 $\{a_n\}$의 계차수열을 $\{b_n\}$이라고 하면

$$a_n = a_1 + \sum_{k=1}^{n-1} b_k \ (\text{단},\ n = 2,\ 3,\ 4,\ \cdots)$$

예제 23 다음 수열에서 제 n 항 a_n 및 제 n 항까지의 합 S_n 을 구하여라.

(1) 3, 4, 6, 9, 13,⋯　　　　(2) 2, 3, 5, 9, 17,⋯

풀이 (1) 수열 $\{a_n\}$: 3, 4, 6, 9, 13,⋯

의 계차수열 $\{b_n\}$: 1, 2, 3, 4, ⋯ 에서 $b_n = n$ 이므로

$$a_n = 3 + \sum_{k=1}^{n-1} b_k = \frac{n^2 - n + 6}{2}$$

$$\begin{aligned} S_n = \sum_{k=1}^{n} a_k &= \frac{1}{2} \sum_{k=1}^{n} (k^2 - k + 6) \\ &= \frac{1}{2} \left\{ \frac{n(n+1)(2n+1)}{6} - \frac{n(n+1)}{2} + 6n \right\} \\ &= \frac{n(n^2 + 17)}{6} \end{aligned}$$

(2) 수열 $\{a_n\}$: 2, 3, 5, 9, 17,⋯

의 계차수열 $\{b_n\}$: 1, 2, 4, 8, ⋯ 에서 $b_n = 2^{n-1}$ 이므로

$$a_n = 2 + \sum_{k=1}^{n-1} b_k = 2 + \frac{1 \cdot (2^{n-1} - 1)}{2 - 1} = 2^{n-1} + 1$$

$$S_n = \sum_{k=1}^{n} a_k = \sum_{k=1}^{n} (2^{k-1} + 1) = 2^n + n - 1$$

■

수열 $\{a_n\}$의 일반항이

$$a_n = \frac{1}{\sqrt{n}+\sqrt{n+1}}$$

와 같이 주어진 경우에 초항부터 n항까지의 합 S_n은

$$\begin{aligned} S_n &= \sum_{k=1}^{n} a_k = \sum_{k=1}^{n} \frac{1}{\sqrt{k}+\sqrt{k+1}} \\ &= \sum_{k=1}^{n} \frac{\sqrt{k}-\sqrt{k+1}}{(\sqrt{k}+\sqrt{k+1})(\sqrt{k}-\sqrt{k+1})} = \sum_{k=1}^{n}(\sqrt{k+1}-\sqrt{k}) \\ &= (\sqrt{2}-\sqrt{1})+(\sqrt{3}-\sqrt{2})+(\sqrt{4}-\sqrt{3})+\dots \\ &\quad +(\sqrt{n-1}-\sqrt{n-2})+(\sqrt{n}-\sqrt{n-1}) \\ &= \sqrt{n+1}-1 \end{aligned}$$

또 다른 수열 $\{b_n\}$의 일반항이

$$b_n = \frac{1}{n(n+2)}$$

와 같이 주어진 경우에도 초항부터 n항까지의 합 S_n은

$$\begin{aligned} S_n &= \sum_{k=1}^{n} \frac{1}{k(k+2)} \\ &= \sum_{k=1}^{n} \frac{1}{2}\left(\frac{1}{k}-\frac{1}{k+2}\right) = \frac{1}{2}\sum_{k=1}^{n}\left(\frac{1}{k}-\frac{1}{k+2}\right) \\ &= \frac{1}{2}\left(\left(\frac{1}{1}-\frac{1}{3}\right)+\left(\frac{1}{2}-\frac{1}{5}\right)+\left(\frac{1}{3}-\frac{1}{5}\right)+\left(\frac{1}{4}-\frac{1}{6}\right)+\dots \right. \\ &\quad \left. +\left(\frac{1}{n-1}-\frac{1}{n+1}\right)+\left(\frac{1}{n}-\frac{1}{n+2}\right)\right) \\ &= \frac{1}{2}\left(1+\frac{1}{2}-\frac{1}{n+1}-\frac{1}{n+2}\right) \\ &= \frac{3n^2+5n}{4(n+1)(n+2)} \end{aligned}$$

이다. 위에서 언급한 $\{a_n\}$, $\{b_n\}$과 같은 형태들의 수열을 **잡수열**이라고 한다.

예제 24 다음 수열에서 초항부터 n 항까지의 합 S_n을 구하여라.

(1) $1,\ \sqrt{3-2\sqrt{2}},\ \sqrt{5-2\sqrt{6}},\ \sqrt{7-2\sqrt{12}},\cdots$

(2) $\frac{1}{2^2-1},\ \frac{1}{4^2-1},\ \frac{1}{6^2-1},\ \frac{1}{8^2-1},\ \cdots$

풀이 (1) 주어진 수열 $\{a_n\}$의 일반항 a_n은

$$a_n = \sqrt{(2n-1)-2\sqrt{n(n-1)}} = \sqrt{n}-\sqrt{n-1}$$

이므로 초항부터 n항까지의 합 S_n은

$$\begin{aligned} S_n &= \sum_{k=1}^{n} a_k = \sum_{k=1}^{n}(\sqrt{k}-\sqrt{k-1}) \\ &= (\sqrt{1}-\sqrt{0})+(\sqrt{2}-\sqrt{1})+(\sqrt{3}-\sqrt{2})+\cdots \\ &\quad +(\sqrt{n-1}-\sqrt{n-2})+(\sqrt{n}-\sqrt{n-1}) \\ &= \sqrt{n} \end{aligned}$$

(2) 주어진 수열의 일반항 a_n은

$$a_n = \frac{1}{(2n+1)(2n-1)} = \frac{1}{2}\frac{1}{(2n-1)(2n+1)}$$

이므로

$$\begin{aligned} S_n &= \sum_{k=1}^{n} a_k = \frac{1}{2}\sum_{k=1}^{n}\left(\frac{1}{2n-1}-\frac{1}{2n+1}\right) \\ &= \frac{1}{2}\left\{\left(\frac{1}{1}-\frac{1}{3}\right)+\left(\frac{1}{3}-\frac{1}{5}\right)+\left(\frac{1}{5}-\frac{1}{7}\right)+\cdots\right. \\ &\quad \left.+\left(\frac{1}{2n-3}-\frac{1}{2n-1}\right)+\left(\frac{1}{2n-1}-\frac{1}{2n+1}\right)\right\} \\ &= \frac{1}{2}\left(1-\frac{1}{2n+1}\right) \\ &= \frac{n}{2n+1} \end{aligned}$$

■

예제 25 다음 수열의 합을 구하여라.

(1) $\displaystyle\sum_{k=1}^{20}\log\left(\frac{1}{k}+1\right)$

(2) $\displaystyle\sum_{k=1}^{10}\frac{1}{\sqrt{k+1}+\sqrt{k+2}}$

풀이 (1) $a_n = \log(\frac{1}{n} + 1) = \log(1+n) - \log n$ 이므로

$$\begin{aligned}\sum_{k=1}^{20} \log(\frac{1}{k} + 1) &= \sum_{k=1}^{20} \log(1+k) - \log k) \\ &= (\log 2 - \log 1) + (\log 3 - \log 2) \\ &\quad + (\log 4 - \log 3) + \cdots + (\log 21 - \log 20) \\ &= \log 21 - \log 1 = \log 21\end{aligned}$$

(2) $a_n = \dfrac{1}{\sqrt{k+1} + \sqrt{k+2}} = \sqrt{k+2} - \sqrt{k+1}$ 이므로

$$\begin{aligned}\sum_{k=1}^{10} \frac{1}{\sqrt{k+1} + \sqrt{k+2}} &= (\sqrt{3} - \sqrt{2}) + (\sqrt{4} - \sqrt{3}) \\ &\quad + (\sqrt{5} - \sqrt{4}) + \cdots + (\sqrt{12} - \sqrt{11}) \\ &= 2\sqrt{3} - \sqrt{2}\end{aligned}$$

■

연습문제 4-1 Exercises

1. 다음 등차수열 $\{a_n\}$의 첫째항부터 제n항까지의 합 S_n을 구하여라.

(1) $a_3 = -5$, $a_9 = 43$ (2) $a_{10} = 61$, $S_{10} = 340$

2. 다음 수열에서 등비수열을 모두 찾고, 그 수열의 공비와 일반항을 구하여라.

(1) 1, 3, 6, 10, 15, ⋯ (2) $1, -\frac{1}{3}, \frac{1}{9}, -\frac{1}{27}, \frac{1}{81}, \cdots$

(3) $8, -4, 1, -\frac{1}{4}, \frac{1}{8}, \cdots$ (4) $\frac{1}{\sqrt{3}}, 1, \sqrt{3}, 3, 3\sqrt{3}, \cdots$

3. 일반항 a_n이 $a_n = 3n+1$인 수열 $a_1, a_2, a_3, \cdots$에 대하여 수열 $a_1+a_2, a_3+a_4, a_5+a_6, \cdots$의 일반항을 구하여라.

4. 세 실수 $\log 3$, $\log 3^x$, $\log\left(3^x + \frac{4}{3}\right)$이 그 순서대로 등차수열을 이룬다. x의 값을 구하여라.

5. 다음 수열에 대하여 일반항과 처음 n까지의 합 S_n을 구하여라.

(1) $\frac{1}{1\cdot 3} + \frac{1}{3\cdot 5} + \frac{1}{5\cdot 7} + \cdots$

(2) $\frac{1}{3^2-1} + \frac{1}{5^2-1} + \frac{1}{7^2-1} + \cdots$

4.3 급 수

$\{a_n\}$이 무한수열일 때 이 수열의 각 항을 합한 모양인

$$a_1 + a_2 + \cdots + a_n + \cdots = \sum_{n=1}^{\infty} a_n$$

를 **무한급수**라 하며 a_n을 이 급수의 n항이라고 한다. 또 기호로 $\sum_{n=1}^{\infty} a_n$으로 표시하기도 한다. 실제로 무한 번을 합한다는 것은 불가능하므로 이 무한급수의 뜻을 수열의 극한을 이용하여 나타내보도록 하자. 무한급수의 처음 n항까지의 합

$$S_n = a_1 + a_2 + \cdots + a_n$$

을 무한급수 $\sum_{n=1}^{\infty} a_n$의 n **부분합**이라고 한다. 따라서 어떠한 무한급수에 대해서도 n부분합으로 된 수열

$$\begin{aligned} S_1 &= a_1 \\ S_2 &= a_1 + a_2 \\ &\vdots \\ S_n &= a_1 + a_2 + \cdots + a_n \\ &\vdots \end{aligned}$$

$\{S_n\}$을 만들 수 있는데, 이 수열을 특히 부분합의 수열이라고 한다.

예를 들면

$$\frac{3}{10} + \frac{3}{10^2} + \frac{3}{10^4} + \cdots$$

에 대하여

$$S_1 = 0.3, \ S_2 = 0.33, \ S_3 = 0.333, \ \cdots$$

을 보면 n이 커짐에 따라 부분합 S_n은 급수의 항을 더욱 많이 포함하게 됨을 알 수 있다. 만일 $n \to \infty$이면 이 S_n은 급수의 모든 항을 합한 것으로 생각할 수 있으므로 다음과 같이 정의한다.

정의 4.17

무한급수 $\sum_{n=1}^{\infty} a_n$에서 부분합의 수열 $\{S_n\}$이

$$\lim_{n\to\infty} S_n = S$$

일 때, 무한급수 $\sum_{n=1}^{\infty} a_n$은 수렴한다고 하고 S를 이 무한급수의 합이라고 하며, $\sum_{n=1}^{\infty} a_n = S$로 나타낸다. 수열 $\{S_n\}$이 발산할 경우에는 무한급수 $\sum_{n=1}^{\infty} a_n$이 발산한다고 한다.

예제 26 $S_n = \frac{3}{10} + \frac{3}{10^2} + \frac{3}{10^3} + \cdots + \frac{3}{10^n}$이라 두면

$$\frac{1}{10} S_n = \frac{3}{10^2} + \frac{3}{10^3} + \cdots + \frac{3}{10^{n+1}}$$

그러므로

$$S_n - \frac{1}{10} S_n = \frac{3}{10} - \frac{3}{10^{n+1}} = \frac{3}{10}(1 - \frac{1}{10^n})$$

이므로

$$S_n = \frac{1}{3}\left(1 - \frac{1}{10^n}\right)$$

한편 $\lim_{n\to\infty} \frac{1}{10^n} = 0$이므로

$$S = \lim_{n\to\infty} S_n = \frac{1}{3}$$

예제 27 급수 $\sum_{n=1}^{\infty} \frac{1+(-1)^{n+1}}{2}$는 발산함을 보여라.

풀이 부분합의 수열 $\{S_n\}$을 구해 보면

$$S_1 = 1$$
$$S_2 = 1+0$$
$$S_3 = 1+0+1$$
$$S_4 = 1+0+1+0$$

$$1,\ 1,\ 2,\ 2,\ 3,\ 3, \cdots$$

이므로 이 수열은 발산하고 따라서 급수는 발산한다. ■

정의 4.18

급수 $\sum_{n=1}^{\infty} a_n$에서 앞의 항에 일정한 수를 곱하여 다음 항이 될 때 즉, $a_{n+1} = ra_n$의 모양이 될 때 이급수를 **기하급수**라 한다.

따라서 기하급수는

$$a + ar + ar^2 + \cdots = \sum_{n=1}^{\infty} ar^{n-1}$$

과 같은 모양이 되고 그 n부분합은

$$S_n = a(1 + r + r^2 + \cdots + r^{n-1})$$

정리 4.19

기하급수 $\sum_{n-1}^{\infty} ar^{n-1}(a \neq 0)$에서

(1) $|r| < 1$이면 수렴하고 그 합은 $S = \frac{a}{1-r}$ (2) $|r| \geq 1$이면 발산한다.

예제 28 $1-\frac{1}{2}+\frac{1}{4}-\frac{1}{8}+\cdots=\sum_{n=1}^{\infty}\left(-\frac{1}{2}\right)^{n-1}$은 $|r|=\left|-\frac{1}{2}\right|<1$이므로 위 정리에 의하여 수렴함을 알 수 있고

$$S=\frac{1}{1-\left(-\frac{1}{2}\right)}=\frac{2}{3}$$

■

정리 4.20

급수 $\sum_{n=1}^{\infty}a_n$이 수렴하면 $\lim_{n\to\infty}a_n=0$이다.

증명 S_n을 n부분합이라 하고 $\lim_{n\to\infty}S_n=S$라 하자.

한편 일반항 a_n은 $a_n=S_n-S_{n-1}(n\geq 2)$으로 나타낼 수 있으므로

$$\lim_{n\to\infty}a_n=\lim_{n\to\infty}S_n-\lim_{n\to\infty}S_{n-1}=S-S=0$$

위의 정리는 $\lim_{n\to\infty}a_n\neq 0$이면 급수 $\sum_{n=1}^{\infty}a_n$이 발산함을 말해 준다. 아래 정리는 특히 급수가 수렴하지 않는다는 것을 보일 때 유용하다.

■

정리 4.21

만일 $\lim_{n\to\infty}a_n\neq 0$이면 급수 $\sum_{n=1}^{\infty}a_n$은 발산한다.

예제 29 급수 $\sum_{n=1}^{\infty}\frac{2n-1}{3n}$은 수렴하는가?

풀이 $a_n = \dfrac{2n-1}{3n}$이라 하면

$$\lim_{n\to\infty} a_n = \lim_{n\to\infty} \frac{2n-1}{3n} = \frac{2}{3} \neq 0$$

따라서 수렴하지 않는다.

정리 4.22

무한급수 $\sum_{n=1}^{\infty} a_n$, $\sum_{n=1}^{\infty} b_n$이 수렴하면

(1) $\sum_{n=1}^{\infty} (a_n + b_n) = \sum_{n=1}^{\infty} a_n + \sum_{n=1}^{\infty} b_n$

(2) $\sum_{n=1}^{\infty} ca_n = c\sum_{n=1}^{\infty} a_n$ (단 c는 상수)

증명 (1) $\sum_{n=1}^{\infty} a_n = A$, $\sum_{n=1}^{\infty} b_n = B$라 하고

$$A_n = a_1 + a_2 + \cdots + a_n$$
$$B_n = b_1 + b_2 + \cdots + b_n$$

라 둔다면

$$\lim_{n\to\infty} A_n = A, \quad \lim_{n\to\infty} B_n = B$$

$$\begin{aligned} A_n + B_n &= (a_1 + b_1) + (a_2 + b_2) + \cdots + (a_n + b_n) \\ &= (a_1 + a_2 + \cdots + a_n) + (b_1 + b_2 + \cdots + b_n) \end{aligned}$$

이므로

$$\lim_{n\to\infty} (A_n + B_n) = \lim_{n\to\infty} A_n + \lim_{n\to\infty} B_n = A + B$$

그러므로

$$\sum_{n=1}^{\infty} (a_n + b_n) = \sum_{n=1}^{\infty} a_n + \sum_{n=1}^{\infty} b_n$$

(2) $cA_n = c(a_1 + a_2 + \cdots + a_n) = ca_1 + ca_2 + \cdots + ca_n$ 이므로

$$\lim_{n\to\infty} cA_n = c\lim_{n\to\infty} A_n = cA$$

따라서

$$\sum_{n=1}^{\infty} ca_n = c\sum_{n=1}^{\infty} a_n$$

정의 4.23

급수 $\sum_{n=1}^{\infty} a_n$ 에서 각 항 a_n 이 양수일 때 $\sum_{n=1}^{\infty} a_n$ 을 **양항급수**라 한다.

예제 30 다음을 계산하여라.

$$\sum_{n=1}^{\infty}\left\{3\left(\frac{1}{8}\right)^k - 5\left(\frac{1}{3}\right)^k\right\}$$

풀이

$$\sum_{n=1}^{\infty}\left\{3\left(\frac{1}{8}\right)^k - 5\left(\frac{1}{3}\right)^k\right\} = 3\sum_{k=1}^{\infty}\left(\frac{1}{8}\right)^k - 5\sum_{k=1}^{\infty}\left(\frac{1}{3}\right)^k$$

$$= 3\frac{\frac{1}{8}}{1-\frac{1}{8}} - 5\frac{\frac{1}{3}}{1-\frac{1}{3}}$$

$$= \frac{3}{7} - \frac{5}{2}$$

$$= -\frac{29}{14}$$

일반적으로 무한급수의 합을 구하는 것은 쉽지 않다. 그러므로 부분합 S_n 을 구하지 않고서도 무한급수가 수렴 또는 발산하는지를 판정할 수 있는 여러 판정법에 대해 공부하기로 한다.

정리 4.24 적분판정법

함수 $f(x)$가 $1 < x < \infty$상에서 연속이고 양의 감소함수로서 $f(n) = a_n (n = 1,$ $2, \cdots)$이라면 $\sum_{n=1}^{\infty} a_n$이 수렴할 필요충분조건은

$$\int_1^{\infty} f(x)dx = \lim_{t \to \infty} \int_1^t f(x)dx$$

가 수렴하는 것이다.

증명 $\int_1^{\infty} f(x)dx$가 수렴하는 값을 L이라 하자. 그림 4.1에서 보는 바와 같이

$$S_n = a_1 + a_2 + a_3 + \cdots + a_n \le a_1 + \int_1^n f(x)dx < a_1 + \int_1^{\infty} f(x)dx = a_1 + L$$

이므로 수렴한다.

역으로 $\sum_{n=1}^{\infty} a_n$이 수렴한다고 하고 그 값을 A라 하자. 즉 $\sum_{n=1}^{\infty} a_n = A$.

그러면

$$\int_1^{n+1} f(x)dx \le a_1 + a_2 + a_3 + \cdots + a_n = S_n < \sum_{n=1}^{\infty} a_n = A$$

이므로 $\int_1^{\infty} f(x)dx$도 수렴한다.

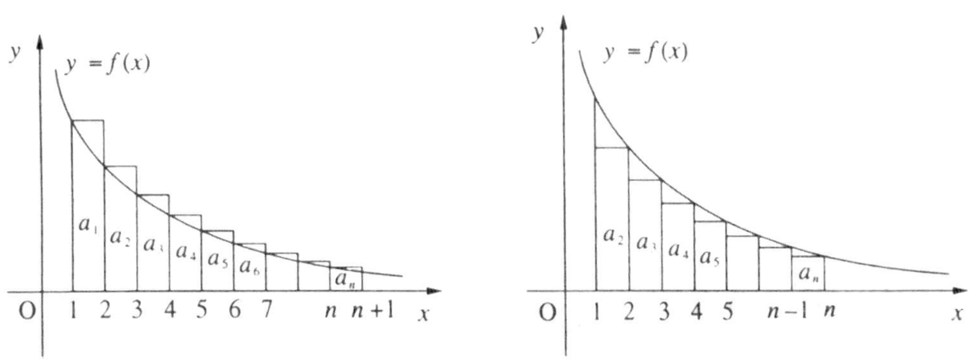

그림 4.1

예제 31 p-급수 $\sum_{n=1}^{\infty} \frac{1}{n^p} = 1 + \frac{1}{2^p} + \frac{1}{3^p} + \cdots + \frac{1}{n^p} + \cdots$ 에 대해서 $p > 1$이면 수렴하고, $p \leq 1$이면 발산한다.

증명 함수 $f(x) = \frac{1}{x^p}$이라 두면, $f(x)$는 $[1, \infty)$상에서 연속이고 양의 감소함수이고 $f(n) = \frac{1}{n^p}$이므로 적분판정법을 이용하자.

$p \neq 1$일 때, $\int_1^{\infty} f(x)dx = \lim_{b \to \infty} \int_1^b x^{-p} dx = \lim_{b \to \infty} \left[\frac{1}{1-p} x^{1-p} \right]_1^b$

$$= \lim_{b \to \infty} \left(\frac{b^{1-p}}{1-p} - \frac{1}{1-p} \right)$$

(i) $0 < p < 1$이면 $\int_1^{\infty} f(x)dx = \infty$이므로 발산하고

(ii) $p > 1$이면 $\int_1^{\infty} f(x)dx = \frac{1}{p-1}$이 되어 수렴한다.

(iii) 만약 $p < 0$이면 $\lim_{n \to \infty} \frac{1}{n^p} \neq 0$, 따라서 $\sum_{n=1}^{\infty} \frac{1}{n^p}$은 정리 4.21에 의하여 발산한다.

또한 $p = 1$인 경우에는

$$\int_1^{\infty} f(x)dx = \lim_{b \to \infty} \int_1^b \frac{1}{x} dx = \lim_{b \to \infty} [\ln x]_1^b = \lim_{b \to \infty} (\ln b) = \infty$$

이므로 급수는 발산한다. ■

정리 4.25 비교판정법

두 급수 $\sum_{n=1}^{\infty} a_n$와 $\sum_{n=1}^{\infty} b_n$이 양항급수이고 $a_n \leq b_n$이라 하자.

(1) $\sum_{n=1}^{\infty} b_n$이 수렴하면 $\sum_{n=1}^{\infty} a_n$도 수렴하고

(2) $\sum_{n=1}^{\infty} a_n$이 발산하면 $\sum_{n=1}^{\infty} b_n$도 발산한다.

예제 32 급수 $\frac{1}{1.3}+\frac{1}{2.4}+\frac{1}{3.5}+\cdots+\frac{1}{n(n+2)}+\cdots$의 수렴, 발산을 비교판정법으로 조사하여라.

풀이 일반항

$$a_n=\frac{1}{n(n+2)}<\frac{1}{n^2}\quad(n=1,\ 2,\ \cdots)$$

이고, $\sum_{n=1}^{\infty}\frac{1}{n^2}$은 $p=2$인 p급수로서 수렴하므로

$$\sum_{n=1}^{\infty}\frac{1}{n(n+2)}$$

도 수렴한다. ■

정의 4.26

급수 $\sum_{n=1}^{\infty}a_n$에서 각 항의 부호가 교대로 양, 음(혹은 음, 양)으로 되었을 때, 그 급수를 교대급수라 한다. 즉 b_n이 양일 때,

$$\sum_{n=1}^{\infty}(-1)^{n+1}b_n=b_1-b_2+b_3-\cdots+(-1)^{n+1}b_n+\cdots$$

정리 4.27 교대급수 판정법

교대급수 $\sum_{n=1}^{\infty}(-1)^{n+1}a_n$이 다음을 동시에 만족하면 수렴한다.

(1) $a_1\ge a_2\ge\cdots\ge a_n\ge\cdots$이고

(2) $\lim_{n\to\infty}a_n=0$

증명 $S_2 = a_2 - a_1 \geq 0$

$S_4 = S_2 + (a_3 - a_4) \geq S_2$

$S_6 = S_4 + (a_5 - a_6) \geq S_4$

$\vdots$

따라서 $0 \leq S_2 \leq S_4 \leq S_6 \leq \cdots \leq S_{2n} \leq \cdots$

또한 $S_{2n} = a_1 - (a_2 - a_3) - (a_4 - a_5) - \cdots - (a_{2n-2} - a_{2n-1}) - a_{2n} \leq a_1$

즉, $0 \leq S_{2n} \leq a_1, \ \forall n \in N$

따라서 $\{S_{2n}\}$은 유계인 단조증가수열이므로 $\{S_{2n}\}$은 수렴한다.

한편 $S_{2n+1} = S_{2n} + a_{2n+1}$이므로 $\lim_{n\to\infty} = S_{2n} = S$라 하면

$$\begin{aligned}\lim_{n\to\infty} S_{2n+1} &= \lim_{n\to\infty} S_{2n} + \lim_{n\to\infty} a_{2n+1} \\ &= S + 0 = S\end{aligned}$$

가 되어 $\lim_{n\to\infty} S_n = S$이다.

따라서 주어진 급수는 수렴한다. ■

예제 33 교대급수 $\sum_{n=1}^{\infty} (-1)^{n+1} \frac{1}{n}$의 수렴, 발산을 조사하여라.

풀이 $1 > \frac{1}{2} > \frac{1}{3} > \cdots$ 이고

$$\lim_{n\to\infty} \frac{1}{n} = 0$$

이므로 교대급수 판정법에 의해서 수렴한다. ■

예제 34 교대급수 $\sum_{k=1}^{\infty} (-1)^{k+1} \frac{k+3}{k(k+1)}$의 수렴, 발산을 조사하여라.

풀이

$$\lim_{k\to\infty} a_n = \lim_{k\to\infty}\frac{k+3}{k(k+1)} = \lim_{k\to\infty}\frac{\frac{1}{k}+\frac{3}{k^2}}{1+\frac{1}{k}} = 0$$

$$\frac{a_{k+1}}{a_k} = \frac{k+4}{(k+1)(k+2)}\frac{k(k+1)}{(k+3)}$$

$$= \frac{k^2+4k}{k^2+5k+6}$$

$$= \frac{k^2+4k}{(k^2+4k)+(k+6)} < 1$$

따라서 $a_k > a_{k+1}$

이므로 교대급수 판정법에 의해 주어진 급수는 수렴한다.

■

정리 4.28 비판정법

급수 $\sum_{n=1}^{\infty} a_n$이 양항급수일 때, $\lim_{n\to\infty}\frac{a_{n+1}}{a_n} = r$라 하자.

(1) $r < 1$이면 급수는 수렴한다.

(2) $r > 1$이면 급수는 발산한다.

(3) $r = 1$이면 판정불능이다.

예제 35 급수 $\sum_{n=1}^{\infty}\frac{n!}{3^n}$의 수렴 발산을 판정하여라.

풀이 $a_n = \frac{n!}{3^n}$, $a_{n+1} = \frac{(n+1)!}{3^{n+1}}$이므로

$$r = \lim_{n\to\infty}\frac{a_{n+1}}{a_n} = \lim_{n\to\infty}\frac{n+1}{3} = \infty > 1$$

이므로 발산한다.

■

예제 36 급수 $\sum_{n=1}^{\infty} \frac{1}{n!}$ 의 수렴 발산을 조사하여라.

풀이

$$r = \lim_{n \to \infty} \frac{a_{n+1}}{a_n} = \lim_{n \to \infty} \frac{n!}{(n+1)!} = \lim_{n \to \infty} \frac{1}{n+1} = 0 < 1$$

따라서 주어진 급수는 수렴한다.

정리 4.29 근판정법

양항급수 $\sum_{n=1}^{\infty} a_n$ 에 대해서 $r = \lim_{n \to \infty} \sqrt[n]{a_n}$ 이라 하자.

(1) $r < 1$ 이면 $\sum_{n=1}^{\infty} a_n$ 은 수렴한다.

(2) $r > 1$ 이면 $\sum_{n=1}^{\infty} a_n$ 은 발산한다.

(3) $r = 1$ 이면 근판정법으로 판정할 수 없다.

예제 37 $\sum_{n=1}^{\infty} \frac{3^n}{n^n}$ 의 수렴 발산을 조사하여라.

풀이

$$\lim_{n \to \infty} \sqrt[n]{\frac{3^n}{n^n}} = \lim_{n \to \infty} \frac{3}{n} = 0$$

따라서 주어진 급수는 수렴한다.

정의 4.30

급수 $\sum_{n=1}^{\infty} a_n$ 에 대해서 $\sum_{n=1}^{\infty} |a_n|$ 가 수렴할 때 $\sum_{n=1}^{\infty} a_n$ 이 절대수렴한다고 한다.

정리 4.31

절대수렴하는 급수는 수렴한다.

예제 38 무한급수 $\sin a+\frac{\sin 2a}{2^2}+\frac{\sin 3a}{3^2}+\cdots+\frac{\sin na}{n^2}+\cdots$ 는 절대수렴함을 밝혀라.

풀이 무한급수 $|\sin a|+\frac{|\sin 2a|}{2^2}+\frac{|\sin 3a|}{3^2}+\cdots+\frac{|\sin na|}{n^2}+\cdots$ 와 수렴하는 급수 $1+\frac{1}{2^2}+\frac{1}{3^2}+\cdots+\frac{1}{n^2}+\cdots$ 를 비교하면, $|\sin nx|\le 1$이므로 $\left|\frac{\sin nx}{n^2}\right|\le\frac{1}{n^2}$이고, 따라서 $\sum\frac{|\sin na|}{n^2}$는 수렴한다. ■

정의 4.32

급수 $\sum_{n=1}^{\infty}a_n$은 수렴하나, $\sum_{n=1}^{\infty}|a_n|$이 발산할 때, 급수 $\sum_{n=1}^{\infty}a_n$은 **조건부 수렴한다고** 한다.

지금까지 우리는 각 항이 모두 수인 급수에 대해서 공부했다. 그러나 물리학이나 공학 분야에서는 급수에 변수가 포함된 항이 나타나는 경우가 많다. 예를들어 $|x|<1$이면

$$\frac{1}{1-x}=1+x+x^2+\cdots+x^{n-1}+\cdots$$

와 같이 함수 $f(x)=\frac{1}{1-x}(|x|<1)$은 x가 포함된 급수로 표시된다.

정의 4.33

$a_n, a_1, a_2, \cdots$를 상수라 하고 x를 변수라 할 때

$$\sum_{n=0}^{\infty}a_nx^n=a_0+a_1x+a_2x^2+\cdots+a_nx^n+\cdots$$

와 같은 모양의 급수를 **멱급수**라 한다.
일반적으로

$$\sum_{n=0}^{\infty}a_n(x-c)^n=a_0+a_1(x-c)+a_2(x-c)^2+\cdots$$

와 같은 형태의 급수를 c에 대한 **멱급수**라 부른다.

멱급수 $\sum_{n=1}^{\infty} a_n x^n$에 대한 근본 문제는 x가 어떠한 값일 때 수렴하느냐 하는 것이다.

멱급수 $\sum_{n=0}^{\infty} a_n x^n$에서 $\rho = \lim_{n \to \infty} \left| \frac{a_{n+1}}{a_n} \right|$이 존재한다고 가정하자.

정의 4.34 멱급수의 수렴

멱급수 $\sum_{n=1}^{\infty} a_n x^n$에서 다음 중 오직 한 가지만 성립한다.

(1) 모든 x에 대해서 절대수렴하거나,

(2) $x = 0$에서만 수렴하거나,

(3) 어떤 수 $r > 0$이 있어서 $|x| < r$이면 절대수렴하고 $|x| > r$이면 발산한다.

특히 (3)일 경우 r을 **수렴반경**이라 부른다. 또 (1)의 경우는 수렴반경 $r = \infty$로 (2)의 경우는 수렴반경 $r = 0$으로 표시한다.

멱급수가 수렴하는 x의 집합을 특히 **수렴구간**이라고 한다.

예제 39 멱급수 $\sum_{k=0}^{\infty} x^k = 1 + x + x^2 + \cdots$의 수렴구간을 구하여라.

풀이 이 급수는 공비 x인 기하급수이므로 $-1 < x < 1$이면 절대수렴하고 $|x| \geq 1$이면 발산한다. 따라서 수렴구간은 $(-1,\ 1)$이고 수렴반경은 1이다.

예제 40 $\sum_{n=0}^{\infty} \frac{x^n}{n \cdot 3^n}$의 수렴구간을 구하여라.

풀이

$$\rho = \lim_{n \to \infty} \left| \frac{\dfrac{x^{n+1}}{(n+1)3^{n+1}}}{\dfrac{x^n}{n \cdot 3^n}} \right| = \lim_{n \to \infty} \frac{n|x|}{3(n+1)} = \frac{1}{3}|x|$$

따라서 $\frac{1}{3}|x| < 1$이면 비판정법에 의해서 절대수렴, $\frac{1}{3}|x| > 1$이면 발산한다.

$x=3$이면 발산하는 조화급수 $\sum_{n=0}^{\infty}\frac{1}{n}$이 되고 $x=-3$이면 수렴하는 교대급수 $\sum_{n=0}^{\infty}(-1)\frac{1}{n}$이 되어 수렴구간은 $[-3,\ 3)$이다.

■

예제 41 $\sum_{n=0}^{\infty}\frac{x^n}{n!}$의 수렴구간을 구하여라.

풀이 우선 $\sum_{n=0}^{\infty}\frac{|x|^n}{n!}$을 생각하자. 이 급수는 양항급수이므로 비 판정법을 적용할 수 있다. $\lim_{n\to\infty}\frac{|x|^{n+1}n!}{(n+1)!|x|^n}=\lim_{n\to\infty}\frac{|x|}{n+1}=0$

따라서 모든 x에 대해서 $\sum_{n=0}^{\infty}\frac{|x|^n}{n!}$은 수렴한다.

정리 4.31에 의해 $\sum_{n=0}^{\infty}\frac{|x|^n}{n!}$은 모든$x$에 대하여 수렴한다. 즉, 수렴구간은 $(-\infty,\ \infty)$이다.

■

함수 $f(x)$가 계속적으로 미분가능하고, 어떤 수렴 구간에서

$$f(x)=c_0+c_1x+c_2x^2+c_nx^n+\cdots \tag{1}$$

꼴의 멱급수로 전개된다고 하면, 상수 $c_0,\ c_1,\ c_2,\ \cdots,\ c_n,\ \cdots$은 다음과 같이 식 (1)과 이들의 도함수에 $x=0$을 대입하여,

$$f(x)=c_0+c_1x+c_2x^2+\cdots+c_nx^n+\cdots \text{에서 } c_0=f(0),$$

$$f'(x)=c_1+2c_2x+\cdots+nc_nx^n+\cdots \text{에서 } c_1=f'(0),$$

$$f''(x)=2c_2+2\cdot 3c_3x+4\cdot 3c_4x^2+\cdots \text{에서 } c_2=\frac{1}{2!}f''(0)$$

$$f'''(x)=2\cdot 3c_3+4\cdot 3\cdot 2c_4x+5\cdot 4\cdot 3c_5x^2+\cdots \text{에서}$$

$$c_3=\frac{1}{3!}f'''(0),\ \ c_4=\frac{1}{4!}f^{(4)}(0).$$

로 얻어지므로 함수 $f(x)$는

$$f(x)=f(0)+f'(0)x+\frac{f''(0)}{2!}x^2+\cdots+\frac{f^{(n)}(0)}{n!}x^n+\cdots=\sum_{n=0}^{\infty}\frac{f^{(n)}(0)}{n!}x^n \tag{2}$$

꼴로 표시된다. 이 때 식 (2)를 함수 $f(x)$의 Maclaurin 급수라 하고 Maclaurin 급수를 구하는 것을 $f(x)$를 Maclaurin 급수로 전개한다고 한다.

예제 42 $f(x)=\sin x$를 Maclaurin급수로 전개하여라.

풀이

$$\begin{aligned} f(x)&=\sin x, & f(0)&=0 \\ f'(x)&=\cos x, & f'(0)&=1 \\ f''(x)&=-\sin x, & f''(0)&=0 \\ f'''(x)&=-\cos x, & f'''(0)&=-1 \end{aligned}$$

·································

이므로 구하는 $\sin x$의 Maclaurin급수는

$$\sin x=x-\frac{x^3}{3!}+\frac{x^5}{5!}-\frac{x^7}{7!}+\cdots,\ (-\infty<x<\infty)$$

이다. ■

예제 43 $\sin 3$의 근사값을 계산하여라.

풀이 $f(x)=\sin x$의 Maclaurin급수에서 x를 3이라 하면

$$\begin{aligned} \sin 3&=3-4.5+2.025-0.4339+0.1446-0.00443+\cdots \\ &\fallingdotseq 0.14091 \end{aligned}$$

이다. ■

예제 44 p가 0, 1, 2, $\cdots$이 아닌 실수일 때, 함수 $f(x)=(1+x)^p$의 Maclaurin 급수를 구하여라.

풀이

$$\begin{aligned}
&f(x)=(1+x)^p, \ f(0)=1\\
&f'(x)=p(1+x)^{p-1}, \qquad f'(0)=p\\
&f''(x)=p(p-1)(1+x)^{p-2}, \qquad f''(0)=p(p-1)\\
&\cdots\cdots\cdots\cdots\cdots\cdots\cdots\cdots\cdots\cdots\\
&f^{(n)}(x)=p(p-1)(p-2)\cdots\{p-(n-1)\}(1+x)^{p-n},\\
&f^{(n)}(0)=p(p-1)\cdots(p-n+1)\\
&\cdots\cdots\cdots\cdots\cdots\cdots\cdots\cdots\cdots\cdots
\end{aligned}$$

이다. 이들을 식 (2)에 대입하면

$$(1+x)^p=1+px+\frac{p(p-1)}{2!}x^2+\frac{p(p-1)(p-2)}{3!}x^3+\cdots$$
$$+\frac{p(p-1)\cdots(p-n+1)}{n!}x^n+\cdots$$

을 얻으며, 이 급수는 비판정법에 의하여 $-1<x<1$일 때 수렴한다.

$(1+x)^p$의 Maclaurin급수

$$(1+x)^p= 1+px+\frac{p(p-1)}{2!}x^2+\frac{p(p-1)(p-2)}{3!}x^3+\cdots+$$
$$\frac{p(p-1)\cdots(p-n-1)}{n!}x^{n+}\cdots$$

을 **이항급수**라 한다.

부정형의 극한값을 Maclaurin급수를 이용하여 계산할 수 있다.

예를 들어 극한값

$$\lim_{x\to 0}\frac{x-\sin x}{x^3}$$

는 $\frac{0}{0}$꼴의 부정형이다. 이때 $\sin x$를 Maclaurin급수로 전개하면

$$\sin x=x-\frac{x^3}{3!}+\frac{x^5}{5!}-\frac{x^7}{7!}+\cdots+(-1)^{n-1}\frac{x^{2n-1}}{(2n-1)}+\cdots$$

이므로

$$\varepsilon = \frac{x^5}{5!} - \frac{x^7}{7!} + \cdots + (-1)^{n-1}\frac{x^{2n-1}}{(2n-1)!} + \cdots,$$

$$\frac{\varepsilon}{x^3} = \frac{1}{x^3}\left(\frac{x^5}{5!} - \frac{x^7}{7!}\cdots\right) = \frac{x^2}{5!} - \frac{x^4}{7!}$$

이라 하면

$$\lim_{x\to 0}\frac{x - \sin x}{x^3} = \lim_{x\to 0}\frac{1}{x^3}(x - \sin x)$$

$$= \lim_{x\to 0}\frac{1}{x^3}\left\{x - \left(x - \frac{x^3}{3!} + \varepsilon\right)\right\}$$

$$= \lim_{x\to 0}\frac{1}{x^3}\left(\frac{x^3}{3!} - \varepsilon\right)$$

$$= \lim_{x\to 0}\left(\frac{1}{6} - \frac{\varepsilon}{x^3}\right) = \frac{1}{6}$$

예제 45 Maclaurin급수를 이용하여 극한값 $\lim_{x\to\infty}\frac{x^a}{e^x}$을 구하여라.$(a > 0)$

풀이 $n < \alpha$인 양의 정수 n에 대하여 $x > 1$이면

$$e^x > 1 + x + \frac{x^2}{2!} + \frac{x^3}{3!} + \cdots + \frac{x^{n+1}}{(n+1)!} < \frac{x^{n+1}}{(n+1)!}$$

즉

$$0 < \frac{x^\alpha}{e^x} < \frac{x^n}{e^x} < \frac{(n+1)!}{x^{n+1}}x^n = \frac{(n+1)!}{x}$$

이고

$$\lim_{x\to\infty}\frac{(n+1)!}{x} = 0, \ \lim_{n\to\infty}0 = 0$$

이다. 따라서

$$\lim_{x\to\infty}\frac{x^a}{e^x} = 0$$

■

함수 $f(x)$가 어떤 수렴 구간 내에서

$$f(x) = c_0 + c_1(x-a) + c_2(x-a)^2 + \cdots + c_n(x-a)^n + \cdots \tag{1}$$

꼴의 급수로 전개되고 a를 수렴 구간 내의 임의의 상수라 하면 $c_0,\ c_1,\ c_2,\ c_n,\ \cdots$는 식 (1)로 부터 이들의 도함수에 $x=a$를 대입하여 다음과 같은 방법으로 구할 수 있다.

$$f(x) = c_0 + c_1(x-a) + c_2(x-a)^2 + \cdots + c_n(x-a)^n + \cdots$$

에서 $x=a$이면 $c_0 = f(a)$,

$$f'(x) = c_1 + 2c_2(x-a) + 3c_3(x-a)^2 + 4c_4(x-a)^3 + \cdots$$
$$+ nc_n(x-a)^{n-1} + \cdots$$

에서 $x=a$이면 $c_1 = f'(a)$

$$f''(x) = 2c_2 + 3\cdot 2(x-a) + \cdots + n(n-1)c_n(x-a)^{n-2} + \cdots$$

에서 $c_2 = \dfrac{1}{2!}f''(a)$

$$\vdots$$

$$f^{(n)}(x) = n(n-1)(n-2)\cdots 2\cdot 1c_n + n(n+1)(n-1)\cdots 2\cdot 1c_{n+1}(x-a) + \cdots$$

에서 $c_n = \dfrac{1}{n!}f^{(n)}(a)$로 얻어지므로 함수 $f(x)$는

$$f(x) = f(a) + f'(a)(x-a) + \frac{1}{2!}f''(a)(x-a)^2 + \cdots \tag{2}$$
$$+ \frac{1}{n!}f^{(n)}(a)(x-a)^n + \cdots$$

꼴의 급수로 표시된다. 이때 식 (2)를 함수 $f(x)$의 $x=a$에 관한 **Taylor 급수**, 또는 $x=a$에 관한 **멱급수**라 한다.

Taylor 급수에서 $a=0$이라 놓으면, Maclaurin급수가 얻어지며 식 (2)에서 $x=a+k$라 하면 다른 꼴의 Taylor급수

$$f(a+k) = f(a) + kf'(a) + \frac{1}{2}k^2 f''(a) + \cdots + \frac{1}{n!}k^n f^{(n)}(a) + \cdots \tag{3}$$

을 얻는다.

예제 46 함수 $f(x)=\sin x$의 $x=\dfrac{\pi}{4}$에 관한 멱급수로 나타내어라.

풀이

$$f(x)=\sin x,\qquad f\left(\frac{\pi}{4}\right)=\frac{\sqrt{2}}{2}$$

$$f'(x)=\cos x,\qquad f'\left(\frac{\pi}{4}\right)=\frac{\sqrt{2}}{2}$$

$$f''(x)=-\sin x,\qquad f''\left(\frac{\pi}{4}\right)=-\frac{\sqrt{2}}{2}$$

$$f'''(x)=-\cos x,\qquad f'''\left(\frac{\pi}{4}\right)=-\frac{\sqrt{2}}{2}$$

$$f^{(4)}(x)=\sin x,\qquad f^{(4)}\left(\frac{\pi}{4}\right)=\frac{\sqrt{2}}{2}$$

이 들을 식 (2)에 대입하면

$$\sin x=\frac{\sqrt{2}}{2}\left\{1+\left(x-\frac{\pi}{4}\right)-\frac{1}{2!}\left(x-\frac{\pi}{4}\right)^2-\frac{1}{3!}\left(x-\frac{\pi}{4}\right)^3+\cdots\right\}\tag{4}$$

이고 비판정법에 의하여 모든 x의 값에 대하여 수렴하므로 식 (4)는 45°에 가까운 sin의 값을 계산하는 데 이용하면 편리하다.

■

예제 47 sin47°의 근사값을 소수점 아래 넷째자리까지 구하여라.

풀이 $f(x)=\sin x$의 $x=\dfrac{\pi}{4}$에 관한 Taylor 급수

$$\sin x=\frac{\sqrt{2}}{2}\left\{1+\left(x-\frac{\pi}{4}\right)-\frac{1}{2!}\left(x-\frac{\pi}{4}\right)^2-\frac{1}{3!}\left(x-\frac{\pi}{4}\right)^3+\cdots\right\}$$

에서 x를 47°이라 하면

$$x-\frac{\pi}{4}=\frac{2}{180}=0.03489,$$

$$\left(x-\frac{\pi}{4}\right)^2=0.001217,$$

$$\left(x-\frac{\pi}{4}\right)^3=0.00004,$$

$$\cdots$$

이다. 이들은 식 (4)에 대입하면 근사값

$$\sin 47° = \frac{\sqrt{2}}{2}(1 + 0.03488 - 0.00122 - 0.00004 + \cdots)$$

$$= 0.73135 = 0.7314$$

연습문제 4-2 Exercises

1. 다음에서 수렴수열과 발산수열을 가리고 수렴수열의 극한을 구하여라.

(1) $a_n = \frac{1-n}{n^2}$ (2) $a_n = \frac{1}{3^n}$ (3) $a_n = \frac{(-1)^{n+1}}{2n-1}$

(4) $a_n = \cos\frac{n\pi}{2}$ (5) $a_n = \frac{1+\ln n}{n}$ (6) $a_n = \frac{(-4)^n}{n!}$

(7) $a_n = (0.5)^n$ (8) $a_n = \left(1+\frac{7}{n}\right)^n$ (9) $a_n = \frac{n!}{10^{6n}}$

(10) $a_n = \sqrt[2n]{n}$

2. 다음 급수의 수렴성을 조사하여라.

(1) $\sum_{n=1}^{\infty}\frac{1}{2n-1}$ (2) $\sum_{n=2}^{\infty}\frac{1}{n^2-1}$ (3) $\sum_{n=1}^{\infty}\frac{1}{\sqrt{n}}$

(4) $\sum_{n=1}^{\infty}\frac{1}{\sqrt{n^2+19n}}$ (5) $\sum_{n=1}^{\infty}\frac{\ln n}{n}$ (6) $\sum_{n=1}^{\infty}\frac{1}{n^2}\left(1+\frac{1}{n}\right)^n$

3. $\sum_{n=2}^{\infty}\frac{1}{n(\ln n)^p}$이 수렴하는 p의 값을 구하여라.

4. $\dfrac{1}{m(m+1)}=\dfrac{1}{m}-\dfrac{1}{m+1}$을 이용하여 $S_n=\dfrac{1}{1.2}+\dfrac{1}{2.3}+\cdots+\dfrac{1}{n(n+1)}$을 간단히 하고 $\lim\limits_{n\to\infty}S_n$을 구하여라.

5. 다음 멱급수의 수렴구간과 수렴반경을 구하여라.

(1) $\displaystyle\sum_{n=1}^{\infty}\frac{x^n}{n^2}$　　(2) $\displaystyle\sum_{n=1}^{\infty}(-1)^{n+1}\frac{x^n}{n}$

(3) $\displaystyle\sum_{n=1}^{\infty}\frac{(x-2)^n}{n!}$　　(4) $\displaystyle\sum_{n=1}^{\infty}\frac{(x-1)^n}{n+3}$

6. 다음 급수를 Maclaurin 급수로 전개하여라.

(1) $f(x)=a^x$　　(2) $f(x)=\sqrt{1+x}$

(3) $f(x)=\sin\left(x+\dfrac{\pi}{4}\right)$　　(4) $f(x)=\dfrac{e^x+e^{-x}}{2}$

7. Maclaurin 급수를 이용하여 다음 값을 소수점 아래 3째자리까지 구하여라.

(1) $e^{1.5}$

(2) $\ln 1.02$

(3) $\cos 48°$

(4) $\tan 31°$

8. Maclaurin 급수를 이용하여 $\lim\limits_{x\to 0}\dfrac{\ln(x+1)}{x^{\alpha}}=0$을 보여라.

CHAPTER 05

벡터와 일차변환

5.1 벡 터

정의 5.1

면적, 길이, 질량, 시간, 속력, 온도, 압력능과 같은 물리적 양은 크기만을 가지므로 실수로 표시할 수 있다. 이처럼 크기만을 갖는 양을 **스칼라**라고 한다. 반면에 속도, 가속도, 힘 등과 같이 크기와 방향을 동시에 갖는 양을 **벡터**라고 한다.

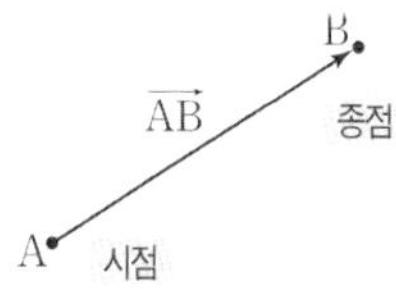

그림 5.1

벡터를 그림으로 나타낼 때에는 방향이 주어진 선분을 이용한다. 이 때, 선분의 길이는 **벡터의 크기**를 나타내고 화살표의 방향은 벡터의 방향을 나타낸다. 특히 어떤 벡터가 점 A에서 점 B로 향하는 선분으로 나타날 때, 이 벡터를 기호로

$$\overrightarrow{AB}$$

와 같이 나타낸다.

이때, 점 A를 벡터 $\overrightarrow{AB}$의 시점, 점 B를 벡터 $\overrightarrow{AB}$의 **종점**이라고 한다.

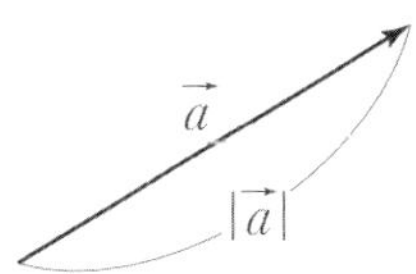

그림 5.2

또 벡터를 한 문자로 나타낼 때에는 $\vec{a}$와 같은 기호를 사용한다.

한편 $\vec{a}$의 크기는 기호로

$$|\vec{a}|$$

와 같이 나타낸다.

정의 5.2

크기가 1인 벡터를 **단위벡터**라 하고, 벡터 $\overrightarrow{\mathrm{AA}}$와 같이 시점과 종점이 일치하는 벡터, 즉 크기가 0인 벡터를 **영벡터**라고 한다. 영벡터는 기호로 $\vec{0}$와 같이 나타낸다.

벡터의 정의는 평면과 공간에서 똑같이 적용된다. 그러나 이를 구별할 때에는 평면에서의 벡터를 **평면벡터** 또는 **이차원 벡터**, 공간에서의 벡터를 **공간벡터** 또는 **삼차원 벡터**라고 한다.

정의 5.3 벡터의 덧셈

$\vec{a}=\overrightarrow{\mathrm{AB}}$, $\vec{b}=\overrightarrow{\mathrm{BC}}$일 때

$$\vec{a}+\vec{b}=\overrightarrow{\mathrm{AB}}+\overrightarrow{\mathrm{BC}}=\overrightarrow{\mathrm{AC}}$$

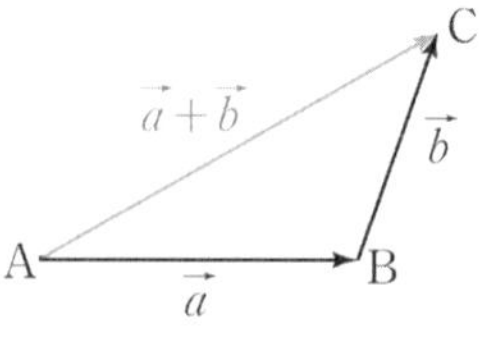

그림 5.3

한편, 두 벡터 $\vec{a}=\overrightarrow{\mathrm{OA}}$, $\vec{b}=\overrightarrow{\mathrm{OB}}$에 대하여 점 C를 사각형 OBCA가 평행사변형이 되도록 잡으면 $\overrightarrow{\mathrm{OB}}=\overrightarrow{\mathrm{AC}}$이므로

$$\vec{a}+\vec{b}=\overrightarrow{\mathrm{OA}}+\overrightarrow{\mathrm{OB}}=\overrightarrow{\mathrm{OA}}+\overrightarrow{\mathrm{AC}}=\overrightarrow{\mathrm{OC}}$$

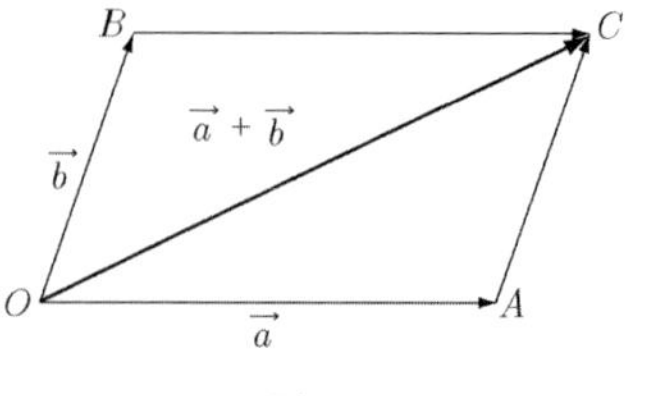

그림 5.4

두 벡터 $\vec{a}$, $\vec{b}$에 대하여 오른쪽 그림과 같이 $\vec{a}=\overrightarrow{AB}$, $\vec{b}=\overrightarrow{BC}$가 되도록 세 점 A, B, C를 잡고, 점 D를 사각형 ABCD가 평행사변형이 되도록 잡으면

$$\vec{a}+\vec{b}=\overrightarrow{AB}+\overrightarrow{BC}=\overrightarrow{AC},\ \vec{b}+\vec{a}=\overrightarrow{AD}+\overrightarrow{DC}=\overrightarrow{AC}$$

이므로 $\vec{a}+\vec{b}=\vec{b}+\vec{a}$

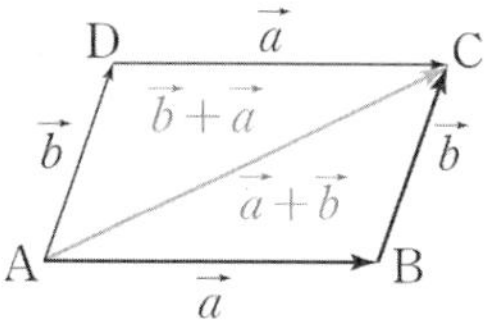

그림 5.5

또 세 벡터 $\vec{a}$, $\vec{b}$, $\vec{c}$에 대하여 오른쪽 그림과 같이 $\vec{a}=\overrightarrow{AB}$, $\vec{b}=\overrightarrow{BC}$, $\vec{c}=\overrightarrow{CD}$가 되도록 점 A, B, C, D를 잡으면

$$(\vec{a}+\vec{b})+\vec{c}=\overrightarrow{AD}=\vec{a}+(\vec{b}+\vec{c})$$

이상을 정리하면 다음과 같다.

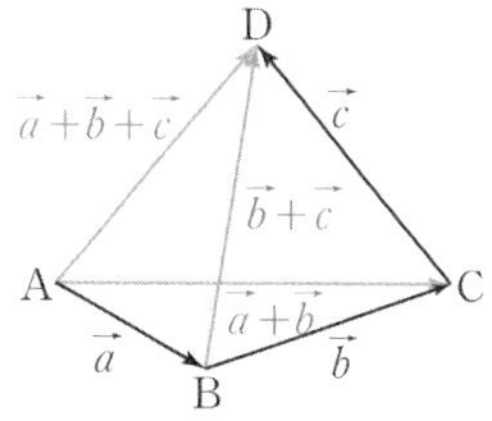

그림 5.6

정리 5.4

세 벡터 $\vec{a}$, $\vec{b}$, $\vec{c}$에 대하여

(1) 교환법칙 $\vec{a}+\vec{b}=\vec{b}+\vec{a}$

(2) 결합법칙 $(\vec{a}+\vec{b})+\vec{c}=\vec{a}+(\vec{b}+\vec{c})$

한편 임의의 벡터 $\vec{a}$에 대하여

$$\vec{a}+\vec{0}=\vec{0}+\vec{a}=\vec{a}$$

가 성립한다. 즉, 영벡터 $\vec{0}$는 벡터의 덧셈에 대한 항등원이다.

오른쪽 그림과 같이 벡터 $\vec{a}$와 크기는 같지만 방향이 반대인 벡터를 벡터 $\vec{a}$의 역벡터라 하고, 기호로 $-\vec{a}$와 같이 나타낸다.

따라서 다음이 성립한다.

$$|-\vec{a}|=|\vec{a}|,\ \overrightarrow{BA}=-\overrightarrow{AB}$$

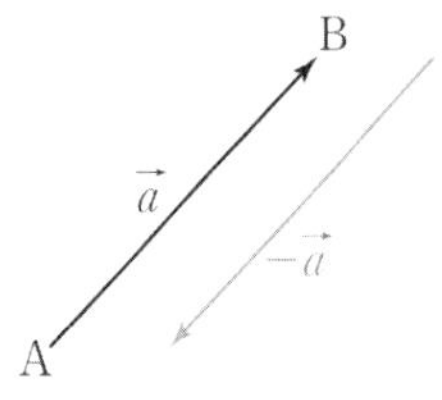

그림 5.7

또 임의의 벡터 $\vec{a}$에 대하여 $\vec{a}=\overrightarrow{AB}$라고 하면, $-\vec{a}=\overrightarrow{BA}$이므로

$$\vec{a}+(-\vec{a})=\overrightarrow{AB}+\overrightarrow{BA}=\overrightarrow{AA}=\vec{0}$$

가 성립한다. 즉, 역벡터 $-\vec{a}$는 벡터 $\vec{a}$의 덧셈에 대한 역원이다.

한편 벡터 $\vec{a}$와 벡터 $\vec{b}$의 역벡터 $-\vec{b}$의 합 $\vec{a}+(-\vec{b})$를 벡터 $\vec{a}$에서 벡터 $\vec{b}$를 뺀 차라 하고, 기호로 $\vec{a}-\vec{b}$와 같이 나타낸다.

두 벡터 $\vec{a}$, $\vec{b}$에 대하여 $\vec{a}=\overrightarrow{OA}$, $\vec{b}=\overrightarrow{OB}$라고 하자. 이때, 점 C를 사각형 OBAC가 평행사변형이 되도록 잡으면

$$\begin{aligned}\vec{a}-\vec{b}&=\vec{a}+(-\vec{b})\\&=\overrightarrow{OA}+\overrightarrow{BO}=\overrightarrow{OA}+\overrightarrow{AC}\\&=\overrightarrow{OC}=\overrightarrow{BA}\end{aligned}$$

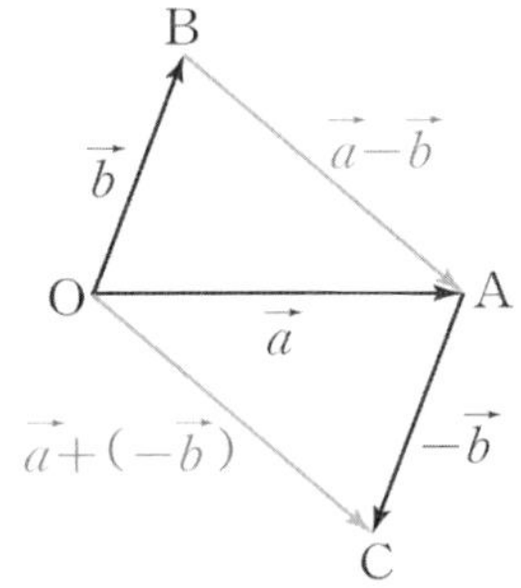

그림 5.8

이상을 정리하면 다음과 같다.

정의 5.5 벡터의 뺄셈

$\vec{a}=\overrightarrow{OA}$, $\vec{b}=\overrightarrow{OB}$일 때

$$\vec{a}-\vec{b}=\overrightarrow{OA}-\overrightarrow{OB}=\overrightarrow{BA}$$

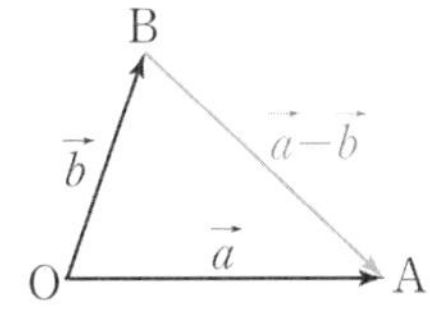

그림 5.9

예제 1 오른쪽 정사각형 OABC에서

$$\vec{b}-\vec{a}=\overrightarrow{OB}-\overrightarrow{OA}=\overrightarrow{AB}=\vec{c}$$
$$\vec{b}-\vec{c}=\overrightarrow{OB}-\overrightarrow{OC}=\overrightarrow{CB}=\vec{a}$$

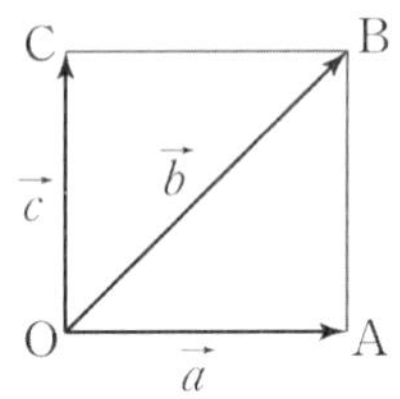

그림 5.10

오른쪽 그림과 같이 영벡터가 아닌 벡터 $\vec{a}$에 대하여 벡터 $\vec{a}+\vec{a}$는 방향이 $\vec{a}$와 같고, 그 크기가 $\vec{a}$의 2배이다.

이것을 $2\vec{a}$ 로 나타낸다.

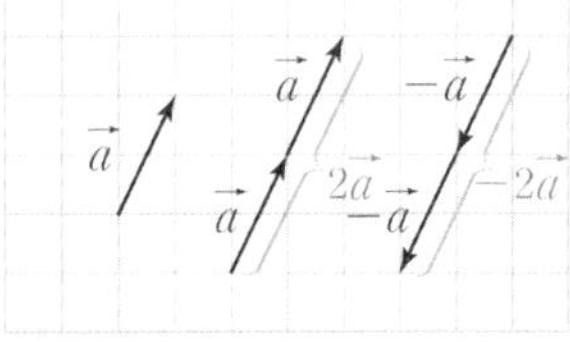

그림 5.11

정의 5.6

일반적으로 실수 k와 벡터 $\vec{a}$의 곱 $k\vec{a}$를 벡터 $\vec{a}$의 **실수배**라고 한다.

정리 5.7 벡터의 실수배

(1) $\vec{a} \neq \vec{0}$일 때

(i) $k > 0$이면, $k\vec{a}$는 방향은 $\vec{a}$와 같고 크기는 $k|\vec{a}|$인 벡터이다.

(ii) $k < 0$이면, $k\vec{a}$는 방향은 $\vec{a}$와 반대이고 크기는 $|k||\vec{a}|$인 벡터이다.

(iii) $k = 0$이면, $k\vec{a}$는 영벡터 $\vec{0}$이다.

(2) $\vec{a} = \vec{0}$일 때, 임의의 실수 k에 대하여 $k\vec{a} = \vec{0}$이다.

특히 위의 정의로부터 다음이 성립함을 알 수 있다.

$$1\vec{a} = \vec{a},\ (-1)\vec{a} = -\vec{a},\ 0\vec{a} = \vec{0},\ k\vec{0} = \vec{0}$$

정리 5.8

임의의 실수 h, k와 두 벡터 $\vec{a}$, $\vec{b}$에 대하여

(1)결합법칙 $(hk)\vec{a} = h(k\vec{a})$

(2)분배법칙 $(h+k)\vec{a} = h\vec{a} + k\vec{a}$

(3)분배법칙 $k(\vec{a}+\vec{b}) = k\vec{a} + k\vec{b}$

예제 2 다음을 간단히 하여라.

(1) $3(\vec{a}+2\vec{b})+2(2\vec{a}-\vec{b})$ (2) $2(3\vec{a}+2\vec{b})-3(2\vec{a}+\vec{b})$

풀이 (1) $3(\vec{a}+2\vec{b})+2(2\vec{a}-\vec{b}) = 7\vec{a}+4\vec{b}$ (2) $2(3\vec{a}+2\vec{b})-3(2\vec{a}+\vec{b}) = 3\vec{a}+\vec{b}$

■

영벡터가 아닌 두 벡터 $\vec{a}$, $\vec{b}$의 방향이 같거나 반대일 때, 두 벡터 $\vec{a}$와 $\vec{b}$는 서로 **평행**하다고 하며, 기호로 $\vec{a}//\vec{b}$와 같이 나타낸다.

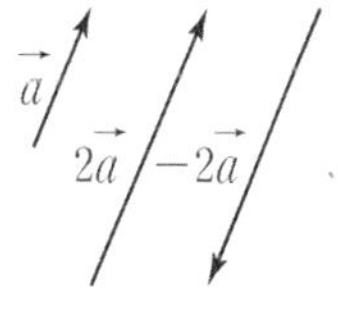

그림 5.12

정리 5.9 벡터의 평행

$\vec{a} \neq \vec{0}$, $\vec{b} \neq \vec{0}$일 때

$$\vec{a} // \vec{b} \Leftrightarrow \vec{a} = k\vec{b} \ (\text{단, } k \neq 0\text{인 실수})$$

평면 또는 공간에서 한 점 O의 위치를 고정하면 임의의 벡터 $\vec{p}$에 대하여 점 P의 위치를 $\vec{p} = \overrightarrow{\mathrm{OP}}$가 되도록 정할 수 있다.

역으로 임의의 점 P에 대하여 $\overrightarrow{\mathrm{OP}} = \vec{p}$인 벡터 $\vec{p}$가 단 하나로 정해진다.

이와 같이 일정한 점 O를 시점으로 하는 벡터 $\overrightarrow{\mathrm{OP}}$를 점 P의 **위치벡터**라고 한다.

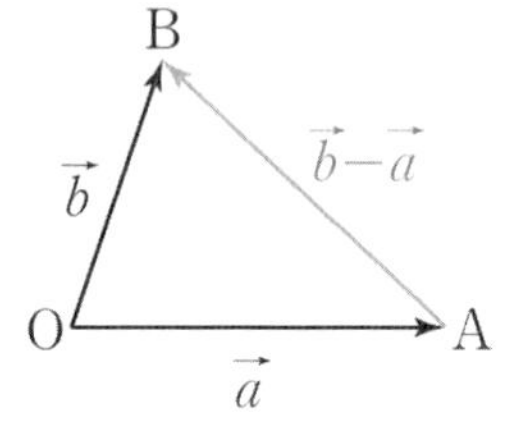

그림 5.13

이제 벡터 $\overrightarrow{\mathrm{AB}}$를 점 A와 점 B의 위치벡터로 나타내어 보자.

오른쪽 그림과 같이 두 점 A, B의 위치벡터를 각각 $\vec{a}$, $\vec{b}$라고 하면 $\overrightarrow{\mathrm{OA}} = \vec{a}$, $\overrightarrow{\mathrm{OB}} = \vec{b}$이므로

$$\overrightarrow{\mathrm{AB}} = \overrightarrow{\mathrm{OB}} - \overrightarrow{\mathrm{OA}} = \vec{b} - \vec{a}$$

정리 5.10

두 점 A, B의 위치벡터를 각각 $\vec{a}$, $\vec{b}$라고 하면

$$\overrightarrow{\mathrm{AB}} = \vec{b} - \vec{a}$$

예제 3 서로 다른 두 점 A, B의 위치벡터를 각각 $\vec{a}$, $\vec{b}$라고 할 때, 선분 AB를 $m:n \ (m>0,\ n>0)$으로 내분하는 점 P의 위치벡터 $\vec{p}$는

$$\vec{p} = \frac{m\vec{b} + n\vec{a}}{m+n}$$

임을 증명하여라.

증명 $\vec{a}=\overrightarrow{OA}$, $\vec{b}=\overrightarrow{OB}$, $\vec{p}=\overrightarrow{OP}$라고 하면

$$\overrightarrow{AP}=\vec{p}-\vec{a},\ \overrightarrow{AB}=\vec{b}-\vec{a}$$

또 $\overrightarrow{AP}=\dfrac{m}{m+n}\overrightarrow{AB}$이므로

$$\vec{p}-\vec{a}=\frac{m}{m+n}(\vec{b}-\vec{a})$$

$$\therefore\ \vec{p}=\frac{m\vec{b}+n\vec{a}}{m+n}$$

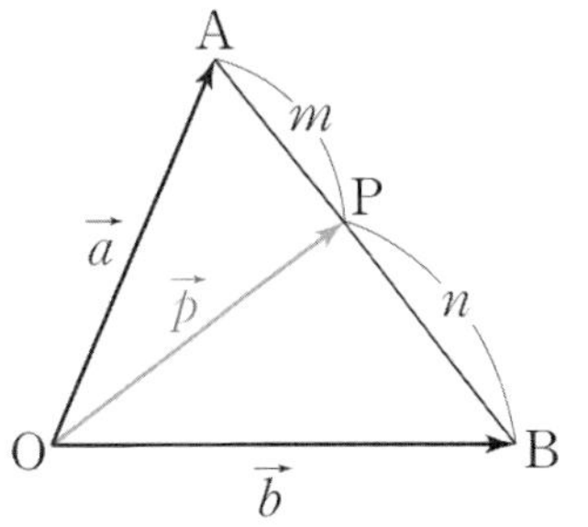

그림 5.14

■

5.2 벡터의 성분

좌표평면 위에서 원점 O를 시점으로 하고 두 점 $E_1(1,\ 0)$, $E_2(0,\ 1)$을 각각 종점으로 하는 두 단위벡터 $\overrightarrow{OE_1}$, $\overrightarrow{OE_2}$를 각각 $\vec{e_1}$, $\vec{e_2}$로 나타낸다.

즉, $\vec{e_1}=\overrightarrow{OE_1}$, $\vec{e_2}=\overrightarrow{OE_2}$이다.

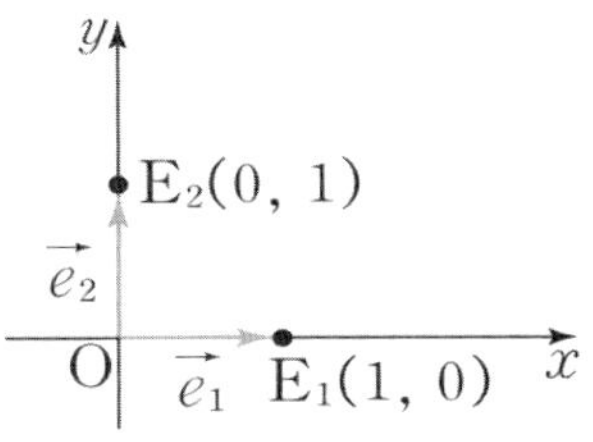

그림 5.15

아래 그림과 같이 임의의 벡터 $\vec{a}$에 대하여 $\vec{a}=\overrightarrow{OA}$가 되는 점 A의 좌표를 $(a_1,\ a_2)$라고 하면 다음이 성립한다.

$$\vec{a}=a_1\vec{e_1}+a_2\vec{e_2}$$

이때, 실수 a_1, a_2를 벡터 $\vec{a}$의 **성분**이라 하고, a_1을 x성분, a_2를 y성분이라고 한다.

또 벡터 $\vec{a}$를 성분을 이용하여 $\vec{a}=(a_1, a_2)$와 같이 나타낸다.

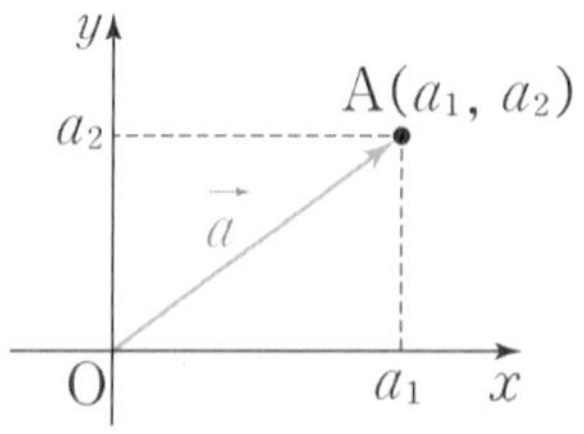

그림 5.16

정리 5.11

좌표평면 위의 점 $A(a_1, a_2)$의 위치벡터를 $\vec{a}$라고 하면

$$\vec{a}=(a_1, a_2)$$

예제 4 좌표평면 위의 점 P(3, 4)에 대하여 위치벡터 $\overrightarrow{OP}$는

$$\overrightarrow{OP}=3\overrightarrow{e_1}+4\overrightarrow{e_2}=(3, 4)$$

이다. ■

좌표평면 위의 두 점 $A(a_1, a_2)$, $B(b_1, b_2)$에 대하여 두 점의 위치벡터를 각각 $\vec{a}$, $\vec{b}$라고 하면

$$\vec{a}=(a_1, a_2),\ \vec{b}=(b_1, b_2)$$

이다. 이때, $\vec{a}=\vec{b}$이면 두 점 A, B가 일치하도록 두 벡터 $\vec{a}$, $\vec{b}$의 성분이 일치한다. 즉, $a_1=b_1$, $a_2=b_2$이다. 또 $\vec{a}=(a_1, a_2)$일 때, 원점 O와 점 $A(a_1, a_2)$에 대하여 $\vec{a}=\overrightarrow{OA}$이므로 벡터 $\vec{a}$의 크기는 선분 OA의 길이와 같다.

즉, $|\vec{a}|=\overline{OA}=\sqrt{a_1^2+a_2^2}$ 이다.

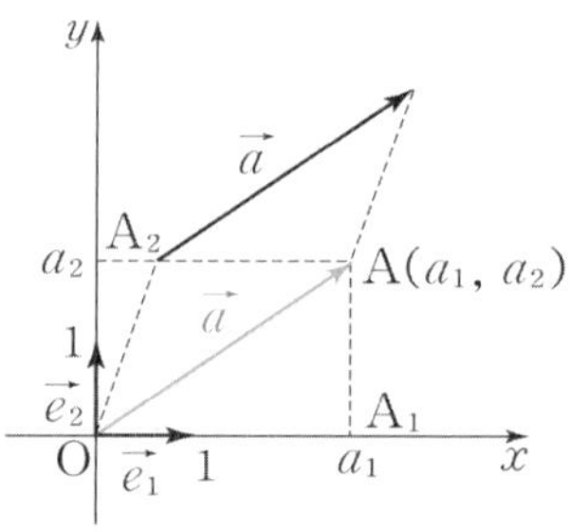

그림 5.17

정리 5.12

두 벡터 $\vec{a}=(a_1,\ a_2)$, $\vec{b}=(b_1,\ b_2)$에 대하여

(1) $\vec{a}=\vec{b} \Leftrightarrow a_1=b_1,\ a_2=b_2$ (2) $|\vec{a}|=\sqrt{a_1^2+a_2^2}$

예제 5

(1) $\vec{a}=(x,\ 4)$, $\vec{b}=(-6,\ y)$일 때,

$\vec{a}=\vec{b}$이면 $x=-6,\ y=4$

(2) $\vec{a}=(3,\ -4)$일 때, $|\vec{a}|=\sqrt{3^2+(-4)^2}=\sqrt{25}=5$

벡터의 덧셈, 뺄셈, 실수배를 벡터의 성분으로 나타내어 보자.

두 벡터 $\vec{a}=(a_1,\ a_2)$, $\vec{b}=(b_1,\ b_2)$와 실수 k에 대하여

$$\begin{aligned}\vec{a}+\vec{b}&=\left(a_1\overrightarrow{e_1}+a_2\overrightarrow{e_2}\right)+\left(b_1\overrightarrow{e_1}+b_2\overrightarrow{e_2}\right)\\&=(a_1+b_1)\overrightarrow{e_1}+(a_2+b_2)\overrightarrow{c_2}\\&=(a_1+b_1,\ a_2+b_2)\end{aligned}$$

$$\begin{aligned}\vec{a}-\vec{b}&=\left(a_1\overrightarrow{e_1}+a_2\overrightarrow{e_2}\right)-\left(b_1\overrightarrow{e_1}+b_2\overrightarrow{e_2}\right)\\&=(a_1-b_1)\overrightarrow{e_1}+(a_2-b_2)\overrightarrow{e_2}\\&=(a_1-b_1,\ a_2-b_2)\end{aligned}$$

$$\begin{aligned}k\vec{a}&=k\left(a_1\overrightarrow{e_1}+a_2\overrightarrow{c_2}\right)=ka_1\overrightarrow{e_1}+ka_2\overrightarrow{e_2}\\&=(ka_1,\ ka_2)\end{aligned}$$

■

정리 5.13

두 점 $\mathrm{A}(a_1,\ a_2)$, $\mathrm{B}(b_1,\ b_2)$에 대하여 $\vec{a}=\overrightarrow{\mathrm{OA}}$, $\vec{b}=\overrightarrow{\mathrm{OB}}$라고 할 때

(1) $\vec{a}+\vec{b}=(a_1+b_1,\ a_2+b_2)$

(2) $\vec{a}-\vec{b}=(a_1-b_1,\ a_2-b_2)$

(3) $k\vec{a}=(ka_1,\ ka_2)$ (단, k는 실수)

좌표평면 위의 두 점 $\mathrm{A}(a_1,\ a_2)$, $\mathrm{B}(b_1,\ b_2)$에 대하여 벡터 $\overrightarrow{\mathrm{AB}}$를 성분으로 나타내면

$$\overrightarrow{\mathrm{AB}}=\overrightarrow{\mathrm{OB}}-\overrightarrow{\mathrm{OA}}=(b_1-a_1,\ b_2-a_2)$$

이고, 벡터 $\overrightarrow{\mathrm{AB}}$의 크기는

$$|\overrightarrow{\mathrm{AB}}|=\sqrt{(b_1-a_1)^2+(b_2-a_2)^2}$$

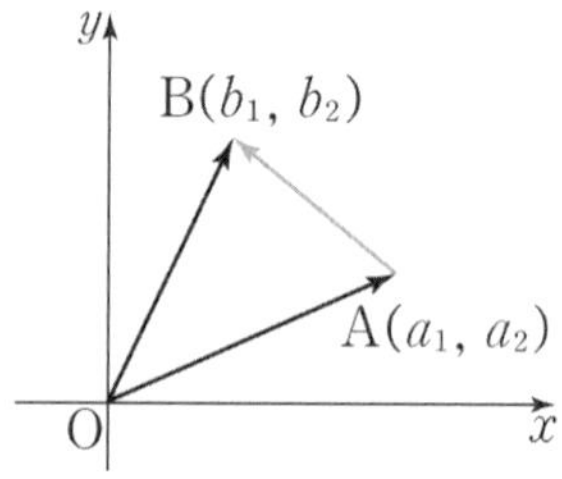

그림 5.18

예제 6

(1) $\vec{a}=(4,\ -2)$, $\vec{b}=(3,\ 1)$일 때

$$\vec{a}+\vec{b}=(4+3,\ -2+1)=(7,\ -1)$$
$$\vec{a}-\vec{b}=(4-3,\ -2-1)=(1,\ -3)$$
$$3\vec{a}=(3\times4,\ 3\times(-2))=(12,\ -6)$$

(2) 두 점 $\mathrm{A}(5,\ 3)$, $\mathrm{B}(-2,\ 6)$에 대하여

$$\overrightarrow{\mathrm{AB}}=(-2-5,\ 6-3)=(-7,\ 3)$$
$$|\overrightarrow{\mathrm{AB}}|=\sqrt{(-7)^2+3^2}=\sqrt{58}$$

좌표공간에서 원점 O를 시점으로 하고 세 점 $\mathrm{E}_1(1,\ 0,\ 0)$, $\mathrm{E}_2(0,\ 1,\ 0)$, $\mathrm{E}_3(0,\ 0,\ 1)$을 종점으로 하는 세 단위벡터 $\overrightarrow{\mathrm{OE}_1}, \overrightarrow{\mathrm{OE}_2}, \overrightarrow{\mathrm{OE}_3}$ 을 각각 $\vec{e_1}$, $\vec{e_2}$, $\vec{e_3}$으로 나타낸다.

즉, $\vec{e_1}=\overrightarrow{\mathrm{OE}_1}$, $\vec{e_2}=\overrightarrow{\mathrm{OE}_2}$, $\vec{e_3}=\overrightarrow{\mathrm{OE}_3}$이다.

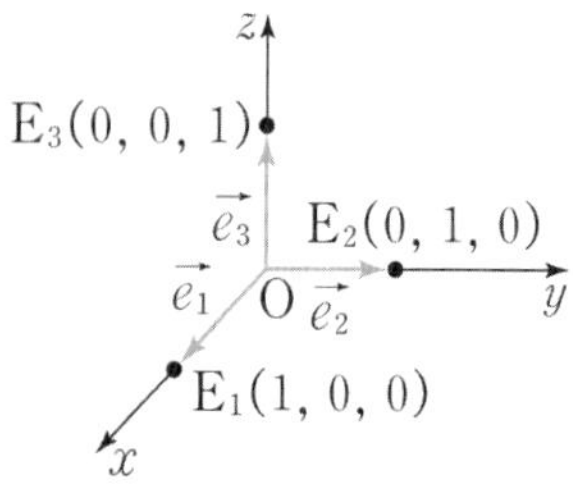

그림 5.19

아래 그림과 같이 임의의 벡터 $\vec{a}$에 대하여 $\vec{a}=\overrightarrow{OA}$가 되는 점 A의 좌표를 $(a_1,\ a_2,\ a_3)$이라고 하면 다음이 성립한다.

$$\vec{a}=a_1\vec{e_1}+a_2\vec{e_2}+a_3\vec{e_3}$$

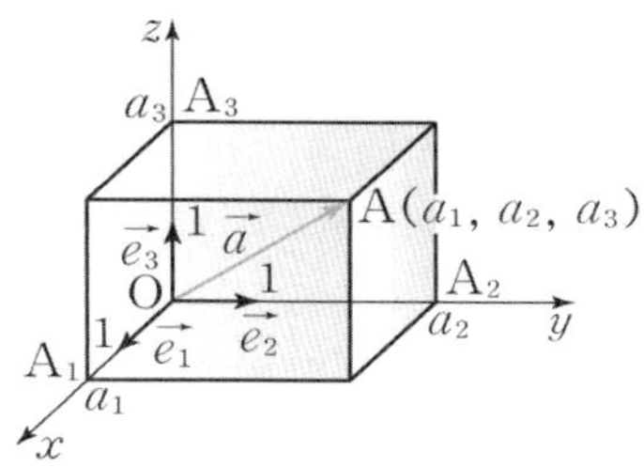

그림 5.20

이때, 실수 $a_1,\ a_2,\ a_3$을 벡터 $\vec{a}$의 성분이라 하고, a_1을 x성분, a_2를 y성분, a_3을 z성분이라고 한다.

또 벡터 $\vec{a}$를 성분을 이용하여 $\vec{a}=(a_1,\ a_2,\ a_3)$과 같이 나타낸다.

정의 5.14

좌표공간에서 점 $A(a_1,\ a_2,\ a_3)$의 위치벡터를 $\vec{a}$라고 하면

$$\vec{a}=(a_1,\ a_2,\ a_3)$$

예제 7 좌표공간의 원점 O와 한 점 $P(1,\ 2,\ 3)$에 대하여 위치벡터 $\overrightarrow{OP}$는 $\overrightarrow{OP}=\vec{e_1}+2\vec{e_2}+3\vec{e_3}=(1,\ 2,\ 3)$이다. ■

예제 8 $\vec{a}=(1,-2,\ 2)$, $\vec{b}=(0,\ 2,-3)$일 때 다음 등식에서 $\vec{x}$의 성분을 구하여라.

(1) $2\vec{x}-\vec{a}=3\vec{b}+\vec{x}$ (2) $\vec{x}-2\vec{b}=3\vec{a}-2\vec{x}$

풀이 구하려는 벡터 $\vec{x}$의 성분을 $(x_1,\ x_2,\ x_3)$라 하면

(1) $2\vec{x}-\vec{a}=3\vec{b}+\vec{x}$에서 $\vec{x}=\vec{a}+3\vec{b}$

$(x_1,\ x_2,\ x_3)=(1,-2,\ 2)+3(0,\ 2,-3)=(1,\ 4,-7)$

이므로 $\vec{x}=(1,\ 4,\ -7)$

(2) $\vec{x}-2\vec{b}=3\vec{a}-2\vec{x}$에서 $3\vec{x}=3\vec{a}+2\vec{b}$

$3(x_1,\ x_2,\ x_3)=3(1,-2,\ 2)+2(0,\ 2,-3)=(3,-2,\ 0)$

이므로 $\vec{x}=\left(1,\ -\dfrac{2}{3},\ 0\right)$ ■

예제 9 네 점 $A=(-2,\ -2,\ 0)$, $B=(-5,\ 3,\ -7)$, $C=(4,\ 0,\ 1)$, D가 평행사변형 $ABCD$를 이룬다. 점 D의 좌표를 구하여라.

풀이 점 D의 좌표를 $D(x_{1,}\ x_{2,}\ x_3)$라 하면 $\overrightarrow{AB}=\overrightarrow{DC}$이므로

$$(4-x_{1,}\ -x_2,\ 1-x_3)=(-5-(-2),3-(-2),-7)$$

이다. 따라서 구하는 해는 $(7,\ -5,\ 8)$.

평면벡터와 마찬가지로 성분으로 나타내어진 공간벡터의 연산과 그 크기는 다음과 같다.

정리 5.15

두 벡터 $\vec{a}=(a_1,\ a_2,\ a_3)$, $\vec{b}=(b_1,\ b_2,\ b_3)$에 대하여

(1) $\vec{a}=\vec{b} \Leftrightarrow a_1=b_1,\ a_2=b_2,\ a_3=b_3$

(2) $|\vec{a}|=\sqrt{a_1^2+a_2^2+a_3^2}$

(3) $\vec{a}+\vec{b}=(a_1+b_1,\ a_2+b_2,\ a_3+b_3)$

(4) $\vec{a}-\vec{b}=(a_1-b_1,\ a_2-b_2,\ a_3-b_3)$

(5) $k\vec{a}=(ka_1,\ ka_2,\ ka_3)$ (단, k는 실수)

또 일반적으로 두 점 $\mathrm{A}(a_1,\ a_2,\ a_3)$, $\mathrm{B}(b_1,\ b_2,\ b_3)$에 대하여 벡터 $\overrightarrow{\mathrm{AB}}$와 그 크기는 다음과 같다.

정리 5.16

두 점 $\mathrm{A}(a_1,\ a_2,\ a_3)$, $\mathrm{B}(b_1,\ b_2,\ b_3)$에 대하여

(1) $\overrightarrow{\mathrm{AB}}=(b_1-a_1,\ b_2-a_2,\ b_3-a_3)$

(2) $|\overrightarrow{\mathrm{AB}}|=\sqrt{(b_1-a_1)^2+(b_2-a_2)^2+(b_3-a_3)^2}$

예제 10 두 점 A(−1, 1, 3), B(1, 1, 1)에 대하여

$$\overrightarrow{AB} = (2,\ 0,\ -2),\ |\overrightarrow{AB}| = \sqrt{2^2+0^2+(-2)^2} = \sqrt{8} = 2\sqrt{2}$$

■

예제 11 점 $A(-1, 0, 2)$를 시점으로 하며, 벡터 $\vec{P} = (1, 2, 3)$와 같은 벡터 $\overrightarrow{AB}$의 종점 B를 구하여라.

풀이 벡터 $\vec{P}$의 x, y, z성분이 각각 1, 2, 3이므로 벡터 $\overrightarrow{AB}$의 종점은

$$B = (0,\ 2,\ 5)$$

이다.

■

5.3 벡터의 내적

영벡터가 아닌 두 벡터 $\vec{a}, \vec{b}$에 대하여 $\vec{a} = \overrightarrow{OA}$, $\vec{b} = \overrightarrow{OB}$인 세 점 O, A, B를 잡을 때, $\angle AOB$의 크기 θ $(0 \le \theta \le \pi)$를 두 벡터 $\vec{a}, \vec{b}$가 이루는 각의 크기라고 한다.

이때, $|\vec{a}||\vec{b}|\cos\theta$를 두 벡터 $\vec{a}$와 $\vec{b}$의 **내적**이라 하고, 기호로 $\vec{a} \bullet \vec{b}$와 같이 나타낸다. 즉

$$\vec{a} \bullet \vec{b} = |\vec{a}||\vec{b}|\cos\theta$$

또 $\vec{a} = \vec{0}$ 또는 $\vec{b} = \vec{0}$일 때는 $\vec{a} \bullet \vec{b} = 0$으로 정한다.

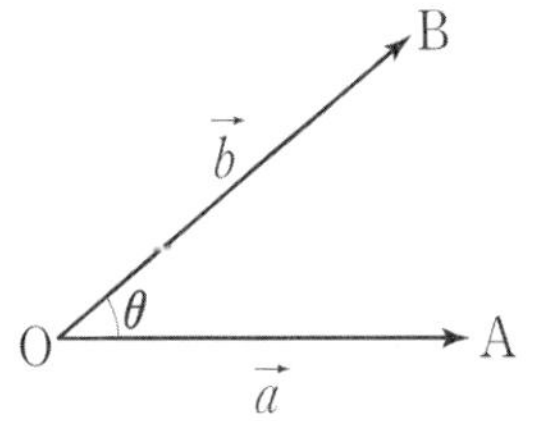

그림 5.21

정의 5.17

영벡터가 아닌 두 벡터 $\vec{a}, \vec{b}$가 이루는 각의 크기가 θ $(0 \le \theta \le \pi)$일 때

$$\vec{a} \bullet \vec{b} = |\vec{a}||\vec{b}|\cos\theta$$

로 정의한다. $\vec{a} = \vec{0}$ 혹은 $\vec{b} = \vec{0}$일 때, $\vec{a} \bullet \vec{b} = \vec{0}$으로 정의한다.

예제 12 두 벡터 $\vec{a}$, $\vec{b}$가 이루는 각의 크기가 $\frac{\pi}{6}$이고 $|\vec{a}|=2$, $|\vec{b}|=3$일 때, $\vec{a}\cdot\vec{b}$를 구하여라.

풀이 $\vec{a}\cdot\vec{b}=|\vec{a}||\vec{b}|\cos\frac{\pi}{6}=2\times3\times\frac{\sqrt{3}}{2}=3\sqrt{3}$.

■

오른쪽 그림과 같이 영벡터가 아닌 두 평면 벡터 $\vec{a}=(a_1,\ a_2)$, $\vec{b}=(b_1,\ b_2)$가 이루는 각의 크기를 θ라 하고, 두 점을 $\mathrm{A}(a_1,\ a_2)$, $\mathrm{B}(b_1,\ b_2)$라고 하면 $\vec{a}=\overrightarrow{\mathrm{OA}}$, $\vec{b}=\overrightarrow{\mathrm{OB}}$이다.

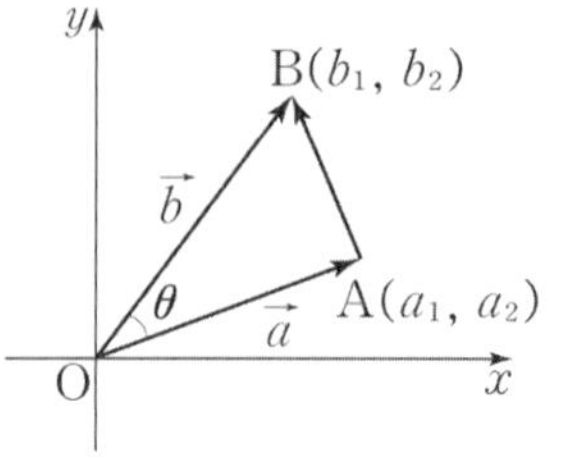

그림 5.22

삼각형 OAB에 코사인법칙을 적용하면

$$\overline{\mathrm{AB}}^2=\overline{\mathrm{OA}}^2+\overline{\mathrm{OB}}^2-2\overline{\mathrm{OA}}\cdot\overline{\mathrm{OB}}\cos\theta$$

여기서 $\overline{\mathrm{AB}}^2=|\overrightarrow{\mathrm{AB}}|^2=(b_1-a_1)^2+(b_2-a_2)^2$

$\overline{\mathrm{OA}}^2=|\vec{a}|^2=a_1^2+a_2^2$, $\overline{\mathrm{OB}}^2=|\vec{b}|^2=b_1^2+b_2^2$

$\overline{\mathrm{OA}}\cdot\overline{\mathrm{OB}}\cos\theta=|\vec{a}||\vec{b}|\cos\theta=\vec{a}\cdot\vec{b}$

이므로 $2\overline{\mathrm{OA}}\cdot\overline{\mathrm{OB}}\cos\theta=\overline{\mathrm{OA}}^2+\overline{\mathrm{OB}}^2-\overline{\mathrm{AB}}^2=2a_1b_1+2a_2b_2$

$\therefore\ \vec{a}\cdot\vec{b}=a_1b_1+a_2b_2$

같은 방법으로 두 공간벡터 $\vec{a}=(a_1,\ a_2,\ a_3)$, $\vec{b}=(b_1,\ b_2,\ b_3)$에 대하여 $\vec{a}\cdot\vec{b}=a_1b_1+a_2b_2+a_3b_3$이 성립함을 확인할 수 있다.

정리 5.18

(1) $\vec{a}=(a_1,\ a_2)$, $\vec{b}=(b_1,\ b_2)$일 때, $\vec{a}\cdot\vec{b}=a_1b_1+a_2b_2$

(2) $\vec{a}=(a_1,\ a_2,\ a_3)$, $\vec{b}=(b_1,\ b_2,\ b_3)$일 때, $\vec{a}\cdot\vec{b}=a_1b_1+a_2b_2+a_3b_3$

예제 13 다음 두 벡터의 내적을 구하여라.

(1) $\vec{a}=(4,\ 1)$, $\vec{b}=(0,\ -2)$

(2) $\vec{c}=(2,\ 3,\ -1)$, $\vec{b}=(-1,\ 1,\ 2)$

풀이 (1) $\vec{a}\cdot\vec{b}=4\cdot 0+1\cdot(-2)=-2$

(2) $\vec{c}\cdot\vec{d}=2\cdot(-1)+3\cdot 1+(-1)\cdot 2=-1$

■

예제 14 벡터 $\vec{a}$의 크기 $|\vec{a}|$를 내적으로 나타내어라.

풀이 $\vec{a}\cdot\vec{a}=|\vec{a}||\vec{a}|\cos 0=|\vec{a}|^2$이므로

$$|\vec{a}|=\sqrt{\vec{a}\cdot\vec{a}}$$

■

세 평면벡터 $\vec{a}=(a_1,\ a_2)$, $\vec{b}=(b_1,\ b_2)$, $\vec{c}=(c_1,\ c_2)$에 대하여 다음이 성립한다.

(1) $\vec{a}\cdot\vec{b}=a_1b_1+a_2b_2=b_1a_1+b_2a_2=\vec{b}\cdot\vec{a}$

(2) $\vec{b}+\vec{c}=(b_1+c_1,\ b_2+c_2)$이므로

$$\begin{aligned}\vec{a}\cdot(\vec{b}+\vec{c})&=a_1(b_1+c_1)+a_2(b_2+c_2)\\&=a_1b_1+a_1c_1+a_2b_2+a_2c_2\\&=(a_1b_1+a_2b_2)+(a_1c_1+a_2c_2)\\&=\vec{a}\cdot\vec{b}+\vec{a}\cdot\vec{c}\end{aligned}$$

(3) 임의의 실수 k에 대하여 $k\vec{a}=(ka_1,\ ka_2)$이므로

$$\begin{aligned}(k\vec{a})\cdot\vec{b}&=(ka_1)b_1+(ka_2)b_2\\&=a_1(kb_1)+a_2(kb_2)\\&=\vec{a}\cdot(k\vec{b})\end{aligned}$$

같은 방법으로 $(k\vec{a})\cdot\vec{b}=k(\vec{a}\cdot\vec{b})$임을 확인할 수 있다.

또 세 공간벡터 $\vec{a}=(a_1,\ a_2,\ a_3)$, $\vec{b}=(b_1,\ b_2,\ b_3)$, $\vec{c}=(c_1,\ c_2,\ c_3)$에 대해서도 평면벡터와 마찬가지로 위의 관계가 성립한다.

정리 5.19

(1) $\vec{a} \cdot \vec{b} = \vec{b} \cdot \vec{a}$ (교환법칙)

(2) $\vec{a} \cdot (\vec{b} + \vec{c}) = \vec{a} \cdot \vec{b} + \vec{a} \cdot \vec{c}$ (분배법칙)

(3) $(k\vec{a}) \cdot \vec{b} = \vec{a} \cdot (k\vec{b}) = k(\vec{a} \cdot \vec{b})$ (단, k는 실수)

예제 15 다음을 증명하여라.

(1) $|\vec{a}+\vec{b}|^2 + |\vec{a}-\vec{b}|^2 = 2(|\vec{a}|^2 + |\vec{b}|^2)$

(2) $|\vec{a}+\vec{b}| \le |\vec{a}| + |\vec{b}|$

풀이 (1)
$$\begin{aligned} |\vec{a}+\vec{b}|^2 &= (\vec{a}+\vec{b}) \cdot (\vec{a}+\vec{b}) \\ &= \vec{a} \cdot \vec{a} + 2\vec{a} \cdot \vec{b} + \vec{b} \cdot \vec{b} \\ &= |\vec{a}|^2 + 2\vec{a} \cdot \vec{b} + |\vec{b}|^2, \end{aligned}$$
$$\begin{aligned} |\vec{a}-\vec{b}|^2 &= (\vec{a}-\vec{b}) \cdot (\vec{a}-\vec{b}) \\ &= \vec{a} \cdot \vec{a} - 2\vec{a} \cdot \vec{b} + \vec{b} \cdot \vec{b} \\ &= |\vec{a}|^2 - 2\vec{a} \cdot \vec{b} + |\vec{b}|^2 \end{aligned}$$

이므로

$$|\vec{a}+\vec{b}|^2 + |\vec{a}-\vec{b}|^2 = 2(|\vec{a}|^2 + |\vec{b}|^2)$$

(2)
$$\begin{aligned} |\vec{a}+\vec{b}|^2 &= (\vec{a}+\vec{b}) \cdot (\vec{a}+\vec{b}) \\ &= \vec{a} \cdot \vec{a} + 2\vec{a} \cdot \vec{b} + \vec{b} \cdot \vec{b} \\ &\le |\vec{a}|^2 + 2|\vec{a}| \cdot |\vec{b}| + |\vec{b}|^2 \\ &= (|\vec{a}| + |\vec{b}|)^2 \end{aligned}$$

이고, $|\vec{a}+\vec{b}| \ge 0$, $|\vec{a}| + |\vec{b}| \ge 0$이므로

$$|\vec{a}+\vec{b}| \le |\vec{a}| + |\vec{b}|$$

예제 16 $|\vec{a}| = 2$, $|\vec{b}| = 5$, $|\vec{a}-\vec{b}| = \sqrt{11}$일 때, 다음 값을 구하여라.

(1) $\vec{a} \cdot \vec{b}$ (2) $|\vec{a} + 2\vec{b}|$

풀이 (1) $|\vec{a}-\vec{b}|^2=(\vec{a}-\vec{b})\cdot(\vec{a}-\vec{b})=\vec{a}\cdot\vec{a}-2\vec{a}\cdot\vec{b}+\vec{b}\cdot\vec{b}$

$$=|\vec{a}|^2-2\vec{a}\cdot\vec{b}+|\vec{b}|^2$$

$$=2^2-2\vec{a}\cdot\vec{b}+5^2=11$$

$$\therefore\ \vec{a}\cdot\vec{b}=9$$

(2) $|\vec{a}+2\vec{b}|^2=|\vec{a}|^2+4\vec{a}\cdot\vec{b}+4|\vec{b}|^2$

$$=2^2+4\times 9+4\times 5^2=140$$

$$\therefore\ |\vec{a}+2\vec{b}|=2\sqrt{35}$$

영벡터가 아닌 두 벡터 $\vec{a}$, $\vec{b}$가 이루는 각의 크기를 $\theta\ (0\le\theta\le\pi)$라고 하면, 내적의 정의에서

$$\cos\theta=\frac{\vec{a}\cdot\vec{b}}{|\vec{a}||\vec{b}|}$$

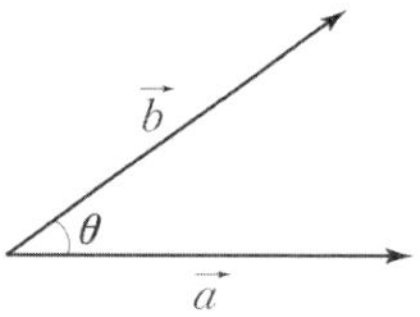

그림 5.23

일반적으로 두 벡터의 성분을 알면 각 벡터의 크기와 두 벡터의 내적을 구할 수 있으므로 다음과 같이 나타낼 수 있다.

정리 5.20

(1) 영벡터가 아닌 두 평면벡터 $\vec{a}=(a_1,\ a_2)$, $\vec{b}=(b_1,\ b_2)$가 이루는 각의 크기를 $\theta\ (0\le\theta\le\pi)$라고 하면

$$\cos\theta=\frac{\vec{a}\cdot\vec{b}}{|\vec{a}||\vec{b}|}=\frac{a_1b_1+a_2b_2}{\sqrt{a_1^2+a_2^2}\sqrt{b_1^2+b_2^2}}$$

(2) 영벡터가 아닌 두 공간벡터 $\vec{a}=(a_1,\ a_2,\ a_3)$, $\vec{b}=(b_1,\ b_2,\ b_3)$이 이루는 각의 크기를 $\theta\ (0\le\theta\le\pi)$라고 하면

$$\cos\theta=\frac{\vec{a}\cdot\vec{b}}{|\vec{a}||\vec{b}|}=\frac{a_1b_1+a_2b_2+a_3b_3}{\sqrt{a_1^2+a_2^2+a_3^2}\sqrt{b_1^2+b_2^2+b_3^2}}$$

예제 17 두 벡터의 내적이 다음과 같을 때, 두 벡터가 이루는 각의 크기를 구하여라.

(1) $\vec{a}\cdot\vec{b}=|\vec{a}||\vec{b}|$

(2) $\vec{a}\cdot\vec{b}=-|\vec{a}||\vec{b}|$

(3) $\vec{a}\cdot\vec{b}=0$

풀이

(1) $\cos\theta=\dfrac{\vec{a}\cdot\vec{b}}{|\vec{a}||\vec{b}|}=\dfrac{|\vec{a}||\vec{b}|}{|\vec{a}||\vec{b}|}=1$, 따라서 $\theta=0$

(2) $\cos\theta=\dfrac{\vec{a}\cdot\vec{b}}{|\vec{a}||\vec{b}|}=-\dfrac{|\vec{a}||\vec{b}|}{|\vec{a}||\vec{b}|}=-1$, 따라서 $\theta=\pi$

(3) $\cos\theta=\dfrac{\vec{a}\cdot\vec{b}}{|\vec{a}||\vec{b}|}=\dfrac{0}{|\vec{a}||\vec{b}|}=0$, 따라서 $\theta=\dfrac{\pi}{2}$

■

예제 18 두 벡터 $\vec{a}=(2,\ -1)$, $\vec{b}=(-2,\ -4)$가 이루는 각의 크기 $\theta\ (0\le\theta\le\pi)$를 구하여라.

풀이 $|\vec{a}|=\sqrt{2^2+(-1)^2}=\sqrt{5}$, $|\vec{b}|=\sqrt{(-2)^2+(-4)^2}=\sqrt{20}$

$\vec{a}\cdot\vec{b}=2\cdot(-2)+(-1)\cdot(-4)=0$

이므로 $\cos\theta=\dfrac{0}{\sqrt{5}\sqrt{20}}=0$ $\therefore\ \theta=\dfrac{\pi}{2}$

■

영벡터가 아닌 두 벡터 $\vec{a}$, $\vec{b}$가 서로 수직이면 두 벡터가 이루는 각의 크기는 $\dfrac{\pi}{2}$이고, $\cos\dfrac{\pi}{2}=0$이므로 $\vec{a}\cdot\vec{b}=|\vec{a}||\vec{b}|\cos\dfrac{\pi}{2}=0$이다.

또 영벡터가 아닌 두 벡터 $\vec{a}$, $\vec{b}$가 서로 평행하면 두 벡터가 이루는 각의 크기 θ는 $\vec{a}$와 $\vec{b}$의 방향이 같을 때 $\theta=0$이고, $\vec{a}$와 $\vec{b}$의 방향이 반대일 때 $\theta=\pi$이므로 $\cos\theta=1$ 또는 $\cos\theta=-1$

$$\therefore\ \vec{a}\cdot\vec{b}=\pm|\vec{a}||\vec{b}|$$

한편 이들의 역도 성립한다.

정리 5.21

$\vec{a} \neq \vec{0}$, $\vec{b} \neq \vec{0}$일 때

(1) 수직 조건 $\quad \vec{a} \perp \vec{b} \Leftrightarrow \vec{a} \cdot \vec{b} = 0$

(2) 평행 조건 $\quad \vec{a} /\!/ \vec{b} \Leftrightarrow \vec{a} \cdot \vec{b} = \pm|\vec{a}||\vec{b}|$

예제 19 두 평면벡터 $\vec{a} = (-1,\ 2)$, $\vec{b} = (x,\ y)$에 대하여 다음을 만족하는 벡터 $\vec{b}$를 구하여라.

(1) $\vec{a} \perp \vec{b}$, $|\vec{b}| = 2\sqrt{5}$ $\qquad$ (2) $\vec{a} /\!/ \vec{b}$, $|\vec{b}| = 2\sqrt{5}$

풀이 (1) $\vec{a} \perp \vec{b}$이므로 $\vec{a} \cdot \vec{b} = 0$에서 $\quad -x + 2y = 0$ $\quad$ ㉠

$|\vec{b}| = 2\sqrt{5}$ 이므로 $\quad x^2 + y^2 = 20$ $\quad$ ㉡

㉠, ㉡을 연립하여 풀면 $\quad x = 4,\ y = 2$ 또는 $x = -4,\ y = -2$

$$\therefore\ \vec{b} = (4,\ 2) \text{ 또는 } \vec{b} = (-4,\ -2)$$

(2) $\vec{a} /\!/ \vec{b}$ 이므로 $\vec{a} \cdot \vec{b} = \pm|\vec{a}||\vec{b}|$에서 $\quad -x + 2y = \pm 10$ $\quad$ ㉠

$|\vec{b}| = 2\sqrt{5}$ 이므로 $\quad x^2 + y^2 = 20$ $\quad$ ㉡

㉠, ㉡을 연립하여 풀면 $\quad x = 2,\ y = -4$ 또는 $x = -2,\ y = 4$

$$\therefore\ \vec{b} = (2,\ -4) \text{ 또는 } \vec{b} = (-2,\ 4)$$

■

연습문제 5-1 Exercises

1. 다음을 간단히 하여라.

(1) $2(2\vec{a} + \vec{b}) + 3(\vec{a} - 2\vec{b})$

(2) $\dfrac{2}{3}(\vec{a} + 5\vec{b} - \vec{c}) - \dfrac{1}{3}(\vec{a} + \vec{b} - 2\vec{c})$

2. 두 벡터 $\vec{a}=(3,\ -1,\ 1)$, $\vec{b}=(2,\ 1,\ 3)$에 대하여 다음을 구하여라.

(1) $|\vec{a}+2\vec{b}|^2$　　　　(2) $|\vec{a}-\vec{b}|$

3. 두 벡터 $\vec{a}=(2,\ -5,\ -2)$, $\vec{b}=(5,\ -2,\ 2)$가 이루는 각의 크기를 θ라고할 때, $\cos\theta$의 값을 구하여라. (단, $0 \le \theta \le \pi$)

4. 다음 세 벡터가 서로 수직이 되도록 하는 실수 x, y, z의 값을 구하여라.

$$\vec{a}=(x,\ -1,\ 1),\ \vec{b}=(-1,\ y,\ 7),\ \vec{c}=(1,\ 2,\ z)$$

5.4 일차변환

정의 5.22

점 $(x,\ y)$를 y축에 대하여 대칭이동한 점을 $(x',\ y')$이라고 하면

$$x'=-x,\ y'=y$$

이고, 이것을 대응으로 나타내면 다음과 같다.

$$(x,\ y) \to (-x,\ y)$$

이와 같이 좌표평면 위의 각 점을 그 평면 위의 점으로 대응시키는 함수를 **변환**이라고 한다.

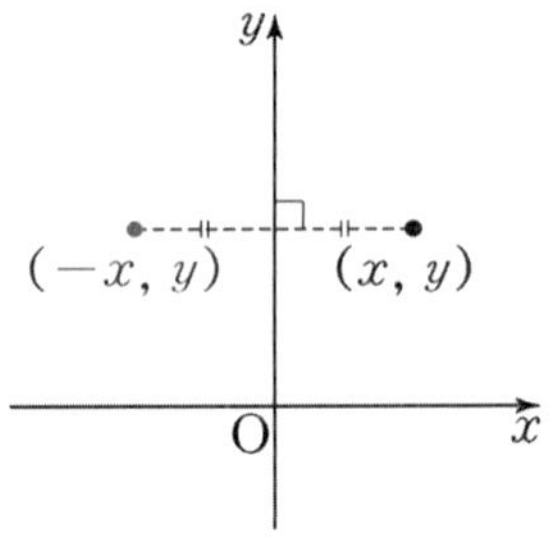

그림 5.24

좌표평면 위의 점 $P(x,\ y)$를 점 $P'(x',\ y')$으로 옮기는 변환을 f라고 할 때, 이것을 기호로

$$f:(x,\ y) \to (x',\ y')$$

과 같이 나타낸다.

이때, 점 $P'(x', y')$을 변환 f에 의하여 점 $P(x, y)$가 옮겨진 점이라고 한다.

예제 20 좌표평면 위의 점 $P(x, y)$와 점 $P'(x', y')$ 사이에

$$\begin{cases} x' = 2x - y \\ y' = 3x + 2y \end{cases}$$

의 관계가 있다. 다음 각점은 어느 점에 대응되는가?

(1) $A(0, 3)$ (2) $B(-1, -3)$ (3) $C(0, 0)$

풀이 (1) 점 $A(0, 3)$은 $x = 0$, $y = 3$인 경우이므로

$$x' = 2\cdot 0 - 3 = -3, \quad y' = 3\cdot 0 + 2\cdot 3 = 6$$

$$\therefore A'(-3, 6)$$

(2) 점 $B(-1, -3)$에서 $x = -1$, $y = -3$,

$$x' = 2\cdot(-1) - (-3) = 1, \quad y' = 3\cdot(-1) + 2\cdot(-3) = -9$$

$$\therefore B'(1, -9)$$

(3) 점 $C(0, 0)$에서 $x = 0$, $y = 0$,

$$x' = 2\cdot 0 - 0 = 0, \quad y' = 3\cdot 0 + 2\cdot 0 = 0$$

$$\therefore C'(0, 0)$$

정의 5.23

일반적으로 변환 $f: (x, y) \to (x', y')$에서 x', y'이 다음과 같이 상수항이 없는 x, y에 대한 일차식

$$\begin{cases} x' = ax + by \\ y' = cx + dy \end{cases} \quad (a,\ b,\ c,\ d\text{는 상수}) \qquad ㉠$$

로 나타날 때, 변환 f를 **일차변환**이라고 한다.

예를 들어 $\begin{cases} x' = 2x - 3y \\ y' = 3x + y \end{cases}$는 일차변환이고, $\begin{cases} x' = 2x + 3 \\ y' = y - 1 \end{cases}$은 일차변환이 아니다.

좌표평면 위의 점을 $\begin{pmatrix} x \\ y \end{pmatrix}$로 나타내고, $A = \begin{pmatrix} a & b \\ c & d \end{pmatrix}$라고 하면 ㉠으로 주어진 일차변환 f는

$$\begin{pmatrix} x' \\ y' \end{pmatrix} = \begin{pmatrix} a & b \\ c & d \end{pmatrix}\begin{pmatrix} x \\ y \end{pmatrix} = A\begin{pmatrix} x \\ y \end{pmatrix} \qquad ㉡$$

와 같이 행렬로 나타낼 수 있다. 따라서 일차변환 f를 나타내는 식 ㉠ 이 주어지면 ㉡과 같이 행렬 A가 오직 하나 결정되고, 역으로 행렬 A가 주어지면 ㉡에 의하여 ㉠과 같은 일차변환이 오직 하나 정해진다.

이때, 행렬 $\begin{pmatrix} a & b \\ c & d \end{pmatrix}$를 일차변환 f를 나타내는 행렬 또는 일차변환 f의 행렬이라고 한다.

정리 5.24

$$\begin{cases} x' = ax + by \\ y' = cx + dy \end{cases} \iff \begin{pmatrix} x' \\ y' \end{pmatrix} = \begin{pmatrix} a & b \\ c & d \end{pmatrix}\begin{pmatrix} x \\ y \end{pmatrix}$$

예제 21 다음 일차변환을 행렬로 나타내어라.

(1) $\begin{cases} x' = 2x - y \\ y' = 3x + 2y \end{cases}$ (2) $\begin{cases} x' = 2x + y \\ y' = x + 3y \end{cases}$

풀이 (1) 연립방정식 $\begin{cases} x' = 2x - y \\ y' = 3x + 2y \end{cases}$ 을 행렬방정식으로 나타내면

$$\begin{pmatrix} x' \\ y' \end{pmatrix} = \begin{pmatrix} 2 & -1 \\ 3 & 2 \end{pmatrix}\begin{pmatrix} x \\ y \end{pmatrix}$$

이므로 구하는 일차변환행렬은 $\begin{pmatrix} 2 & -1 \\ 3 & 2 \end{pmatrix}$.

(2) 연립방정식 $\begin{cases} x' = 2x + y \\ y' = x + 3y \end{cases}$ 의 행렬방정식은

$$\begin{pmatrix} x' \\ y' \end{pmatrix} = \begin{pmatrix} 2 & 1 \\ 1 & 3 \end{pmatrix}\begin{pmatrix} x \\ y \end{pmatrix},$$

구하는 일차변환행렬은 $\begin{pmatrix} 2 & 1 \\ 1 & 3 \end{pmatrix}$.

일차변환 $f:(x,\ y) \rightarrow (x',\ y')$을 나타내는 식

$$\begin{pmatrix} x' \\ y' \end{pmatrix} = \begin{pmatrix} a & b \\ c & d \end{pmatrix}\begin{pmatrix} x \\ y \end{pmatrix}$$

에서 $X' = \begin{pmatrix} x' \\ y' \end{pmatrix}$, $A = \begin{pmatrix} a & b \\ c & d \end{pmatrix}$, $X = \begin{pmatrix} x \\ y \end{pmatrix}$라고 하면

$$X' = AX$$

이다. 이때, 일차변환 f를

$$f: X \rightarrow X' \text{ 또는 } f(X) = AX$$

로 나타낼 수 있다.

행렬의 연산에 대한 성질을 이용하여 일차변환의 성질을 알아보자.

$X_1 = \begin{pmatrix} x_1 \\ y_1 \end{pmatrix}$, $X_2 = \begin{pmatrix} x_2 \\ y_2 \end{pmatrix}$와 임의의 실수 k에 대하여

$$\begin{aligned} f(X_1 + X_2) = A(X_1 + X_2) &= \begin{pmatrix} a & b \\ c & d \end{pmatrix}\left\{\begin{pmatrix} x_1 \\ y_1 \end{pmatrix} + \begin{pmatrix} x_2 \\ y_2 \end{pmatrix}\right\} \\ &= \begin{pmatrix} a & b \\ c & d \end{pmatrix}\begin{pmatrix} x_1 \\ y_1 \end{pmatrix} + \begin{pmatrix} a & b \\ c & d \end{pmatrix}\begin{pmatrix} x_2 \\ y_2 \end{pmatrix} \\ &= AX_1 + AX_2 = f(X_1) + f(X_2) \end{aligned}$$

$$\begin{aligned} f(kX) = A(kX) = \begin{pmatrix} a & b \\ c & d \end{pmatrix}\left\{k\begin{pmatrix} x \\ y \end{pmatrix}\right\} &= k\left\{\begin{pmatrix} a & b \\ c & d \end{pmatrix}\begin{pmatrix} x \\ y \end{pmatrix}\right\} \\ &= k(AX) = kf(X) \end{aligned}$$

정리 5.25

일차변환 f와 임의의 2×1인 행렬 X_1, X_2, X에 대하여

(1) $f(X_1 + X_2) = f(X_1) + f(X_2)$

(2) $f(kX) = kf(X)$ (단, k는 실수)

(3) $f(k_1X_1 + k_2X_2) = k_1f(X_1) + k_2f(X_2)$ (단 k_1, k_2: 실수)

예제 22 일차변환 f 의 변환행렬 $\begin{pmatrix} 1 & -2 \\ 2 & 1 \end{pmatrix}$ 에 대하여 $A=\begin{pmatrix} 1 \\ 2 \end{pmatrix}$, $B=\begin{pmatrix} 3 \\ -1 \end{pmatrix}$ 일 때, 다음을 구하여라.

(1) $f(A)$ (2) $f(A+B)$ (3) $f(2A-B)$

풀이 (1) $f(A)=\begin{pmatrix} 1 & -2 \\ 2 & 1 \end{pmatrix}\begin{pmatrix} 1 \\ 2 \end{pmatrix}=\begin{pmatrix} -3 \\ 4 \end{pmatrix}$

(2) $A+B=\begin{pmatrix} 4 \\ 1 \end{pmatrix}$, $f(A+B)=\begin{pmatrix} 1 & -2 \\ 2 & 1 \end{pmatrix}\begin{pmatrix} 4 \\ 1 \end{pmatrix}=\begin{pmatrix} 2 \\ 9 \end{pmatrix}$

(3) $2A-B=\begin{pmatrix} -1 \\ 5 \end{pmatrix}$, $f(2A-B)=\begin{pmatrix} 1 & -2 \\ 2 & 1 \end{pmatrix}\begin{pmatrix} -1 \\ 5 \end{pmatrix}=\begin{pmatrix} -11 \\ 3 \end{pmatrix}$.

■

정리 5.26

모든 일차변환은 원점을 원점 자신으로 변환시킨다.

증명 일차변환 $f:(x, y)\to(x', y')$ 의 변환행렬을 $A=\begin{pmatrix} a & b \\ c & d \end{pmatrix}$라 하면

$$\begin{pmatrix} x' \\ y' \end{pmatrix}=\begin{pmatrix} a & b \\ c & d \end{pmatrix}\begin{pmatrix} x \\ y \end{pmatrix}$$

로부터 $x=0$, $y=0$ 이면 $x'=0$, $y'=0$ 이며, a, b, c, d 가 동시에 0이 아니면 $x'=0$, $y'=0$ 일 때만 $x=0$, $y=0$ 이다.

■

예제 23 일차변환 f와 세 행렬

$$A=\begin{pmatrix} 1 \\ 1 \end{pmatrix},\ B=\begin{pmatrix} 3 \\ 0 \end{pmatrix},\ C=\begin{pmatrix} 0 \\ 3 \end{pmatrix}$$

에 대하여 $f(A)=B$일 때, $f(B)+f(C)$를 구하여라.

풀이 일차변환의 성질에 의하여 $f(B)+f(C)=f(B+C)$

$$B+C=\begin{pmatrix} 3 \\ 0 \end{pmatrix}+\begin{pmatrix} 0 \\ 3 \end{pmatrix}=\begin{pmatrix} 3 \\ 3 \end{pmatrix}=3A$$

$$\therefore\ f(B)+f(C)=f(B+C)=f(3A)=3f(A)=3B=\begin{pmatrix} 9 \\ 0 \end{pmatrix}$$

■

정의 5.27

좌표평면 위에서 한 점을 직선 또는 점에 대하여 대칭이동하는 변환을 **대칭변환**이라고 한다.

좌표평면 위의 점 $\mathrm{P}(x,\ y)$를 x축에 대하여 대칭이동한 점을 $\mathrm{P}'(x',\ y')$이라고 하면

$$\begin{cases} x' = x = 1 \cdot x + 0 \cdot y \\ y' = -y = 0 \cdot x + (-1) \cdot y \end{cases}$$

이다. 이 식을 행렬로 나타내면 다음과 같다.

$$\begin{pmatrix} x' \\ y' \end{pmatrix} = \begin{pmatrix} 1 & 0 \\ 0 & -1 \end{pmatrix} \begin{pmatrix} x \\ y \end{pmatrix}$$

따라서 x축에 대한 대칭변환은 일차변환이고, 그 행렬은 $\begin{pmatrix} 1 & 0 \\ 0 & -1 \end{pmatrix}$이다.

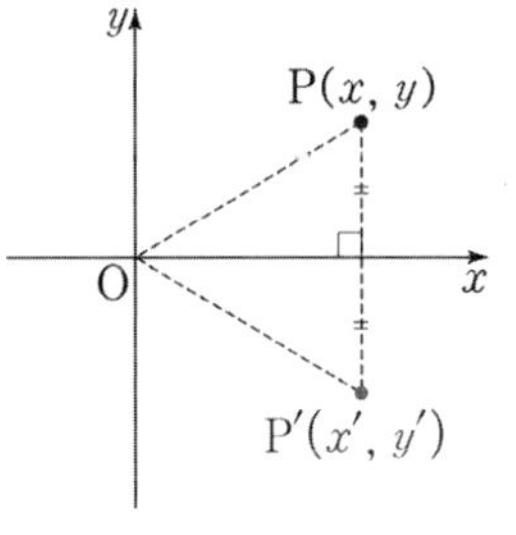

그림 5.25

또 좌표평면 위의 점 $\mathrm{P}(x,\ y)$를 y축, 원점에 대하여 대칭이동한 점을 각각 $\mathrm{P}'(x',\ y')$, $\mathrm{P}''(x'',\ y'')$이라고 하면

$$\begin{cases} x' = -x = (-1) \cdot x + 0 \cdot y \\ y' = y = 0 \cdot x + 1 \cdot y \end{cases}, \quad \begin{cases} x'' = -x = (-1) \cdot x + 0 \cdot y \\ y'' = -y = 0 \cdot x + (-1) \cdot y \end{cases}$$

이므로

$$\begin{pmatrix} x' \\ y' \end{pmatrix} = \begin{pmatrix} -1 & 0 \\ 0 & 1 \end{pmatrix} \begin{pmatrix} x \\ y \end{pmatrix}, \quad \begin{pmatrix} x'' \\ y'' \end{pmatrix} = \begin{pmatrix} -1 & 0 \\ 0 & -1 \end{pmatrix} \begin{pmatrix} x \\ y \end{pmatrix}$$

따라서 y축, 원점에 대한 대칭변환도 모두 일차변환이고, 그 행렬은 각각 $\begin{pmatrix} -1 & 0 \\ 0 & 1 \end{pmatrix}$, $\begin{pmatrix} -1 & 0 \\ 0 & -1 \end{pmatrix}$이다.

좌표평면 위의 점 P$(x,\ y)$를 직선 $y=x$ 에 대하여 대칭이동한 점을 $\mathrm{P}'(x',\ y')$이라고 하면 오른쪽 그림에서 $\triangle\mathrm{OAP}=\triangle\mathrm{OBP}'$이므로

$$\begin{cases} x'=y=0\cdot x+1\cdot y \\ y'=x=1\cdot x+0\cdot y \end{cases}$$

이다. 이 식을 행렬로 나타내면 다음과 같다.

$$\begin{pmatrix} x' \\ y' \end{pmatrix}=\begin{pmatrix} 0 & 1 \\ 1 & 0 \end{pmatrix}\begin{pmatrix} x \\ y \end{pmatrix}$$

따라서 직선 $y=x$에 대한 대칭변환은 일차변환이고, 그 행렬은 $\begin{pmatrix} 0 & 1 \\ 1 & 0 \end{pmatrix}$이다.

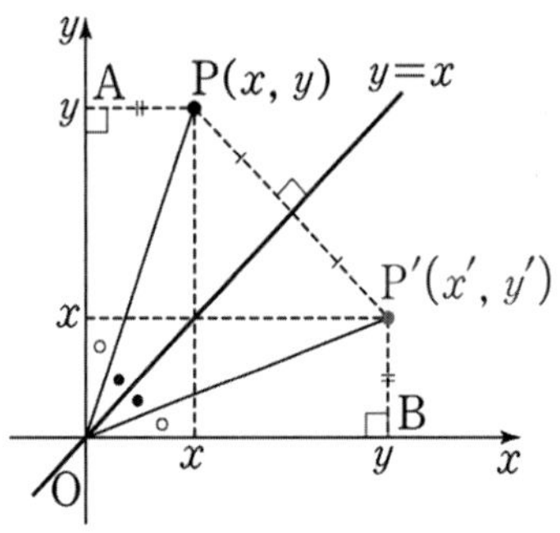

그림 5.26

정리 5.28

x축, y축, 원점, 직선 $y=x$에 대한 대칭변환을 나타내는 행렬은 각각 다음과 같다.

대칭이동	x축	y축	원점	$y=x$
일차변환의 행렬	$\begin{pmatrix} 1 & 0 \\ 0 & -1 \end{pmatrix}$	$\begin{pmatrix} -1 & 0 \\ 0 & 1 \end{pmatrix}$	$\begin{pmatrix} -1 & 0 \\ 0 & -1 \end{pmatrix}$	$\begin{pmatrix} 0 & 1 \\ 1 & 0 \end{pmatrix}$

예제 24 원 $(x-2)^2+(y+5)^2=4$을 다음과 같이 대칭변환시킬 때, 도형의 방정식을 구하여라.

(1) x 축에 대칭변환. (2) y 축에 대칭변환.

풀이

(1) 원의 중심 (2, −5)는 대칭변환식 $\begin{pmatrix} x' \\ y' \end{pmatrix} = \begin{pmatrix} 1 & 0 \\ 0 & -1 \end{pmatrix}\begin{pmatrix} 2 \\ -5 \end{pmatrix} = \begin{pmatrix} 2 \\ 5 \end{pmatrix}$에 의하여 (2, 5)로 변환되므로 구하는 도형은 원

$$(x-2)^2 + (y-5)^2 = 4.$$

(2) 대칭변환식 $\begin{pmatrix} x' \\ y' \end{pmatrix} = \begin{pmatrix} -1 & 0 \\ 0 & 1 \end{pmatrix}\begin{pmatrix} 2 \\ -5 \end{pmatrix} = \begin{pmatrix} -2 \\ -5 \end{pmatrix}$에 의하여 의 중심(2, −5)은 (−2, −5)로 변환되므로 구하는 도형은 원

$$(x+2)^2 + (y+5)^2 = 4$$

이다.

예제 25 점 $A(3,\ 1)$, $B(1,\ 4)$, $C(0,0)$으로 이루어지는 삼각형을 다음과 같이 대칭변환시킬 때, 세 점 A, B, C는 어떻게 변환되는가?

(1) 원점 (2) 직선 $y = x$

풀이

(1) 원점에 대칭변환시킬 때, 변환행렬방정식 $\begin{pmatrix} x' \\ y' \end{pmatrix} - \begin{pmatrix} 0 & 1 \\ 1 & 0 \end{pmatrix}\begin{pmatrix} x \\ y \end{pmatrix}$로부터

$$A' = \begin{pmatrix} x' \\ y' \end{pmatrix} = \begin{pmatrix} -1 & 0 \\ 0 & -1 \end{pmatrix}\begin{pmatrix} 3 \\ 1 \end{pmatrix} = \begin{pmatrix} -3 \\ -1 \end{pmatrix}$$

$$B' = \begin{pmatrix} x' \\ y' \end{pmatrix} = \begin{pmatrix} -1 & 0 \\ 0 & -1 \end{pmatrix}\begin{pmatrix} 1 \\ 4 \end{pmatrix} = \begin{pmatrix} -1 \\ -4 \end{pmatrix}$$

$$C' = \begin{pmatrix} x' \\ y' \end{pmatrix} = \begin{pmatrix} -1 & 0 \\ 0 & -1 \end{pmatrix}\begin{pmatrix} 0 \\ 0 \end{pmatrix} = \begin{pmatrix} 0 \\ 0 \end{pmatrix}$$

이므로 구하는 도형은 세 점 $A'(-3, -1)$, $B'(-1,\ -4)$, $C'(0,\ 0)$을 꼭지점으로 갖는 삼각형.

(2) 직선 $y = x$에 대칭변환시킬 때, 변환행렬방정식 $\begin{pmatrix} x' \\ y' \end{pmatrix} = \begin{pmatrix} 0 & 1 \\ 1 & 0 \end{pmatrix}\begin{pmatrix} x \\ y \end{pmatrix}$으로부터

$$A' = \begin{pmatrix} x' \\ y' \end{pmatrix} = \begin{pmatrix} 0 & 1 \\ 1 & 0 \end{pmatrix}\begin{pmatrix} 3 \\ 1 \end{pmatrix} = \begin{pmatrix} 1 \\ 3 \end{pmatrix}$$

$$B' = \begin{pmatrix} x' \\ y' \end{pmatrix} = \begin{pmatrix} 0 & 1 \\ 1 & 0 \end{pmatrix}\begin{pmatrix} 1 \\ 4 \end{pmatrix} = \begin{pmatrix} 4 \\ 1 \end{pmatrix}$$

$$C' = \begin{pmatrix} x' \\ y' \end{pmatrix} = \begin{pmatrix} 0 & 1 \\ 1 & 0 \end{pmatrix}\begin{pmatrix} 0 \\ 0 \end{pmatrix} = \begin{pmatrix} 0 \\ 0 \end{pmatrix}$$

이므로 구하는 도형은 세 점 $A'(1,\ 3)$, $B'(4,\ 1)$, $C'(0,\ 0)$을 꼭지점으로 갖는 삼각형이다.

정의 5.29

k가 0이 아닌 실수일 때, 좌표평면 위의 임의의 점 $\mathrm{P}(x,\ y)$에 점 $\mathrm{P}'(kx,\ ky)$를 대응시키는 변환 $f:(x,\ y) \to (kx,\ ky)$를 닮음의 중심이 원점이고, 닮음비가 k인 **닮음변환**이라고 한다.

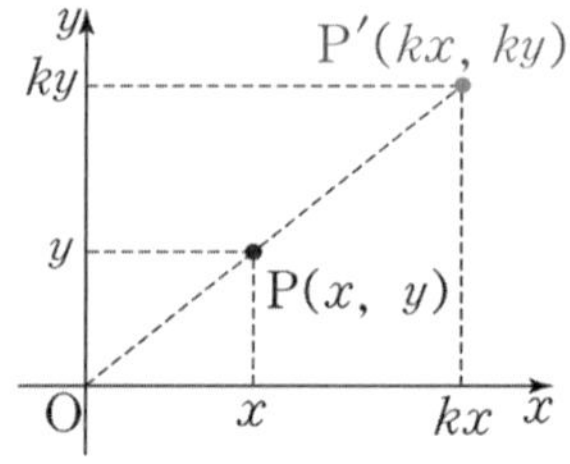

그림 5.27

이때

$$\begin{cases} x' = kx = k \cdot x + 0 \cdot y \\ y' = ky = 0 \cdot x + k \cdot y \end{cases}$$

이다. 이 식을 행렬로 나타내면 다음과 같다.

$$\begin{pmatrix} x' \\ y' \end{pmatrix} = \begin{pmatrix} k & 0 \\ 0 & k \end{pmatrix} \begin{pmatrix} x \\ y \end{pmatrix}$$

따라서 닮음변환은 일차변환이고, 그 행렬은 $\begin{pmatrix} k & 0 \\ 0 & k \end{pmatrix}$이다.

특히 $k=1$이면 변환 f는 점 $\mathrm{P}(x,\ y)$를 그 자신으로 옮기는 일차변환이며, 이것을 항등변환이라고 한다. 즉, 항등변환을 나타내는 행렬은 단위행렬 $\begin{pmatrix} 1 & 0 \\ 0 & 1 \end{pmatrix}$이다.

정리 5.30

원점을 중심으로 하고, 닮음비가 k인 닮음변환을 나타내는 행렬은

$$\begin{pmatrix} k & 0 \\ 0 & k \end{pmatrix} \quad (\text{단, } k\text{는 0이 아닌 실수})$$

특히 $k=1$이면 항등변환을 나타낸다.

예제 26 세 점 $A(2,\ 0)$, $B(-2,\ 0)$, $C(0,3)$로 이루어지는 삼각형은 닮음변환 $\begin{pmatrix} 3 & 0 \\ 0 & 3 \end{pmatrix}$에 의하여 어떤 도형으로 변환되는가?

풀이 $\begin{pmatrix} x' \\ y' \end{pmatrix} = \begin{pmatrix} 3 & 0 \\ 0 & 3 \end{pmatrix}\begin{pmatrix} 2 \\ 0 \end{pmatrix} = \begin{pmatrix} 6 \\ 0 \end{pmatrix}$에 의하여 점 $A(2,\ 0)$는 $A'(6,\ 0)$에 대응된다. 같은 방법으로 점 $B(-2,\ 0)$는 $B'(-6,\ 0)$에, 점 $C(0,3)$는 $C'(0,\ 9)$에 대응되므로 구하는 도형은 처음 도형을 3배 확대시킨 세 점 $A'(6,\ 0)$, $B'(-6,\ 0)$, $C'(0,\ 9)$으로 이루어지는 삼각형이다. ■

예제 27 중심이 $(1,\ 0)$이고 반지름이 3인 원은 닮음변환 $\begin{pmatrix} 2 & 0 \\ 0 & 2 \end{pmatrix}$에 의하여 어떤 도형으로 바뀌는가?

풀이 중심이 $(1,\ 0)$, 반지름이 3인 원은 $(x-1)^2+y^2=9$이고, 구하는 도형은 $(1,\ 0)$을 중심으로 위의 도형을 2배 확대한 것이므로 구하는 도형은 중심이 $(1,\ 0)$, 반지름이 6인 원이다. 따라서

$$(x-1)^2+y^2=36\ .$$

■

정의 5.31

좌표평면 위의 점을 원점 O를 중심으로 각 θ만큼 회전이동시키는 변환을 중심이 O인 **회전변환**이라고 한다.

아래 그림과 같이 직사각형 OAPB를 원점 O를 중심으로 각 θ만큼 회전한 것을 직사각형 OA′P′B′이라고 하자.

이때, 점 P의 좌표를 $\mathrm{P}(x,\ y)$라 하고, 점 P를 회전이동한 점 P′의 좌표를 $\mathrm{P}'(x',\ y')$이라고 하면 $\mathrm{A}(x,\ 0)$, $\mathrm{B}(0,\ y)$이다.

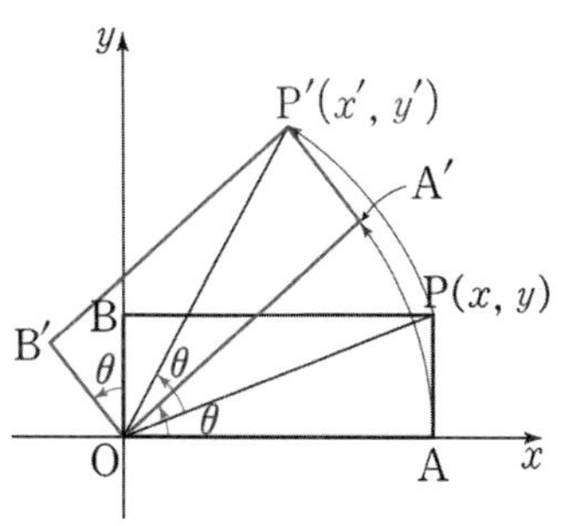

그림 5.28

여기서 두 점 A′, B′의 좌표를 각각 $(a,\ b)$, $(c,\ d)$라고 하면

$$\angle \mathrm{AOA'} = \angle \mathrm{POP'} = \angle \mathrm{BOB'} = \theta, \quad \angle \mathrm{AOB'} = \frac{\pi}{2} + \theta$$

이고, $\overline{\mathrm{OA'}} = \overline{\mathrm{OA}}$, $\overline{\mathrm{OB'}} = \overline{\mathrm{OB}}$ 이므로

$$a = x\cos\theta, \ b = x\sin\theta$$

$$c = y\cos\left(\frac{\pi}{2} + \theta\right) = -y\sin\theta, \ d = y\sin\left(\frac{\pi}{2} + \theta\right) = y\cos\theta$$

이다. 따라서

$$\mathrm{A'}(x\cos\theta, \ x\sin\theta), \ \mathrm{B'}(-y\sin\theta, \ y\cos\theta)$$

이때, 직사각형 OA′P′B′에서 두 대각선 OP′과 A′B′의 중점은 일치하고, 그 중점의 좌표는 각각

$$\left(\frac{x'}{2}, \frac{y'}{2}\right) = \left(\frac{x\cos\theta - y\sin\theta}{2}, \ \frac{x\sin\theta + y\cos\theta}{2}\right)$$

이므로

$$\frac{x'}{2} = \frac{x\cos\theta - y\sin\theta}{2}, \quad \frac{y'}{2} = \frac{x\sin\theta + y\cos\theta}{2}$$

$$\therefore \begin{cases} x' = x\cos\theta - y\sin\theta \\ y' = x\sin\theta + y\cos\theta \end{cases}$$

이 식을 행렬로 나타내면 다음과 같다.

$$\begin{pmatrix} x' \\ y' \end{pmatrix} = \begin{pmatrix} \cos\theta & -\sin\theta \\ \sin\theta & \cos\theta \end{pmatrix} \begin{pmatrix} x \\ y \end{pmatrix}$$

따라서 원점 O를 중심으로 각 θ만큼 회전이동하는 변환은 일차변환이고, 그 행렬은 $\begin{pmatrix} \cos\theta & -\sin\theta \\ \sin\theta & \cos\theta \end{pmatrix}$이다.

정리 5.32

원점을 중심으로 각 θ만큼 회전이동하는 회전변환을 나타내는 행렬은

$$\begin{pmatrix} \cos\theta & -\sin\theta \\ \sin\theta & \cos\theta \end{pmatrix}$$

예제 28 원점을 회전의 중심으로 θ 만큼 회전시키는 회전변환에서 회전 각 θ 가 다음과 같을 때 회전변환행렬을 구하여라.

(1) $\theta=\frac{\pi}{6}$　　(2) $\theta=\frac{\pi}{3}$　　(3) $\theta=\frac{\pi}{2}$

풀이 회전변환행렬 $\begin{pmatrix}\cos\theta & -\sin\theta \\ \sin\theta & \cos\theta\end{pmatrix}$로부터

(1) 회전각이 $\theta=\frac{\pi}{6}$ 일 때, 회전변환행렬은

$$\begin{pmatrix}\cos\frac{\pi}{6} & -\sin\frac{\pi}{6} \\ \sin\frac{\pi}{6} & \cos\frac{\pi}{6}\end{pmatrix}=\begin{pmatrix}\frac{\sqrt{3}}{2} & -\frac{1}{2} \\ \frac{1}{2} & \frac{\sqrt{3}}{2}\end{pmatrix}$$

(2) 회전각이 $\theta=\frac{\pi}{3}$ 이면

$$\begin{pmatrix}\cos\frac{\pi}{3} & -\sin\frac{\pi}{3} \\ \sin\frac{\pi}{3} & \cos\frac{\pi}{3}\end{pmatrix}=\begin{pmatrix}\frac{1}{2} & -\frac{\sqrt{3}}{2} \\ \frac{\sqrt{3}}{2} & \frac{1}{2}\end{pmatrix}$$

(3) 회전각이 $\theta=\frac{\pi}{2}$ 이면

$$\begin{pmatrix}\cos\frac{\pi}{2} & -\sin\frac{\pi}{2} \\ \sin\frac{\pi}{2} & \cos\frac{\pi}{2}\end{pmatrix}=\begin{pmatrix}0 & -1 \\ 1 & 0\end{pmatrix}.$$

■

두 일차변환 f와 g가 있을 때, 일차변환 f에 의하여 점 $\mathrm{P}(x,\ y)$가 점 $\mathrm{P}'(x',\ y')$으로 옮겨지고, 다시 일차변환 g에 의하여 점 $\mathrm{P}'(x',\ y')$이 점 $\mathrm{P}''(x'',\ y'')$으로 옮겨진다고 하자. 즉

$$f:\mathrm{P}(x,\ y)\to\mathrm{P}(x',\ y')\to\mathrm{P}''(x'',\ y'')$$
$$g:(x',\ y')\to(x'',\ y'')$$

일 때, 점 $\mathrm{P}(x,\ y)$가 점 $\mathrm{P}''(x'',\ y'')$으로 옮겨지는 일차변환

$$h:(x,\ y)\to(x'',\ y'')$$

을 생각할 수 있다.

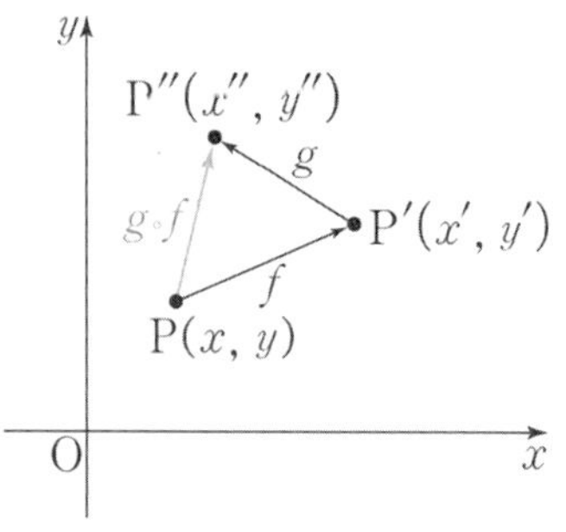

그림 5.29

이때, 일차변환 h를 두 일차변환 f와 g의 **합성변환**이라 하고, 기호로 $g \circ f$와 같이 나타낸다. 즉, $g \circ f$는 다음과 같다.

$$g \circ f : (x,\ y) \to (x'',\ y'')$$

일반적으로 두 일차변환 f, g를 나타내는 행렬을 각각 A, B라고 하면

$$\begin{pmatrix} x' \\ y' \end{pmatrix} = A\begin{pmatrix} x \\ y \end{pmatrix},\ \begin{pmatrix} x'' \\ y'' \end{pmatrix} = B\begin{pmatrix} x' \\ y' \end{pmatrix}$$

이므로

$$\begin{pmatrix} x'' \\ y'' \end{pmatrix} = B\begin{pmatrix} x' \\ y' \end{pmatrix} = B\left\{A\begin{pmatrix} x \\ y \end{pmatrix}\right\} = (BA)\begin{pmatrix} x \\ y \end{pmatrix}$$

이때, BA는 두 이차정사각행렬 B와 A의 곱이므로 이차정사각행렬이다.

따라서 합성변환 $g \circ f$는 일차변환이고, 그 행렬은 BA이다.

정리 5.33

두 일차변환 f, g를 나타내는 행렬을 각각 A, B라고 하면 f와 g의 합성변환 $g \circ f$는 일차변환이고, $g \circ f$를 나타내는 행렬은 BA이다.

예제 29 일차변환 f 와 g 의 변환행렬이 각각 $\begin{pmatrix} 3 & 2 \\ 0 & 1 \end{pmatrix}$, $\begin{pmatrix} -1 & 2 \\ 3 & 0 \end{pmatrix}$일 때, 합성변환 $g \cdot f$와 $f \cdot g$의 변환행렬을 구하여라.

풀이 $g \cdot f = \begin{pmatrix} -1 & 2 \\ 3 & 0 \end{pmatrix}\begin{pmatrix} 3 & 2 \\ 0 & 1 \end{pmatrix} = \begin{pmatrix} -3 & 0 \\ 9 & 6 \end{pmatrix}$ $\qquad f \cdot g = \begin{pmatrix} 3 & 2 \\ 0 & 1 \end{pmatrix}\begin{pmatrix} -1 & 2 \\ 3 & 0 \end{pmatrix} = \begin{pmatrix} 3 & 6 \\ 3 & 0 \end{pmatrix}$

■

정의 5.34

일차변환

$$f : (x,\ y) \to (x',\ y')$$

에 대하여 두 합성변환 $f \circ g$와 $g \circ f$가 모두 항등변환이 되는 일차변환

$$g : (x',\ y') \to (x,\ y)$$

가 존재할 때, 일차변환 g를 f의 **역변환**이라 하고, 기호로 f^{-1}와 같이 나타낸다.

예를 들어 두 일차변환

$$f : \begin{pmatrix} x' \\ y' \end{pmatrix} = \begin{pmatrix} 0 & -1 \\ 1 & 0 \end{pmatrix}\begin{pmatrix} x \\ y \end{pmatrix},\quad g : \begin{pmatrix} x' \\ y' \end{pmatrix} = \begin{pmatrix} 0 & 1 \\ -1 & 0 \end{pmatrix}\begin{pmatrix} x \\ y \end{pmatrix}$$

에 대하여

$$\begin{pmatrix} 0 & -1 \\ 1 & 0 \end{pmatrix}\begin{pmatrix} 0 & 1 \\ -1 & 0 \end{pmatrix} = \begin{pmatrix} 1 & 0 \\ 0 & 1 \end{pmatrix},\quad \begin{pmatrix} 0 & 1 \\ -1 & 0 \end{pmatrix}\begin{pmatrix} 0 & -1 \\ 1 & 0 \end{pmatrix} = \begin{pmatrix} 1 & 0 \\ 0 & 1 \end{pmatrix}$$

이므로 두 합성변환 $f \circ g$, $g \circ f$는 모두 항등변환이다.

따라서 일차변환 g는 f의 역변환이다. 즉

$$f^{-1} : \begin{pmatrix} x' \\ y' \end{pmatrix} = \begin{pmatrix} 0 & 1 \\ -1 & 0 \end{pmatrix}\begin{pmatrix} x \\ y \end{pmatrix}$$

일차변환 $f : (x, y) \to (x', y')$을 나타내는 행렬을 A라고 하면

$$\begin{pmatrix} x' \\ y' \end{pmatrix} = A\begin{pmatrix} x \\ y \end{pmatrix} \qquad ㉠$$

행렬 A가 역행렬 A^{-1}를 가질 때 ㉠의 양변의 왼쪽에 A의 역행렬 A^{-1}를 곱하면

$$A^{-1}\begin{pmatrix} x' \\ y' \end{pmatrix} = A^{-1}A\begin{pmatrix} x \\ y \end{pmatrix} = \begin{pmatrix} x \\ y \end{pmatrix}$$

$$\therefore \begin{pmatrix} x \\ y \end{pmatrix} = A^{-1}\begin{pmatrix} x' \\ y' \end{pmatrix}$$

이 식은 점 (x', y')에 점 (x, y)를 대응시키는 역변환 f^{-1}의 식이다.

따라서 일차변환 f의 역변환 f^{-1}도 일차변환이고, 그 행렬은 A^{-1}이다.

한편 행렬 A가 역행렬을 가지지 않으면 그 일차변환의 역변환은 존재하지 않는다.

정리 5.35

일차변환 f를 나타내는 행렬이 A일 때, A의 역행렬 A^{-1}가 존재하면

(1) 역변환 f^{-1}는 일차변환이다. (2) 역변환 f^{-1}를 나타내는 행렬은 A^{-1}이다.

예제 30 일차변환 f 의 변환행렬이 $A = \begin{pmatrix} 2 & 1 \\ 4 & 3 \end{pmatrix}$ 일 때, 변환 f 의 역변환 f^{-1} 의 변환행렬을 구하여라.

풀이 행렬 $A=\begin{pmatrix}2&1\\4&3\end{pmatrix}$의 역행렬 A^{-1}은 $A^{-1}=\frac{1}{2}\begin{pmatrix}3&-1\\-4&2\end{pmatrix}$이므로 구하는 f^{-1}의 변환행렬은 $A^{-1}=\frac{1}{2}\begin{pmatrix}3&-1\\-4&2\end{pmatrix}$이다.

좌표평면에서 일차변환 $f:\begin{pmatrix}x'\\y'\end{pmatrix}=\begin{pmatrix}a&b\\c&d\end{pmatrix}\begin{pmatrix}x\\y\end{pmatrix}$의 역변환이 존재할 때, 즉 $\begin{pmatrix}a&b\\c&d\end{pmatrix}^{-1}$가 존재할 때, 일차변환 f에 의하여 직선이 옮겨지는 도형을 알아보자.

예를 들어 일차변환 $f:\begin{pmatrix}x'\\y'\end{pmatrix}=\begin{pmatrix}3&2\\2&1\end{pmatrix}\begin{pmatrix}x\\y\end{pmatrix}$에 의하여 직선 $3x-y+1=0$이 옮겨지는 도형의 방정식을 구하여 보자.

일차변환 f에 의하여 직선 위의 점 (x, y)가 점 (x', y')으로 옮겨진다고 하면

$$\begin{pmatrix}x'\\y'\end{pmatrix}=\begin{pmatrix}3&2\\2&1\end{pmatrix}\begin{pmatrix}x\\y\end{pmatrix},\quad \begin{pmatrix}x\\y\end{pmatrix}=\begin{pmatrix}3&2\\2&1\end{pmatrix}^{-1}\begin{pmatrix}x'\\y'\end{pmatrix}$$

$$\begin{pmatrix}x\\y\end{pmatrix}=\begin{pmatrix}-1&2\\2&-3\end{pmatrix}\begin{pmatrix}x'\\y'\end{pmatrix}$$

$$\therefore\ x=-x'+2y',\ y=2x'-3y'$$

이것을 주어진 직선의 방정식에 대입하여 정리하면

$$3(-x'+2y')-(2x'-3y')+1=0 \qquad \therefore 5x'-9y'-1=0$$

따라서 직선 $3x-y+1=0$은 직선 $5x-9y-1=0$으로 옮겨진다.

이와 같이 일차변환의 역변환이 존재하면 직선은 직선으로 옮겨진다.

좌표평면에서 일차변환

$$f:\begin{pmatrix}x'\\y'\end{pmatrix}=\begin{pmatrix}a&b\\c&d\end{pmatrix}\begin{pmatrix}x\\y\end{pmatrix}$$

의 역변환이 존재하지 않을 때, 즉 $\begin{pmatrix}a&b\\c&d\end{pmatrix}^{-1}$가 존재하지 않을 때, 일차변환 f에 의하여 직선이 옮겨지는 도형을 알아보자.

예를 들어 두 일차변환 f, g를 나타내는 행렬이 각각 $\begin{pmatrix}1&-2\\2&-4\end{pmatrix}$, $\begin{pmatrix}1&2\\2&4\end{pmatrix}$일 때, 두 일차변환 f, g에 의하여 직선 $x+2y-1=0$이 각각 옮겨지는 도형의 방정식을 구하여 보자.

$$f:\begin{pmatrix}x'\\y'\end{pmatrix}=\begin{pmatrix}1&-2\\2&-4\end{pmatrix}\begin{pmatrix}x\\y\end{pmatrix}\text{에서}\qquad \begin{cases}x'=x-2y\\y'=2x-4y=2(x-2y)\end{cases}$$

$$\therefore\ y'=2x'$$

따라서 직선 $x+2y-1=0$은 일차변환 f에 의하여 직선 $y=2x$로 옮겨진다. 한편

$$g:\begin{pmatrix}x'\\y'\end{pmatrix}=\begin{pmatrix}1&2\\2&4\end{pmatrix}\begin{pmatrix}x\\y\end{pmatrix}\text{에서}\ \begin{cases}x'=x+2y=1\\y'=2x+4y=2(x+2y)=2\end{cases}$$

따라서 직선 $x+2y-1=0$은 일차변환 g에 의하여 점 $(1,\ 2)$로 옮겨진다.

이와 같이 일차변환의 역변환이 존재하지 않으면 직선은 원점을 지나는 직선 또는 한 점으로 옮겨진다.

예제 31 일차변환 $f:\begin{pmatrix}x'\\y'\end{pmatrix}=\begin{pmatrix}3&2\\1&1\end{pmatrix}\begin{pmatrix}x\\y\end{pmatrix}$에 의하여 다음 직선들은 어떻게 변환되는가?

(1) $y=2x-3$ (2) $2x-y+5=0$

풀이 일차변환 f에 의한 직선 l 위의 점 $P(x,\ y)$의 상을 $P'(x',\ y')$라 하면

$$\begin{pmatrix}x'\\y'\end{pmatrix}=\begin{pmatrix}3&2\\1&1\end{pmatrix}\begin{pmatrix}x\\y\end{pmatrix}$$

이다. 이 때, 위 식의 양변, 왼쪽에 $\begin{pmatrix}3&2\\1&1\end{pmatrix}$의 역행렬 $\begin{pmatrix}1&-2\\-1&3\end{pmatrix}$을 곱하면

$$\begin{pmatrix}1&-2\\-1&3\end{pmatrix}\begin{pmatrix}3&2\\1&1\end{pmatrix}\begin{pmatrix}x\\y\end{pmatrix}=\begin{pmatrix}1&-2\\-1&3\end{pmatrix}\begin{pmatrix}x'\\y'\end{pmatrix}$$

$$\begin{pmatrix}x\\y\end{pmatrix}=\begin{pmatrix}1&-2\\-1&3\end{pmatrix}\begin{pmatrix}x'\\y'\end{pmatrix}$$

로부터

$$\begin{pmatrix}x\\y\end{pmatrix}=\begin{pmatrix}x'-2y'\\-x'+3y'\end{pmatrix}$$

이고,

(1) 점 $P(x,\ y)$을 직선 $y=2x-3$ 위의 점이라 하면

$$-x'+3y'=2(x'-2y')-3$$

$$7y'=3x'-3$$

이므로 점 $P'(x',\ y')$은 직선 $y=\frac{3}{7}(x-1)$ 위의 점이다.

따라서 직선 $y=2x-3$은 직선 $y=\frac{3}{7}(x-1)$으로 변환된다.

(2) 점 $P(x, y)$ 을 직선 $2x-y+5=0$ 위의 점이라 하면

$$2(x'-2y')-(-x'+3y')+5=0$$
$$3x'-7y'+5=0$$

이므로 점 $P'(x', y')$ 은 직선 $3x-7y+5=0$ 위의 점이다.
따라서 직선 $2x-y+5=0$ 은 직선 $3x-7y+5=0$ 으로 변환된다.

예제 32 일차변환 f : $\begin{pmatrix} x' \\ y' \end{pmatrix} = \begin{pmatrix} 1 & 0 \\ 2 & -1 \end{pmatrix}\begin{pmatrix} x \\ y \end{pmatrix}$ 에 의하여 직선 $y=mx$ 위의 점이 그 자신의 점으로 변환된다. 상수 m 의 값을 구하여라.

풀이 일차변환 f : $\begin{pmatrix} x' \\ y' \end{pmatrix} = \begin{pmatrix} 1 & 0 \\ 2 & -1 \end{pmatrix}\begin{pmatrix} x \\ y \end{pmatrix}$ 에 의한 직선 l 위의 점 $P(x, y)$의 상을 $P'(x', y')$라 하면

$$\begin{pmatrix} x' \\ y' \end{pmatrix} = \begin{pmatrix} 1 & 0 \\ 2 & -1 \end{pmatrix}\begin{pmatrix} x \\ y \end{pmatrix}$$

이다. 위 식의 양변, 왼쪽에 $\begin{pmatrix} 1 & 0 \\ 2 & -1 \end{pmatrix}$ 의 역행렬 $-\begin{pmatrix} -1 & 0 \\ -2 & 1 \end{pmatrix} = \begin{pmatrix} 1 & 0 \\ 2 & -1 \end{pmatrix}$ 을 곱하면

$$\begin{pmatrix} x \\ y \end{pmatrix} = \begin{pmatrix} 1 & 0 \\ 2 & -1 \end{pmatrix}\begin{pmatrix} x' \\ y' \end{pmatrix}$$

로부터

$$\begin{pmatrix} x \\ y \end{pmatrix} = \begin{pmatrix} x' \\ 2x'-y' \end{pmatrix}$$

이고, 점 $(x', 2x'-y')$은 직선 $y=mx$ 위의 점이므로

$$y'=(2-m)x'$$

이고, 점 (x', y')은 다시 직선 $y=mx$ 위의 점이므로

$$2-m=m$$
$$m=1.$$

예제 33 직선 l : $x+2y-3=0$을 직선 m : $2x+y-3=0$으로 변환하는 일차변환 f의 변환행렬이 $\begin{pmatrix} -1 & a \\ b & 3 \end{pmatrix}$이다. a, b의 값을 구하여라.

풀이 일차변환 f에 의한 직선 l 위의 점 $P(x,\ y)$의 직선 m 위의 상을 점 $P'(x',\ y')$라 하면

$$\begin{cases} x' = -x + ay \\ y' = \ \ bx + 3y \end{cases}$$

이고, 점 P'은 직선 m 위의 점이므로 $2x'+y'-3=0$으로부터

$$2(-x+ay)+(bx+3y)-3=0$$

$$(-2+b)x+(2a+3)y-3=0$$

이고, 이는 점 P의 좌표인 x, y을 만족시키는 방정식이므로 직선 l의 방정식이다. 따라서

$$-2+b=1, \qquad 2a+3=2$$

$$a=-\frac{1}{2}, \quad b=3.$$

연습문제 5-2 Exercises

1. 다음 중에서 일차변환인 것을 말하고, 그것을 행렬로 나타내어라.

(1) $\begin{cases} x' = 2x + y \\ y' = x - y \end{cases}$ (2) $\begin{cases} x' = x + 3 \\ y' = y - 2 \end{cases}$

(3) $\begin{cases} x' = 3y \\ y' = 2x \end{cases}$ (4) $\begin{cases} x' = x + y - 2 \\ y' = 2x - y + 1 \end{cases}$

2. 일차변환 $\begin{pmatrix} x' \\ y' \end{pmatrix} = \begin{pmatrix} 1 & 1 \\ -1 & 2 \end{pmatrix}\begin{pmatrix} x \\ y \end{pmatrix}$에 의하여 다음 점이 옮겨지는 점의 좌표를 구하여라.

(1) (0, 0) (2) (−1, 1) (3) (2, 1) (4) (2, 2)

3. 일차변환 f와 두 행렬 $P = \begin{pmatrix} 1 \\ 2 \end{pmatrix}$, $Q = \begin{pmatrix} -2 \\ 1 \end{pmatrix}$에 대하여 $f(P) = Q$, $f(Q) = P$가 성립할 때, $f(2P - 3Q)$를 구하여라.

4. 두 일차변환 f, g를 나타내는 행렬이 각각 $\begin{pmatrix} -1 & 2 \\ -1 & 1 \end{pmatrix}$, $\begin{pmatrix} 3 & 2 \\ 1 & 1 \end{pmatrix}$일 때, 다음 물음에 답하여라.

(1) 두 합성변환 $g \circ f$, $f \circ g$를 나타내는 행렬을 각각 구하여라.

(2) 두 합성변환 $g \circ f$, $f \circ g$에 의하여 점 (2, 1)이 옮겨지는 점의 좌표를 각각 구하여라.

5. 일차변환 f를 나타내는 행렬이 $\begin{pmatrix} 2 & 5 \\ 1 & 3 \end{pmatrix}$일 때, 다음을 구하여라.

(1) 역변환 f^{-1}의 행렬

(2) 역변환 f^{-1}에 의하여 점 (4, 3)이 옮겨지는 점의 좌표

CHAPTER 06

극좌표

지금까지 곡선을 나타낼 때, $y = f(x)$, $x = f(y)$ 또는 $f(x, y) = 0$ 과 같이 변수 x, y 에 관한 직교좌표를 이용한 방정식으로 표현하여 왔다. 그러나 몇몇 함수들은 직교좌표로 다루는 것보다, 매개변수 방정식이라는 새로운 표현법이나, 극좌표라 부르는 새로운 좌표계를 사용하여 다루면 편리 할 때가 있다. 이 장에서는 이러한 매개변수방정식과 극좌표계를 정의하고, 그에 의해 표현된 곡선의 방정식에 대한 일반적인 성질을 알아본다.

6.1 극좌표와 매개변수 방정식

정의 6.1

직교좌표의 한 곡선위의 좌표 (x, y)가 공통의 변수 t를 갖는 함수

$$x = g(t),\ y = f(t) \tag{6-1}$$

로 표현된다고 할 때, 이 방정식을 **매개변수 방정식**(parametric equations)이라 하고, 변수 t를 **매개변수**(parameter)라 한다.

매개변수 방정식 (6-1)에서 변수 t의 값이 변하면 점 $(x, y) = (f(t), g(t))$도 변하고 그 자취는 평면상의 한 곡선을 생성한다. 매개변수 t는 사용 목적에 따라 시간, 각도등을 나타낼 수 있으며, t를 시간이라 한다면 위의 매개변수 방정식은 시간 t에 따라 움직이는 물체의 위치를 나타낸다. 또한 매개변수 방정식 (6-1)에서 변수 t를 소거하여 직교좌표 방정식을 구할 수 있다.

예제 1 매개변수가 θ인 다음 매개변수방정식이 나타내는 곡선의 개형을 그려라.

$$x = r\cos\theta,\ y = r\sin\theta\ (0 \le \theta \le 2\pi,\ r > 0) \qquad (6\text{-}2)$$

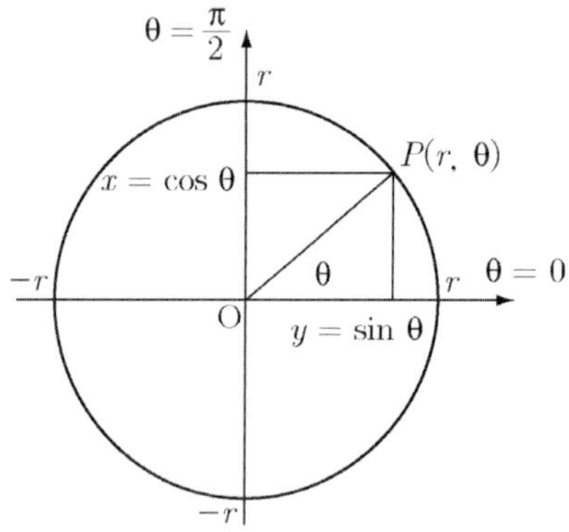

그림 6.1

풀이 다음의 식이 성립하므로, 주어진 매개변수 방정식은 반지름이 r인 원의 방정식이다.

$$x^2 + y^2 = r^2(\cos^2\theta + \sin^2\theta) = r^2$$

예제 2 그림 6.1과 같이 반지름이 r인 원이 한 직선을 따라 구를 때, 한 고정점 $P(x, y)$가 그리는 자취를 사이클로이드(cycloid)라 한다(그림 6.2). 이 사이클로이드의 매개변수 방정식이 다음과 같음을 보이시오.

$$x = r(\theta - \sin\theta),\ y = r(1 - \cos\theta) \qquad (6\text{-}3)$$

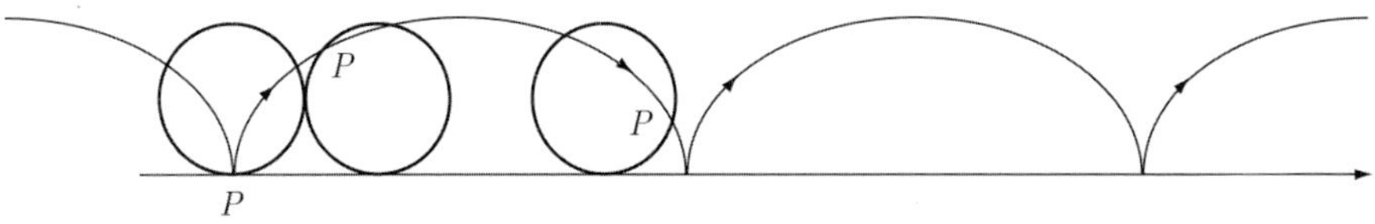

그림 6.2

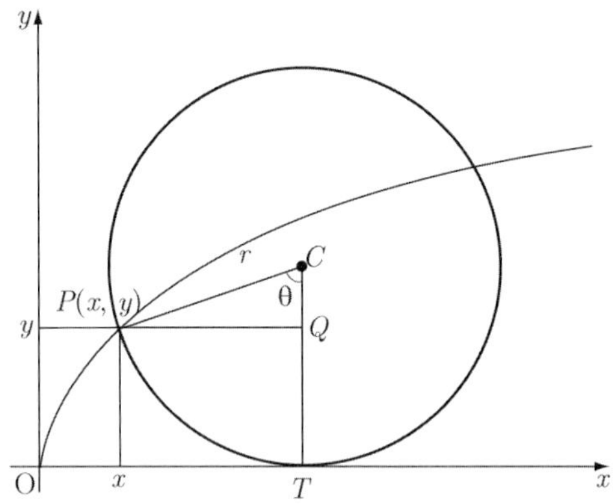

그림 6.3

풀이 점 P의 좌표를 (x, y)라 하고, 원의 회전각 θ를 매개변수로 하자. 점 P가 원점에 있을 때 $\theta = 0$이라 하면, 그림 6.3에서와 같이 원이 θ만큼 회전했을 때 원이 원점으로부터 굴러간 거리 $|OT|$는 호 $\widehat{TP}$의 길이와 같으므로
$|OT| = r\theta$이고, 원의 중심을 C라 하면 그림 6.3에서 다음이 성립한다.
$x = |OT| - |PQ| = r\theta - r\sin\theta = r(\theta - \sin\theta)$,
$y = |TC| - |QC| = r - r\cos\theta = r(1 - \cos\theta)$
따라서 시이클로이드의 매개변수 방정식은 다음과 같다.
$x = r(\theta - \sin\theta)$, $y = r(1 - \cos\theta)$

■

한 방정식의 매개변수 방정식은 유일하지 않다. 예를 들어 반지름이 1 인 단위원의 매개변수방정식은 예제 1에서와 같이 $x = \cos\theta$, $y = \sin\theta$ 이기도 하지만, 원위의 한 점 $P(x, y)$에 대해 매개변수를 $t = \dfrac{y}{x+1}$ $(x \neq -1)$로 하면 다음과 같은 매개변수 방정식을 구할 수 있다. 이의 증명을 연습문제로 남긴다.

$$x = \frac{1-t^2}{1+t^2},\ y = \frac{2t}{1+t^2}$$

평면위의 곡선과 점을 분석하는데 있어 직교좌표를 사용하는 것 보다 새로운 좌표계인 극좌표계를 사용하는 것이 더 편리할 때가 있다. 다음은 이 극좌표계에 대해 정의하자.

정의 6.2

한 직선 OX 위에서 고정된 점 O를 선택하자. 그림 6.4에서와 같이 평면위의 임의의 점 P는 선분 OP의 길이 r과, OX와 OP의 사이각 θ로 표현될 수 있다. 이 때, r과 θ의 순서쌍 (r, θ)를 점 P의 **극좌표**(polar coordinate)라 한다. 또한, 고정된 점 O를 **극점**(pole), 반직선 OX를 극축(polar axis)이라 하고, r을 **동경**(radius), θ를 **편각**(argument)이라 한다.

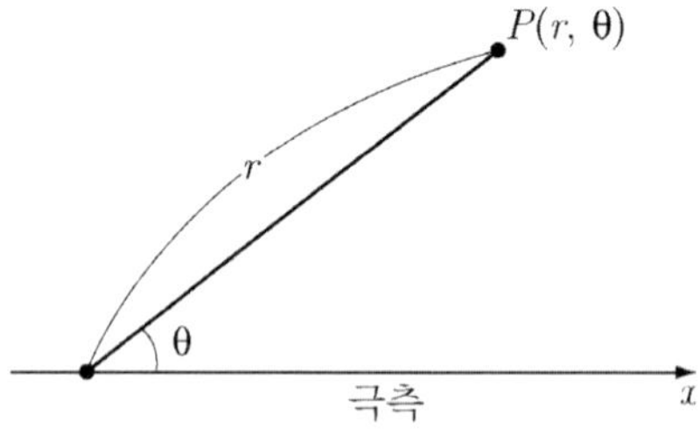

그림 6.4

일반적으로 극축 OX는 극점 O를 중심으로 오른쪽으로 수평하게 그려지고 직교좌표에서 양의 방향인 x축에 대응된다. 편각 θ에 대해, $\theta > 0$인 경우는 시계반대 방향으로 측정한 각을, $\theta < 0$인 경우는 시계방향으로 측정한 각을 나타낸다. 그리고 r은 극점에서 점 P까지의 거리이므로 $r \geq 0$ 이지만 다음과 같은 정의를 이용하여 r이 음인 경우로 확장시킨다.

정의 6.3

점 $(-r, \theta)$는 극점으로부터 거리가 r이고, 점(r, θ)를 시계반대방향으로 π만큼 회전이동한 점을 나타낸다. 즉, $(-r, \theta) = (r, \theta + \pi)$이다.

예제 3 다음의 극좌표를 갖는 점을 평면에 나타내시오.

(1) $P_1\left(2,\ \dfrac{\pi}{2}\right)$ (2) $P_2\left(2,\ \dfrac{5}{2}\pi\right)$

(3) $P_3\left(2,\ \dfrac{\pi}{6}\right)$ (4) $P_4\left(-2,\ \dfrac{7}{6}\pi\right)$

(5) $P_5\left(2,\ \dfrac{4}{3}\pi\right)$ (6) $P_6\left(2,\ -\dfrac{2}{3}\pi\right)$

풀이 문제의 각 점은 그림 6.5와 같다.

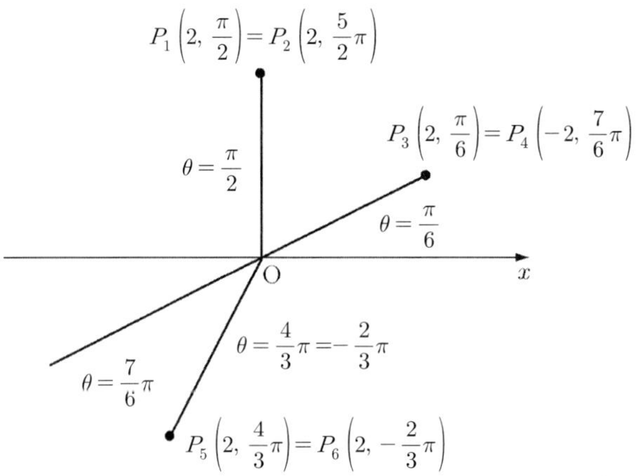

그림 6.5

직교좌표에서는 평면위의 한 점을 나타내는 방법이 유일하지만, 극좌표에서는 여러 가지 방법으로 같은 점을 나타낼 수 있다는 점에 주의하자. 위의 예제에서 (1)과 (2), (5)와 (6)은 그 표현법은 다르지만 각각 같은 점을 나타내고 있다. 특히, $(r,\ \theta+2n\pi)$(n: 정수)는 모두 같은 점$(r,\ \theta)$를 나타낸다.

극좌표계의 극축 OX와 직교좌표계의 x축 Ox를 그림 6-6과 같이 일치시키고, 평면위의 한 점 P의 직교좌표를 $(x,\ y)$, 극좌표를 $(r,\ \theta)$라 하면 다음 식이 성립한다.

$$x=r\cos\theta\ ,\ y=r\sin\theta \tag{6-4}$$

$$\tan\theta=\frac{y}{x}\ ,\ r=\sqrt{x^2+y^2} \tag{6-5}$$

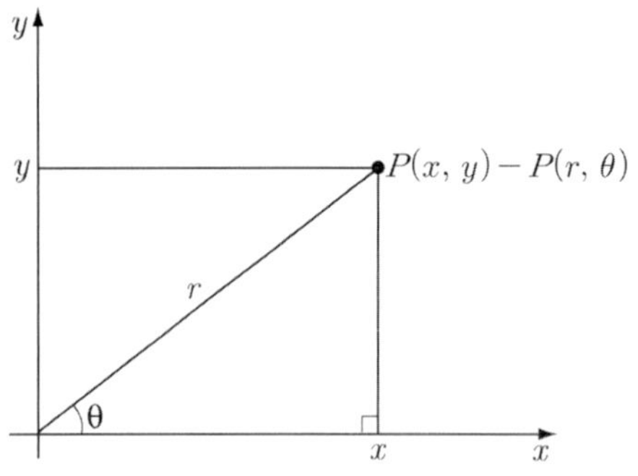

그림 6.6

위의 식 6-4와 6-5로부터 극좌표에서 직교좌표를, 직교좌표에서 극좌표를 구할 수 있다.

예제 4 (1) 극좌표가 $\left(2, \dfrac{\pi}{3}\right)$인 점의 직교좌표를 구하여라.

(2) 직교좌표가 $(\sqrt{3}, -1)$인 점의 극좌표를 구하여라.

풀이
(1) $r = 2$이고 $\theta = \dfrac{\pi}{3}$이므로 식 6-4로부터 다음을 구할 수 있다.

$$x = 2\cos\frac{\pi}{3} = 2\frac{1}{2} = 1$$

$$y = 2\sin\frac{\pi}{3} = 2\frac{\sqrt{3}}{2} = \sqrt{3}$$

따라서 주어진 점의 직교좌표는 $(1, \sqrt{3})$이다.

(2) $x = \sqrt{3}$ 이고 $y = -1$이므로 식 6-5로부터 다음과 같다.

$$r = \sqrt{x^2 + y^2} = \sqrt{(\sqrt{3})^2 + (-1)^2} = 2$$

$$\tan\theta = \frac{y}{x} = -\frac{1}{\sqrt{3}}$$

점$(\sqrt{3}, -1)$은 제4사분면의 점이므로 $\theta = -\dfrac{\pi}{6}$ 또는 $\theta = \dfrac{7}{6}\pi$ 이다. 따라서 주어진 점의 극좌표는 $\left(2, -\dfrac{\pi}{6}\right)$ 또는 $\left(2, \dfrac{7}{6}\pi\right)$로 나타낼 수 있다.

■

앞에서 정의된 극좌표를 이용하여 극방정식 $r = f(\theta)$ 또는 $F(r, \theta) = 0$를 나타낼 수 있다. 극방정식 $r = f(\theta)$는 이 방정식을 만족하는 모든 점 (r, θ)의 자취이며 이는 극좌표평면 상의 한 곡선을 나타낸다. 예를 들어 극방정식 $r = 2$는 편각 θ가 무엇이든 간에 극점으로부터의 거리가 2인 모든 점을 나타낸다. 즉, 그림 6.7과 같이 원점이 극점에 있고 반지름이 2인 원을 나타낸다. 또한, 극방정식 $\theta = \frac{\pi}{3}$은 동경 r이 무엇이든 간에 편각이 $\frac{\pi}{3}$인 그림 6.8의 직선을 나타낸다.

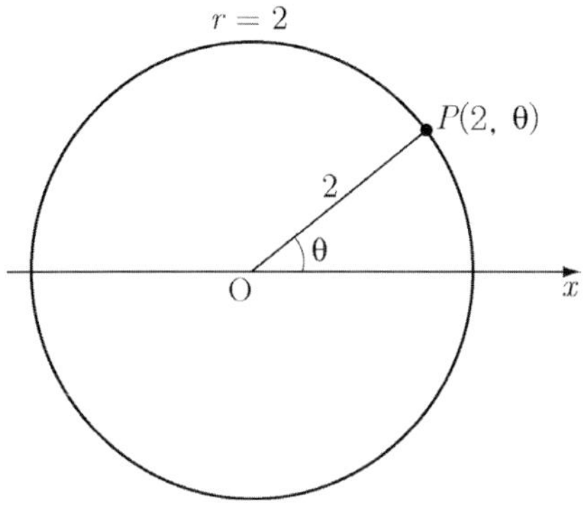

그림 6.7

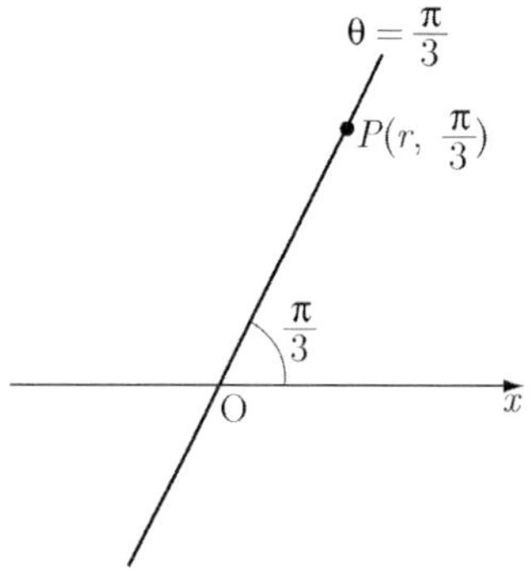

그림 6.8

이 예로부터 반지름이 a인 원의 극방정식은 직교방정식보다 그 표현이 훨씬 단순함을 알 수 있다. 또한, 식 6-4와 6-5를 이용하여 극방정식을 직교방정식으로, 또는 직교방정식을 극방정식으로 바꾸어 그 곡선의 형태를 파악할 수도 있다.

예제 5 (1) 극방정식 $r = \cos\theta$를 직교방정식으로 나타내어라.

(2) 직교방정식 $\frac{x^2}{4} + \frac{y^2}{9} = 1$을 극방정식으로 나타내어라.

풀이 (1) $r = \cos\theta$의 양변에 r을 곱하면

$r^2 = r\cos\theta$

이다. 따라서 식 4-4로부터 다음의 직교방정식을 구할 수 있다.

$x^2 + y^2 - x, \ \left(x - \frac{1}{2}\right)^2 + y^2 = \frac{1}{4}$

이 방정식은 중심이 $C\left(\frac{1}{2}, 0\right)$에 있고, 반지름이 $\frac{1}{2}$인 원을 나타낸다.

(2) 방정식 $\dfrac{x^2}{4}+\dfrac{y^2}{9}=1$은 다음과 같다.

$9x^2+4y^2=36$

$x=r\cos\theta,\ y=r\sin\theta$이므로

$36=9r^2\cos^2\theta+4r^2\sin^2\theta=r^2(5\cos^2\theta+4)$

■

다음의 예에서처럼 삼각함수의 값을 알고 있는 몇몇 편각의 값들을 대입하여 극방정식으로 주어진 그래프의 개형을 그릴 수 있는데, 다음과 같은 그래프의 대칭성을 이용하면 좀더 손쉽게 그릴 수 있다.

(1) θ를 $-\theta$로 바꾸었을 때 극방정식이 변하지 않으면, 곡선은 극축에 관하여 대칭이다.

(2) r를 $-r$로 바꾸었을 때 극방정식이 변하지 않으면, 곡선은 극점에 관하여 대칭이다.

(3) θ를 $\pi-\theta$로 바꾸었을 때 극방정식이 변하지 않으면, 곡선은 수직선 $\theta=\dfrac{\pi}{2}$에 관하여 대칭이다.

예제 6 극방정식 $r=1+\cos\theta$가 타나내는 곡선의 개형을 그려라.

풀이 $1+\cos\theta=1+\cos(-\theta)$이므로 주어진 곡선은 극축에 관하여 대칭이다. r의 값은 $\theta=0$일 때 $r=2$에서, $\theta=\pi$일 때 $r=0$까지 점차적으로 감소하고, π에서 2π까지 다시 증가한다. $0\le\theta\le\pi$인 몇 개의 θ에 대해 r의 값을 구하면 다음과 같다.

θ	0	$\frac{\pi}{6}$	$\frac{\pi}{4}$	$\frac{\pi}{3}$	$\frac{\pi}{2}$	$\frac{2}{3}\pi$	$\frac{3}{4}\pi$	$\frac{5}{6}\pi$	π
r	2	$1+\frac{\sqrt{3}}{2}$	$1+\frac{\sqrt{2}}{2}$	$1+\frac{1}{2}$	1	$1-\frac{1}{2}$	$1-\frac{\sqrt{2}}{2}$	$1-\frac{\sqrt{3}}{2}$	0

표 6.1

이 값들을 곡선으로 연결하여 주어진 곡선의 개형을 그림 6.9와 같이 그릴 수 있다.

■

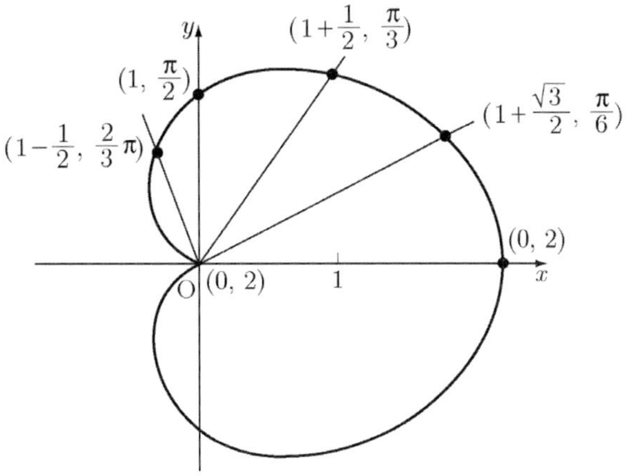

$r = 1 + \cos\theta$

그림 6.9

위의 예제에 나타난 곡선을 **심장형**(cardioid)이라 하며, 이 그래프를 회전이동하여 그림 6.10과 같은 여러 가지 심장형곡선을 얻을 수 있다.

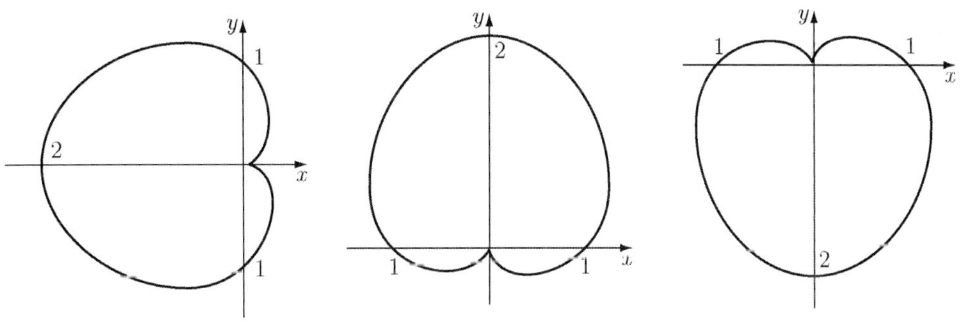

$r = 1 - \cos\theta$ $r = 1 + \sin\theta$ $r = 1 - \sin\theta$

그림 6.10

예제 7 곡선 $r = \cos 2\theta$의 개형을 그려라.

풀이 $\cos 2\theta = \cos(-2\theta)$이므로 주어진 곡선은 극축에 관하여 대칭이고, $\theta = 0$에서 π까지 $r = \cos(2\theta)$의 값은 그림 6.11과 같다.

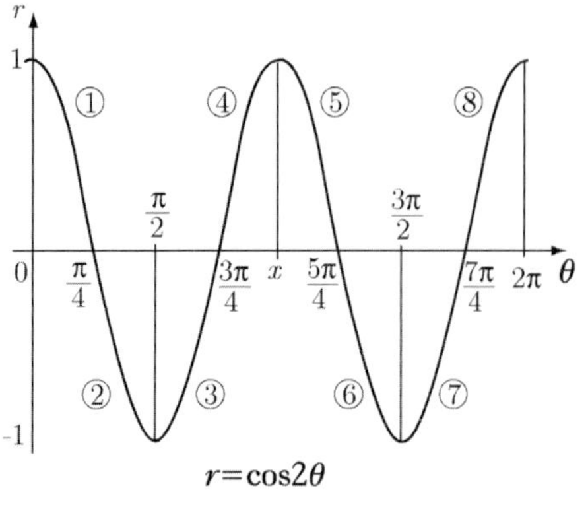

그림 6.11

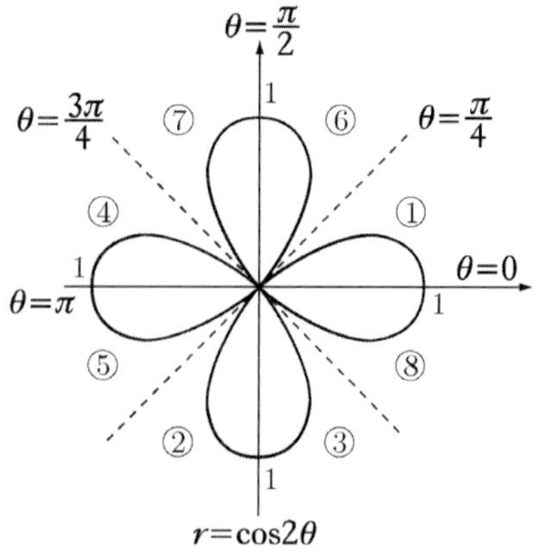

그림 6.12

따라서 $0 \le \theta \le \frac{\pi}{4}$ 일 때, r의 값은 1에서 0까지 감소하므로 그림 6.11의 ①에 해당 되는 곡선을 그린다. $\frac{\pi}{4} \le \theta \le \frac{\pi}{2}$일 때, r은 0에서 -1까지 감소하고 이 r이 음의 값을 가지므로 곡선은 제1사분면이 아니라, 극점에 관하여 대칭인 제3사분면의 ②에 해당되는 곡선을 나타내게 된다. 같은 방법으로 그림 4.11의 ③과 ④의 영역은 각각 그림 6.12의 ③과 ④의 곡선을 나타내게 된다. 그리고 극축에 대한 대칭을 이용하여 그림 6.12를 완성할 수 있다.

연습문제 6-1 Exercises

1. 다음에 주어진 매개변수방정식의 곡선을 그려라.

(1) $x = 2t$, $y = 3t+1$

(2) $x = \sqrt{t}$, $y = 1-t$, $t \geq 0$

(3) $x = a\cos\theta$, $y = b\sin\theta$, $0 \leq \theta \leq 2\pi$

(4) $x = 2t - 1$, $y = t^2 - 1$

(5) $x = e^t$, $y = e^{-t}$

2. 문제 1에서 주어진 매개변수방정식에서 매개변수 t를 소거하여 직교방정식을 구하여라.

3. 다음에 주어진 극좌표의 점을 도시하고, 이 점들의 직교좌표를 구하여라.

(1) $\left(1, \dfrac{\pi}{2}\right)$ (2) $\left(-1, \dfrac{\pi}{2}\right)$

(3) $(1, \pi)$ (4) $\left(\sqrt{2}, \dfrac{\pi}{4}\right)$

(5) $\left(-1, \dfrac{\pi}{3}\right)$ (6) $\left(-2, -\dfrac{5}{6}\pi\right)$

4. 다음에 주어진 직교좌표의 극좌표를 구하여라. (단, $r > 0$, $0 \leq \theta < 2\pi$)

(1) $(1, -1)$ (2) $(-1, \sqrt{3})$

(3) $(-2\sqrt{3}, -2)$ (4) $(2, -1)$

5. 다음의 극방정식에 대한 그래프의 개형을 그려라.

(1) $r = 3$ (2) $\theta = \dfrac{5}{6}\pi$

(3) $r = 2\sin\theta$ (4) $r = \sin 2\theta$

(5) $r = 2+\cos\theta$ (6) $r = 1-2\sin\theta$

6. 다음에 주어진 극방정식에 대한 직교방정식을 구하여라.

(1) $r = 2\sin\theta$ (2) $r\sin\theta = 2$

(3) $r = 2\sin\theta + 4\cos\theta$ (4) $r = \dfrac{1}{1-\cos\theta}$

(5) $r = \dfrac{1}{4}\sec\theta\tan\theta$ (6) $r = 2\sin 2\theta$

7. 단위원 위의 임의의 한 점 $P(x, y)(x \neq -1)$에 대해 $t = \dfrac{y}{x+1}$ 라 할 때, 단위원을 매개변수 t인 매개변수방정식으로 나타내시오.

CHAPTER 07

복소수

7.1 복소수

어떤 실수로도 만족하지 않은 다음과 같은 식이 있다는 사실로부터 복소수(complex number)가 도입되었다.

$$x^2+3=0$$

과 같은 해는 실수의 체계 안에서 구할 수 없다. 즉, $x^2+3=0$일 때에는 $x=\pm\sqrt{-3}$이 된다.

어떠한 실수라도 제곱하면 언제나 양수가 되지만 $\pm\sqrt{-3}$은 그렇지 않으므로 실수가 아니다.

방정식 $x^2+1=0$에 관한 근의 하나인 $\sqrt{-1}$을, 즉 제곱하면 -1이 되는 수를 편의상 기호로서

$$i=\sqrt{-1}$$

로 표시하며, 이것을 허수 단위(imaginary unit)라고 한다.

복소수는 다음에 정의하는 것처럼 산술 연산법을 따르는 순서있는 실수의 쌍으로 구성된다. 즉, 일반적으로 복소수는 $a+ib(a+bi)$형으로 쓰지만 단일 문자 z로 쓰기도 한다. 즉,

$$z=a+bi \qquad (a,\ b\in IR)$$

이다. 여기서 i는 허수 단위라 하며 실수 a는 복소수 z의 실수부(real part), 실수 b는

복소수 z의 허수부(imaginary part)라 하며, 각각 $Re(z)$, $Im(z)$로 나타낸다.

$$Re\,z = x,\quad Im\,z = y$$

예를 들면 $z = 5 - 3i$에서 $Re(5-3i) = 5$, $Im(5-3i) = -3$이라 쓴다.

(1) 복소수의 사칙 연산

$z_1 = a + bi$, $z_2 = c + di$라 할 때

① 상등 조건

$a + bi = c + di$인 것은 $a = c$, $b = d$으로 정의한다.

② 가감법

$$z_1 \pm z_2 = (a+bi) \pm (c+di) = (a \pm c) + (b \pm d)i$$

③ 곱셈

$$z_1 z_2 = (a+bi)(c+di) = (ac - bd) + (ad + bc)i$$

④ 나눗셈

$$\frac{z_1}{z_2} = \frac{a+bi}{c+di} = \frac{(a+bi)(c-di)}{(c+di)(c-di)}$$

$$= \frac{ac+bd}{c^2+d^2} + i\frac{bc-ad}{c^2+d^2} \quad (\text{단, } c^2 + d^2 \neq 0)$$

임의의 복소수 z_1, z_2, z_3가 있을 때 대수학의 기본적인 사항이 성립된다.

① 결합 법칙

$$(z_1 + z_2) + z_3 = z_1 + (z_2 + z_3)$$

② 교환 법칙

$$z_1 + z_2 = z_2 + z_1,\quad z_1 z_2 = z_2 z_1$$

③ 분배 법칙

$$z_1(z_2 + z_3) = z_1 z_2 + z_1 z_3$$

7.2 켤레 복소수의 성질

$z=a+bi$에 대하여 $\bar{z}=a-bi$인 복소수를 z의 켤레 복소수라고 하며, z와 $\bar{z}$는 서로 켤레(conjugate)라고 한다.

① $z+\bar{z}\in R$

$(\because)\ (a+bi)+(a-bi)=2a\in R$

② $z\cdot\bar{z}\in R$

$(\because)\ (a+bi)(a-bi)=a^2+b^2\in R$

③ 두 복소수의 합과 곱이 실수이면 그들은 서로 켤레이다.

$(\because)\ (a+bi)+(c+di)=(a+c)+(b+d)i$

$(a+bi)(c+di)=(ac-bd)+(ad+bc)i$

가 다 같이 실수가 되기 위해서는

$$b+d=0,\ ad+bc=0$$

따라서 $d=-b$이며, 이것을 제2식에 대입하면 $b(c-a)=0$, 즉 $b\neq 0$이므로 $c=a$, 따라서 $c+di=a-bi$로 된다.

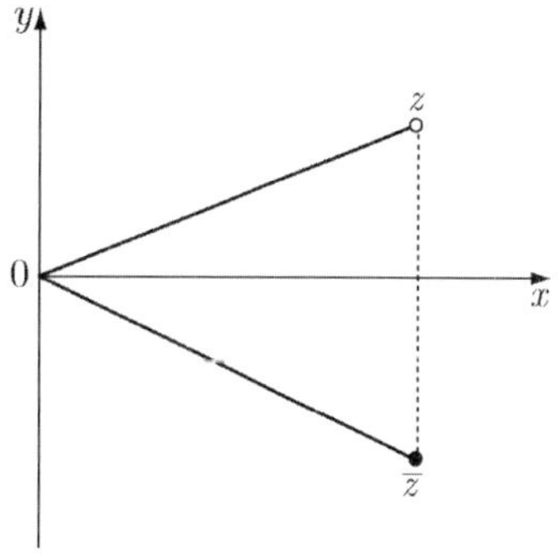

그림 7.1

연습문제 7-1 Exercises

1. 다음 식의 값을 간단히 하여라.

(1) $\sqrt{-2}+\sqrt{-8}-\sqrt{-16}$

(2) $(3+\sqrt{-9})(4-\sqrt{-16})$

(3) $(3-\sqrt{-9})(4-\sqrt{-16})$

(4) $(\sqrt{3}-i)^{10}$

(5) $(5+3i)^2$

(6) $\dfrac{\sqrt{6}-\sqrt{2}}{\sqrt{6}+\sqrt{-2}}$

(7) $\dfrac{\sqrt{2}-\sqrt{-1}}{\sqrt{2}+\sqrt{-1}}$ (8) $\dfrac{2+3i}{3-2i}+\dfrac{2-3i}{3+2i}$

(9) $\left(\dfrac{1+i}{1-i}\right)^{99}$ (10) $\left(\dfrac{1-i}{1+i}\right)^{100}$

(11) $\dfrac{(1+i)^{2n}}{\sqrt{2}}+\left(\dfrac{1-i}{\sqrt{2}}\right)^{2n}$ (단, n는 홀수)

2. $z=2+3i$일 때 다음 복소수의 컬레복소수를 구하여라.

(1) $\dfrac{1}{z}$ (2) $2z^2-z+1$ (3) $\dfrac{3z-1}{z+1}$

3. $x^2+ax+b=0$의 한 근이 $2+\sqrt{5}\,i$일 때 실수 a의 값을 구하여라.

4. $x^2+ax+b=0$ (a, b는 실수)의 한 근이 $\alpha+\beta i$이면 $\alpha-\beta i$도 근임을 보여라. (단, α, β는 실수)

5. 다음 식을 만족하는 실수의 값을 구하여라.

(1) $(x+2i)(3+4i)=5(yi-1)$ (2) $\dfrac{x}{1+i}+\dfrac{y}{1-i}=2-i$

6. (1) $x=1+2i$일 때 x^2-x+1의 값을 구하여라.

(2) $x=\dfrac{1+\sqrt{3}\,i}{2}$, $y=\dfrac{1-\sqrt{3}\,i}{2}$일 때, $\dfrac{x^2}{y}+\dfrac{y^2}{x}$의 값을 구하여라.

7. $a=1+2i$, $b=1-2i$일 때 다음의 각 값을 구하여라.

(1) $3a^2+2ab+3b^2$ (2) $a^3+a^2b+ab^2+b^3$

7.3 복소수의 기하학적 표시

한 평면상에 직교좌표를 정하고, 이에 대한 한 점 P의 좌표 $(a,\ b)$로서 $z=a+bi$를 표시할 수 있는 것으로 생각할 수 있다.

왜냐하면, 좌표가 주어지면 이것에 대응하는 복소수가 하나 정해지며, 역으로 복소수가 주어지면 여기에 대응하는 좌표가 하나 정해진다. 즉, 좌표와 복소수와는 1:1로 대응한다. 그림 7.2와 같은 평면을 **복소평면**(complex plane) 또는 **가우스 평면**(Gauss plane)이라 한다.

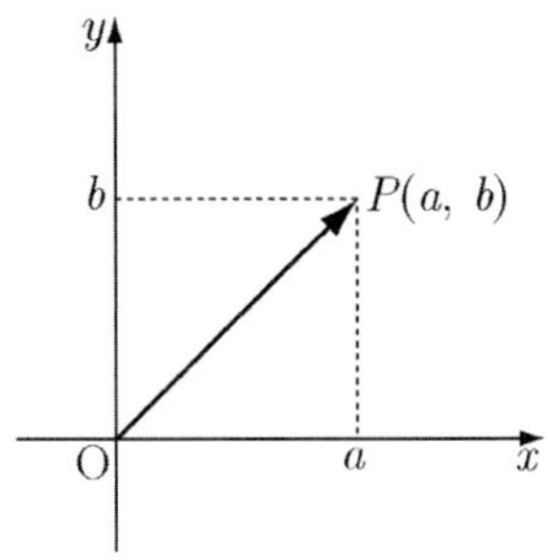

그림 7.2

7.4 복소수의 극형식

복소수 $z=a+bi$를 표시하는 점을 P라 하고 $\text{OP}=r$, $\angle\text{POA}=\theta$라 하면

$$\frac{\text{OA}}{\text{OP}}=\frac{a}{r}=\cos\theta \qquad a=r\cos\theta$$

$$\frac{\text{AP}}{\text{OP}}=\frac{b}{r}=\sin\theta \qquad b=r\sin\theta$$

로 된다. 이 때 r을 z의 **절대값**(absolute value), θ를 z의 **편각**(agument)이라 하며 다음과 같이 표시한다.

$$r=|z|=\sqrt{a^2+b^2}$$

$$\theta=\arg z=\tan^{-1}\frac{b}{a}$$

앞의 식에서 복소수 $z=a+bi$는 r와 θ를 사용해서

$$\begin{aligned} z &= a+bi \\ &= r\cos\theta+r\sin\theta i \\ &= r(\cos\theta+i\sin\theta) \end{aligned}$$

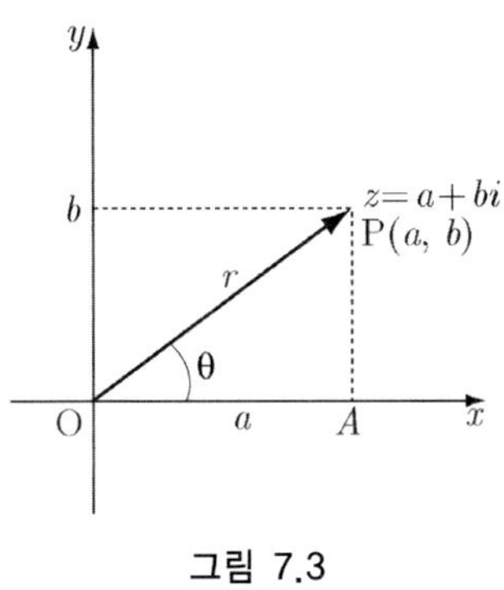

그림 7.3

로 된다. 이것을 복소수 z의 **극형식**(polar form)이라고 한다.

예제 1 다음 복소수를 극형식으로 표시하여라.

(1) $z=-\sqrt{3}-i$

(2) $z=1+i$

풀이 (1) $r=\sqrt{(-\sqrt{3})^2+(-1)^2}=2$

$$\theta=\tan^{-1}\frac{-1}{-\sqrt{3}}=\frac{\pi}{6}$$

$$\therefore\ z=-\sqrt{3}-i=2\left(\cos\frac{7\pi}{6}+i\sin\frac{7\pi}{6}\right)$$

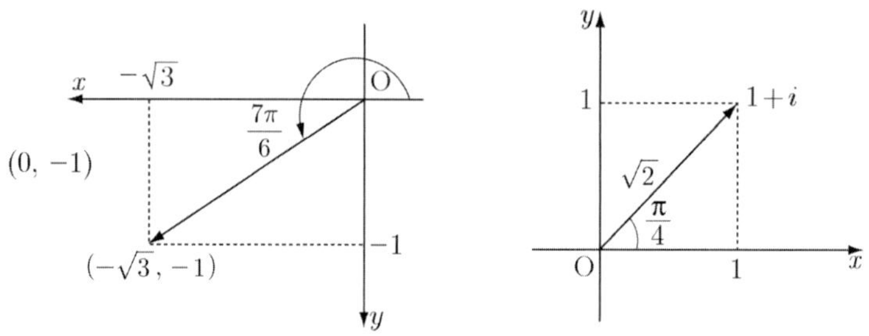

그림 7.4

(2) $z=1+i$

$$r=\sqrt{(1)^2+(1)^2}=\sqrt{2}$$

$$\theta=\tan^{-1}\frac{1}{1}=\frac{\pi}{4}$$

$$\therefore\ z=1+i=\sqrt{2}\left(\cos\frac{\pi}{4}+i\sin\frac{\pi}{4}\right)$$

■

예제 2 $|z|=1$, $\arg z=-\dfrac{5\pi}{6}$ 인 복소수를 구하여라.

풀이 $z=1\left\{\cos\left(-\frac{5\pi}{6}\right)+i\sin\left(-\frac{5\pi}{6}\right)\right\}=1\left\{\cos\frac{\pi}{6}+i\sin\frac{\pi}{6}\right\}=\left(-\frac{3}{2},\ -\frac{1}{2}\right)$

$$=-\frac{\sqrt{3}}{2}-\frac{i}{2}$$

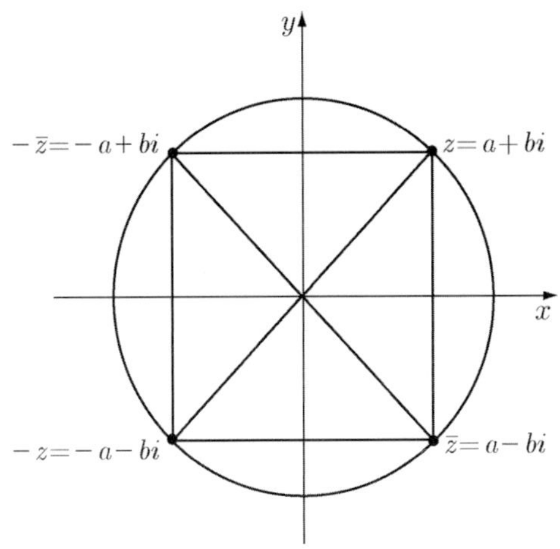

[주]
z와 $\bar{z}$는 실수축에 대하여 대칭
z와 $-z$는 원점에 대하여 대칭
z와 $-\bar{z}$는 허수축에 대하여 대칭

그림 7.5

7.5 복소수의 합과 차

두 복소수 z_1, z_2가

$$z_1 = a_1 + ib_1,\ z_2 = a_2 + ib_2$$

라 하면, 두 복소수의 합은 다음과 같다.

$$\begin{aligned} z = z_1 + z_2 &= (a_1 + ib_1) + (a_2 + ib_2) \\ &= (a_1 + a_2) + i(b_1 + b_2) \end{aligned}$$

점 A가 표시하는 점은 선분 OA_1과 OA_2를 두 변으로 하는 평행사변형의 대각선 끝점이므로 $z = z_1 + z_2$를 표시한다.

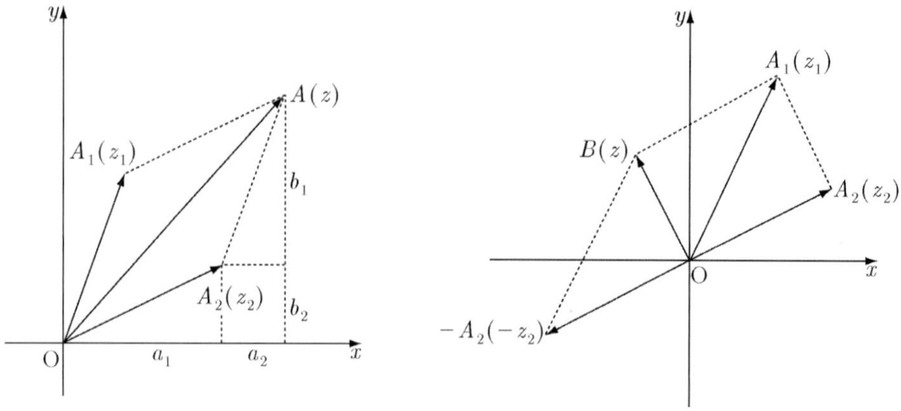

그림 7.6

두 복소수의 차는 다음과 같다.

$$\begin{aligned} z &= z_1 - z_2 = (a_1 + ib_1) - (a_2 + ib_2) \\ &= (a_1 - a_2) + i(b_1 - b_2) \\ &= \sqrt{(a_1 - a_2)^2 + (b_1 - b_2)^2} \angle \tan^{-1}\frac{b_1 - b_2}{a_1 - a_2} \end{aligned}$$

점 B가 표시하는 점은 A_2를 원점에 대하여 대칭으로 이동한 점 $-A_2$에서 선분 OA_1과 $O(-A_2)$를 두 변으로 하는 평행사변형의 대각선 끝점 B를 표시한다.

7.6 극형식에서의 복소수의 곱과 몫

두 복소수 z_1, z_2를 극형식을 사용하여

$$z_1 = r_1(\cos\theta_1 + i\sin\theta_1),\ \ z_2 = r_2(\cos\theta_2 + i\sin\theta_2)$$

라 하면

(1) 곱($z = z_1 \cdot z_2$)

$$\begin{aligned} z &= z_1 \cdot z_2 \\ &= r_1 r_2(\cos\theta_1 + i\sin\theta_1)(\cos\theta_2 + i\sin\theta_2) \\ &= r_1 r_2\{(\cos\theta_1\cos\theta_2 - \sin\theta_1\sin\theta_2) + i(\sin\theta_1\cos\theta_2 + \cos\theta_1\cos\theta_2)\} \\ &= r_1 r_2\{\cos(\theta_1 + \theta_2) + i\sin(\theta_1 + \theta_2)\} \end{aligned}$$

로 된다.

정리 7.1

두 복소수에 대한 곱의 절대값은 각 복소수에 대한 절대값의 곱과 같으며, 그 편각은 각 복소수 편각의 합과 같다. 즉,

$$|z_1 \cdot z_2| = |z_1||z_2|$$
$$\arg(z_1 \cdot z_2) = \arg z_1 + \arg z_2$$

이 정리는 3개 이상의 경우도 성립된다. 즉,

$$|z_1 \cdot z_2 \cdot z_3 \cdots z_2| = |z_1| \cdot |z_2| \cdot |z_3| \cdots |z_n|$$
$$\arg(z_1 \cdot z_2 \cdot z_3 \cdots z_n) = \arg z_1 + \arg z_2 + \arg z_3 + \cdots + \arg z_n$$

예제 3 $(1+i)(2-2i)(\sqrt{3}+i)$를 계산하여라.

풀이

$$|z_1| = |1+i| = \sqrt{2} \qquad \arg(1+i) = \frac{\pi}{4}$$
$$|z_2| = |2-2i| = 2\sqrt{2} \qquad \arg(2-2i) = -\frac{\pi}{4}$$
$$|z_3| = |\sqrt{3}+i| = 2 \qquad \arg(\sqrt{3}+i) = \frac{\pi}{6}$$

따라서,

$$\begin{aligned} z &= (1+i)(2-2i)(\sqrt{3}+i) \\ &= \sqrt{2} \cdot 2\sqrt{2} \cdot 2\left\{\cos\left(\frac{\pi}{4} - \frac{\pi}{4} + \frac{\pi}{6}\right) + i\sin\left(\frac{\pi}{4} - \frac{\pi}{4} + \frac{\pi}{6}\right)\right\} \\ &= 8\left(\cos\frac{\pi}{6} + i\sin\frac{\pi}{6}\right) \\ &= 8\left(\frac{\sqrt{3}}{2} + i\frac{1}{2}\right) \\ &= 4\sqrt{3} + 4i \end{aligned}$$

$$\therefore\ (1+i)(2-2i)(\sqrt{3}+i) = 4\sqrt{3} + 4i$$

■

(2) 몫 $\left(z=\dfrac{z_1}{z_2}\right)$

$z=\dfrac{z_1}{z_2}=z_1\cdot\dfrac{1}{z_2}$ 에서

$$\begin{aligned}\frac{1}{z_2}&=\frac{1}{r_2(\cos\theta_2+i\sin\theta_2)}\\&=\frac{1}{r_2}\cdot\frac{(\cos\theta_2-i\sin\theta_2)}{(\cos\theta_2+i\sin\theta_2)(\cos\theta_2-i\sin\theta_2)}\\&=\frac{1}{r_2}(\cos\theta_2-i\sin\theta_2)\end{aligned}$$

이므로

$$\begin{aligned}z&=r_1(\cos\theta_1+i\sin\theta_1)\cdot\frac{1}{r_2}(\cos\theta_2-i\sin\theta_2)\\&=\frac{r_1}{r_2}(\cos\theta_1\cos\theta_2-i\cos\theta_1\sin\theta_2+i\sin\theta_1\cos\theta_2-i^2\sin\theta_1\sin\theta_2)\\&=\frac{r_1}{r_2}\{(\cos\theta_1\cos\theta_2+\sin\theta_1\sin\theta_2)+i(\sin\theta_1\cos\theta_2-\cos\theta_1\sin\theta_2)\}\\&=\frac{r_1}{r_2}\{\cos(\theta_1-\theta_2)+i\sin(\theta_1-\theta_2)\end{aligned}$$

로 된다.

정리 7.2

복소수의 절대값은 각 절대값의 몫과 같으며, 그 편각은 피젯수의 편각에서 젯수의 편각을 빼는 것과 같다. 즉,

$$|z|=\left|\frac{z_1}{z_2}\right|=\frac{|z_1|}{|z_2|}$$

$$\arg z=\arg\frac{z_1}{z_2}=\arg z_1-\arg z_2$$

예제 4 $\dfrac{1-i}{1+i}$를 계산하여라.

풀이

$$|1-i| = \sqrt{2} \qquad \arg(1-i) = -\frac{\pi}{4}$$

$$|1+i| = \sqrt{2} \qquad \arg(1+i) = \frac{\pi}{4}$$

$$\begin{aligned} \therefore \ \frac{1-i}{1+i} &= \frac{\sqrt{2}}{\sqrt{2}}\left\{\cos\left(-\frac{\pi}{4}-\frac{\pi}{4}\right)+i\sin\left(-\frac{\pi}{4}-\frac{\pi}{4}\right)\right\} \\ &= \cos\left(-\frac{\pi}{2}\right)+i\sin\left(-\frac{\pi}{2}\right) \\ &= -i \end{aligned}$$

■

7.7 드 무아브르(De Moivre) 정리와 복소수의 n곱근

(1) 드 무아브르(De Moivre)의 정리

정리 7.3 드 무아브르의 정리

$$z = r(\cos\theta + i\sin\theta)$$

일 때

$$\begin{aligned} z^n &= r^n(\cos\theta + i\sin\theta)^n \\ &= r^n(\cos n\theta + i\sin n\theta) \end{aligned}$$

(n은 정수)

이다. 위 식에서 드 무아브르의 정리를 얻는다.

$$z^n = r^n(\cos n\theta + i\sin n\theta)$$

증명 ① $n=0$일 때 양변은 모두 1로서 성립

② n이 양의 정수일 때

$n=1$일 때도 등식은 성립

$n=k$일 때 $z^k = r^k(\cos k\theta + i\sin k\theta)$가 성립함을 가정하면, $n=k+1$일 때

$$\begin{aligned} z^{k+1} &= z^k z \\ &= r^k(\cos k\theta + i\sin k\theta)\cdot r(\cos\theta + i\sin\theta) \\ &= r^{k+1}\{\cos(k\theta+\theta) + i\sin(k\theta+\theta)\} \\ &= r^{k+1}\{\cos(k+1)\theta + i\sin(k+1)\theta\} \end{aligned}$$

즉, $n=k+1$에 대해서도 성립하므로 수학적 귀납법에 의해서 n이 0 및 임의의 정수값에 대해서 성립한다.

③ n이 음의 정수일 때

$n=-m$이라 하면 m은 양의 정수

$$\begin{aligned} z^n = z^{-m} &= \frac{1}{z^m} \\ &= \frac{1}{r^m(\cos m\theta + i\sin m\theta)} \\ &= r^{-m}\frac{\cos m\theta - i\sin m\theta}{(\cos m\theta + i\sin m\theta)(\cos m\theta - i\sin m\theta)} \\ &= r^{-m}\frac{\cos m\theta - i\sin m\theta}{\cos m\theta + i\sin m\theta} \\ &= r^{-m}(\cos m\theta - i\sin m\theta) \\ &= r^{-m}\{\cos(-m\theta) + i\sin(-m\theta)\} \end{aligned}$$

이것은 $n=-m$, 즉 n이 음의 정수일 때도 성립함을 말한다. 따라서, 이 정리는 n의 모든 정수값에 대해서 성립한다.

■

예제 5 다음 식을 계산하여라.

(1) $(1+\sqrt{3}\,i)^5$　　　(2) $(1+i)^{-3}$

풀이 (1) $1+\sqrt{3}\,i = 2\left(\cos\frac{\pi}{3} + i\sin\frac{\pi}{3}\right)$이므로

$$\begin{aligned} (1+\sqrt{3}\,i)^5 &= \left\{2\left(\cos\frac{\pi}{3} + i\sin\frac{\pi}{3}\right)\right\}^5 \\ &= 2^5\left\{\cos\left(\frac{5\pi}{3}\right) + i\sin\left(\frac{5\pi}{3}\right)\right\} \\ &= 32\left(\frac{1}{2} - \frac{\sqrt{3}}{1}i\right) \\ &= 16(1-\sqrt{3}\,i) \end{aligned}$$

$$(2)\ (1+i)^{-3}=\left\{\sqrt{2}\left(\cos\frac{\pi}{4}+i\sin\frac{\pi}{4}\right)\right\}^{-3}$$
$$=\frac{1}{2\sqrt{2}}\left\{\cos\left(-\frac{3\pi}{4}\right)+i\sin\left(-\frac{3\pi}{4}\right)\right\}$$
$$=\frac{1}{2\sqrt{2}}\left(-\frac{1}{\sqrt{2}}+i\left(-\frac{1}{\sqrt{2}}\right)\right\}$$
$$=-\frac{1}{4}-\frac{1}{4}i$$
$$=-\frac{1}{4}(1+i)$$

■

(2) 복소수의 n제곱근

$z^n=z(n=1,\ 2,\ 3,\ \cdots)$이라면 z의 각 값에 대응하는 z의 값이 존재한다. 주어진 $z\neq 0$에 대하여 z의 n개로 된 별개의 값이 대응한다는 것을 알 수 있다. 이러한 각 값들을 z의 n개근(n th root)이라 한다.

$$z=\sqrt[n]{z}$$

$\sqrt[n]{z}$의 n개 값은 다음과 같이 쉽게 결정할 수 있다.

$$z=R(\cos\phi+i\sin\phi)\qquad z=r(\cos\theta+i\sin\theta)$$

라 하면, 드 무아브르의 정리에 의하여 이것은 다음과 같은 식이 된다.

$$z^n=z\Rightarrow R^n(\cos n\phi+i\sin n\phi)=r(\cos\theta+i\sin\theta)$$

양변의 절대값은 같으므로

$$R^n=r,\ n\phi=\theta+2k\pi\ (k\text{는 정수})$$
$$R=\sqrt[n]{r},\ \phi=\frac{\theta+2k\pi}{n}$$

즉, 그러므로

$$z_k=\sqrt[n]{z}$$
$$=\sqrt[n]{r}\left(\cos\frac{\theta+2k\pi}{n}+i\sin\frac{\theta+2k\pi}{n}\right)\quad (k=0,\ 1,\ 2,\ \cdots,\ n-1)\text{는}$$

$$z^n-z=0$$

의 근이다. 이들을 z의 n곱근(거듭 제곱근)이라 한다.

z의 n곱근은 반지름이 $\sqrt[n]{r}$ 인 원주를 n등분한 점을 표시한다. 즉, n변을 가진 정다각형의 꼭지점을 구성한다.

정리 7.4

복소수 z의 n곱근

$$z^n - z = 0,\ \ z = r(\cos\theta + i\sin\theta)$$

다음과 같은 n개의 상이한 근을 가진다.

$$z_k = \sqrt[n]{r}\left(\cos\frac{\theta+2k\pi}{n} + i\sin\frac{\theta+2k\pi}{n}\right)$$

($k = 0,\ 1,\ 2,\ \cdots,\ n-1$이며, $\sqrt[n]{r}$ 은 양의 실수)

예제 6 $z^4 - 1 = 0$의 근(1의 4곱근)을 구하여라.

풀이 $z^4 = 1$

$= 1(\cos 0 + i\sin 0)$

이므로 4곱근은

$$z_k = \sqrt[4]{1}\left(\cos\frac{k\pi}{2} + i\sin\frac{k\pi}{2}\right)$$

으로 주어진다. 즉

$$z_0 = \cos 0 + i\sin 0 = 1$$

$$z_1 = \cos\frac{\pi}{2} + i\sin\frac{\pi}{2} = i$$

$$z_2 = \cos\pi + i\sin\pi = -1$$

$$z_3 = \cos\frac{3\pi}{2} + i\sin\frac{3\pi}{2} = -i$$

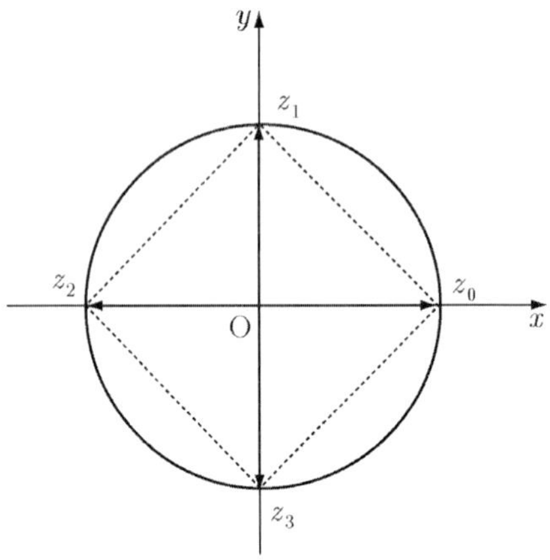

그림 7.7

예제 7 $z^6 + 64 = 0$의 근을 구하여라.

풀이 $z^6 = -64$

$= 64(\cos\pi + i\sin\pi)$이므로 6곱근은

$z_k = \sqrt[n]{r}\left(\cos\dfrac{\theta+2k\pi}{n} + i\sin\dfrac{\theta+2k\pi}{n}\right)$에서

$z_k = \sqrt[6]{64}\left(\cos\dfrac{\pi+2k\pi}{6} + i\sin\dfrac{\pi+2k\pi}{6}\right) \quad (k=0,\ 1,\ 2,\ 3,\ 4,\ 5)$

로 주어진다. 즉

$z_0 = 2\left(\cos\dfrac{\pi}{6} + i\sin\dfrac{\pi}{6}\right)$

$= 2\left(\dfrac{\sqrt{3}}{2} + i\dfrac{1}{2}\right) = \sqrt{3} + i$

$z_1 = 2\left(\cos\dfrac{\pi}{2} + i\sin\dfrac{\pi}{2}\right)$

$= 2(0 + i) = 2i$

$z_2 = 2\left(\cos\dfrac{5\pi}{6} + i\sin\dfrac{5\pi}{6}\right)$

$= 2\left(-\dfrac{\sqrt{3}}{2} + i\dfrac{1}{2}\right) = -\sqrt{3} + i$

$z_3 = 2\left(\cos\dfrac{7\pi}{6} + i\sin\dfrac{7\pi}{6}\right)$

$= 2\left(-\dfrac{\sqrt{3}}{2} - i\dfrac{1}{2}\right) = -\sqrt{3} - i$

$z_4 = 2\left(\cos\dfrac{3\pi}{2} + i\sin\dfrac{3\pi}{2}\right)$

$= 2(0 - i) = -2i$

$z_5 = 2\left(\cos\dfrac{11\pi}{6} + i\sin\dfrac{11\pi}{6}\right)$

$= 2\left(\dfrac{\sqrt{3}}{2} - i\dfrac{1}{2}\right) = \sqrt{3} - i$

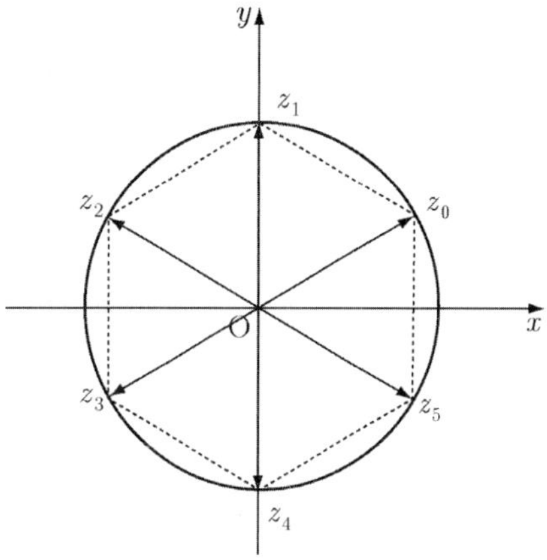

그림 7.8

연습문제 7-2 Exercises

1. 다음의 복소수를 극형식으로 나타내어라.(단, 편각 θ는 $-\pi < \theta \le \pi$)

(1) $1+i$ (2) $\sqrt{3}-i$

(3) 2 (4) $\dfrac{1+i}{1-i}$

2. 다음의 복소수를 극형식으로 나타내어라.(단, 편각 θ는 $-\pi < \theta \le \pi$)

(1) $\sin\theta + i\cos\theta$ (2) $-2(\cos\pi + i\sin\pi)$

(3) $-2\left(\cos\dfrac{\pi}{4} + i\sin\dfrac{\pi}{4}\right)$ (4) $\sin\dfrac{\pi}{13}$

(5) $-2\left(\cos\dfrac{\pi}{3} - i\sin\dfrac{\pi}{3}\right)$ (6) $\sin\theta + i\cos\theta$

3. $z = r(\cos\theta + i\sin\theta)\,(r > 0)$일 때 다음의 복소수를 극형식으로 나타내어라.

(1) iz (2) $-\overline{z}$

(3) $\dfrac{z}{i}$ (4) $\dfrac{i}{z}$

4. 다음의 값을 구하여라.

(1) $(\sqrt{3}-i)^6$ (2) $(1+i)^{10}$

(3) $\left(\dfrac{1+\sqrt{3}i}{1+i}\right)^6$ (4) $(1-i)^{-7}$

(5) $(1+i)^4(\sqrt{3}-i)^3$ (6) $(\sqrt{3}+i)^{-10}$

(7) $\left(\dfrac{3+\sqrt{3}i}{1+\sqrt{3}i}\right)^6$ (8) $\{2(\cos 10^\circ + i\sin 10^\circ)\}^2$

(9) $(-\sin 15^\circ + i\cos 15^\circ)^6$ (10) $\left(\dfrac{1+i}{2}\right)^{12} - \left(\dfrac{1-i}{2}\right)^{12}$

5. 다음의 방정식을 풀어라.

(1) $z^5 = 1$　　　　(2) $z^6 = -1$

(3) $z^4 = i$　　　　(4) $z^3 = 8i$

(5) $z^4 = 1 + \sqrt{3}i$　　　　(6) $z^3 = 2 + 2i$

7.8 지수 함수

실지수 함수 e^x(또는 $\exp x$)는 다음과 같은 성질을 갖는다.

$$(e^x)' = e^x \quad ①$$

$$e^{x_1 + x_2} = e^{x_1} e^{x_2} \quad ②$$

또한 매클로린(Maclaurin) 급수는

$$e^x = \sum_{n=0}^{\infty} \frac{x^n}{n!} = 1 + x + \frac{x^2}{2!} + \frac{x^3}{3!} + \cdots \quad ③$$

복소수 $z = x + iy$에 대한 지수 함수는 e^z으로 표시하고 실함수 e^x, $\cos y$, $\sin y$의 항으로 표시된다.

$$e^z = e^x(\cos y + \sin y) = \exp z \quad ④$$

한편 $z_1 = x_1 + iy_1$, $z_2 = x_2 + iy_2$라 놓고 사인과 코사인의 덧셈 공식을 적용하면 식 ②와 비슷한 다음 식을 구할 수 있다.

$$e^{z_1 + z_2} = e^{z_1} \cdot e^{z_2} \quad ⑤$$

특히 $z_1 = x$, $z_2 = iy$일 때는

$$e^z = e^{x+iy} = e^x e^{iy} \quad ⑥$$

이다.

식 ④에서 오일러(Euler) 공식을 얻는다.

$$e^{iy} = \cos y + i \sin y \quad ⑦$$

복소수 $x+iy$의 극형식이 다음으로 표시된다는 것을 앞 식에서 알 수 있다.

$$z=r(\cos\theta+i\sin\theta)=re^{i\theta} \qquad ⑧$$

그러므로 켤레 복소수 $\bar{z}$의 경우도 같은 방법에 의하여

$$\bar{z}=x-iy=r(\cos\theta-i\sin\theta)=re^{-i\theta} \qquad ⑨$$

로 된다.

예제 8 다음 식을 극형식과 지수함수로 고쳐라.

(1) $z=3+4i$ (2) $z=2-2i$

풀이

(1) $r=|3+4i|=5,\ \theta=\tan^{-1}\dfrac{4}{3}$

$$z=5\left\{\cos\left(\tan^{-1}\frac{4}{3}\right)+i\sin\left(\tan^{-1}\frac{4}{3}\right)\right\}$$
$$=5\exp\left(i\tan^{-1}\frac{4}{3}\right)$$

(2) $r=|2-2i|=2\sqrt{2},\ \theta=\tan^{-1}(-1)=-\dfrac{\pi}{4}$

$$z=2\sqrt{2}\left\{\cos\left(-\frac{\pi}{4}\right)+i\sin\left(-\frac{\pi}{4}\right)\right\}$$
$$=2\sqrt{2}e^{-\frac{\pi}{4}}$$

예제 9 z가 다음과 같을 때 e^z의 값을 구하여라.

(1) $-\dfrac{\pi}{4}i$ (2) $-\dfrac{\pi}{3}i$ (3) $1+i$ (4) $2+5\pi i$

풀이

(1) $e^z=e^{-\frac{\pi}{4}i}=\cos\dfrac{\pi}{4}-i\sin\dfrac{\pi}{4}=\dfrac{1}{\sqrt{2}}-i\dfrac{1}{\sqrt{2}}$

(2) $e^z=e^{-\frac{\pi}{3}i}=\cos\dfrac{\pi}{3}-i\sin\dfrac{\pi}{3}=\dfrac{1}{2}-i\dfrac{\sqrt{3}}{2}$

(3) $e^z=e^{1+i}=e\cdot e^i=e(\cos1+\sin1)$

(4) $e^z=e^{2+5\pi i}=e^2\cdot3^{5\pi i}=e^2(\cos5\pi+i\sin5\pi)$

예제 10 다음 식의 실수부와 허수부를 구하여라.

(1) e^{-3z} (2) e^{z^3}

풀이 (1) $e^{-3z}=e^{-3(x+iy)}=e^{-3x}\cdot e^{-i3y}=e^{-3x}(\cos 3y-i\sin 3y)$

$$Re(e^{3z})=e^{-3x}\cos 3y$$

$$I_m(e^{-3z})=-e^{-3x}\sin 3y$$

(2) $e^{z^3}=e^{(x+iy)^3}=e^{(x^3-3xy^2)+i(3x^2y-y^3)}$

$$=e^{(x^3-3xy^2)}\{\cos(3x^2y-y^3)+i\sin(3x^2y-y^3)\}$$

$$Re(e^{z^3})=\exp(x^3-3xy^2)\cos(3x^2y-y^3)$$

$$I_m(e^{z^3})=\exp(x^3-3xy^2)\sin(3x^2y-y^3)$$

■

7.9 삼각 함수

앞 절의 오일러(Euler) 공식에서

$$e^{ix}=\cos x+i\sin x,\quad e^{-ix}=\cos x-i\sin x$$

이므로 다음 식을 얻는다.

$$\cos x=\frac{1}{2}(e^{ix}+e^{-ix})$$

$$\sin x=\frac{1}{2}(e^{ix}-e^{-ix})(x\text{는 실수})$$

여기서, 복소수 $z=x+iy$에 대해서도

$$\cos z=\frac{1}{2}(e^{iz}+e^{-iz}),\quad \sin z=\frac{1}{2i}(e^{iz}-e^{-iz}) \qquad ⑩$$

로 정의할 수 있다.

$$\tan z=\frac{\sin z}{\cos z},\quad \cot z=\frac{\cos z}{\sin z} \qquad ⑪$$

$$\sec z=\frac{1}{\cos z},\quad \mathrm{cosec}\, z=\frac{1}{\sin z} \qquad ⑫$$

이다. e^z은 모든 z에 대하여 해석적이므로 같은 원리가 $\cos z$와 $\sin z$에 대해서도 성립한다. $\tan z$와 $\sec z$는 $\cos z$가 0 이외의 모든 구간에서 또한 $\cot z$와 $\sec z$는 $\sin z$가 0 이외의 모든 구간에서 해석적이며, $\cos z$와 $\sec z$는 우함수이고 나머지는 기함수이므로

$$\left.\begin{array}{ll}\cos(-z)=\cos z & \sin(-z)=-\sin z\\ \cot(-z)=-\cot z & \tan(-z)=-\tan z\end{array}\right\} \quad ⑬$$

이다. 실수인 지수 함수는 주기 함수이므로 삼각함수 역시 주기함수이다.

$$\left.\begin{array}{ll}\cos(z\pm 2n\pi)=\cos z & \sin(z\pm 2n\pi)=\sin z\\ \tan(z\pm n\pi)=\tan z & \cot(z\pm n\pi)=\cot z\end{array}\right\} \quad ⑭$$

$$(n=0,\ 1,\ \cdots)$$

정의로부터 실 삼각함수에 적용되는 공식들이 복소함수에 대해서도 성립된다.

$$\left.\begin{array}{l}\dfrac{d}{dz}\cos z=-\sin z\\ \dfrac{d}{dz}\sin z=\cos z\\ \dfrac{d}{dz}\tan z=\sec^2 z\\ \cos(z_1\pm z_2)=\cos z_1\cos z_2\mp\sin z_1\sin z_2\\ \sin(z_1\pm z_2)=\sin z_1\cos z_2\pm\cos z_1\sin z_2\\ \sin^2 z+\cos^2 z=1\end{array}\right\} \quad ⑮$$

식 ⑩로부터 오일러(Euler) 공식은 복소함수에 대하여 성립한다는 것을 알 수 있다.

$$e^{iz}=\cos z+i\sin z \quad ⑯$$

식 ⑯을 사용하면 실함수형으로 $\sin z$와 $\cos z$를 표시할 수 있으며

$$\left.\begin{array}{l}\cos z=\cos(x+iy)=\cos x\cos iy-\sin x\sin iy\\ \sin z=\sin(x+iy)=\sin x\cos iy+\cos x\sin iy\end{array}\right\} \quad ⑰$$

과 같다.

식 ⑩의 정의에서

$$
\left.\begin{aligned}
\cos z &= \cos(x+iy) \\
&= \frac{1}{2}\{e^{i(x+iy)} + e^{-i(x+iy)}\} \\
&= \frac{1}{2}e^{-y}(\cos x + i\sin x) + \frac{1}{2}e^{y}(\cos x - i\sin x) \\
&= \frac{1}{2}(e^{y}+e^{-y})\cos x + i\frac{1}{2}(e^{-y}-e^{y})\sin x \\
&= \frac{1}{2}(e^{y}+e^{-y})\cos x - \frac{1}{2i}(e^{-y}-e^{y})\sin^{x}
\end{aligned}\right\} \qquad ⑱
$$

가 된다. 그러므로 식 ⑱, ⑲과 쌍곡 사인과 쌍곡 코사인의 정의에 의하여

$$\cos iy = \frac{1}{2}(e^{-y}+e^{y}) = \cosh y$$

$$\sin iy = \frac{1}{2i}(e^{-y}-e^{y}) = i\sinh y$$

이다.

위식으로부터 $\cos z$와 $\sin z$의 수치 계산에 유용한 다음 식을 얻는다.

$$
\left.\begin{aligned}
\cos z &= \cos(x+iy) = \cos x\cosh y - i\sin x\sinh y \\
\sin z &= \sin(x+iy) = \sin x\cosh y + i\cos x\sinh y
\end{aligned}\right\} \qquad ⑲
$$

복소수 z의 쌍곡 코사인, 쌍곡 사인 함수는 다음과 같이 정의된다.

$$\cosh z = \frac{1}{2}(e^{z}+e^{-z}),\quad \sinh z = \frac{1}{2}(e^{z}-e^{-z}) \qquad ⑳$$

이러한 함수들은 전 평면에서 해석적이다.

식 ⑳과 ⑩에서

$$\cosh z = \cos(iz),\quad \sinh z = -i\sin(iz) \qquad ㉑$$

이고

$$\tanh z = \frac{\sinh z}{\cosh z},\quad \coth z = \frac{\cosh z}{\sinh z} \qquad ㉒$$

$$\operatorname{sech} z = \frac{1}{\cosh z},\quad \operatorname{cosech} z = \frac{1}{\sinh z} \qquad ㉓$$

이다.

7.10 로그 · 일반멱

(1) 로그

$z=x+iy$의 자연 로그(natural logarithm)를 $\ln z$(또는 $\log z$)라 쓰고 역지수 함수로 정의된다. 즉, $\omega=\ln z$는 다음으로 정의된다.

$$e^{\omega}=z \quad (z\neq 0)$$ ㉔

식 ㉔에서 $\omega=u+iv$, $z=|z|e^{i\theta}=re^{i\theta}$라고 놓으면

$$e^{\omega}=e^{u+iv}=e^{u}e^{iv}=re^{i\theta}$$

로 된다. 여기서

$$e^{u}=|z|=r \text{ 또는 } u=\ln|z|$$
$$u=\theta=\arg z$$

이다. 그러므로 결과식은 다음과 같다.

$$\ln z=\ln|z|+i\arg z=\ln\sqrt{x^2+y^2}+i\arg(x+iy)$$ ㉕

z의 편각은 2π의 정수배이므로 복소 자연 로그는 무한히 많은 값을 갖게 된다.

즉, $\arg z$의 주값(principal value)

$$-\pi<\arg z\leq\pi$$

에 해당하는 $\ln z$의 값을 $\ln z$의 주값이라 하고 $\text{Ln}z$로 쓴다. 이외의 값은 다음과 같이 표시하며

$$\ln z=\text{Ln}z\pm 2n\pi i \quad (n=1,\ 2,\ 3,\ \cdots)$$ ㉖

이것은 실수부는 같으나 허수부는 2π 정수배만큼 다르다. z가 양의 실수일 때 $\arg z$의 주값은 0이고 주값 $\text{Ln}z$는 실수인 자연 로그의 주값과 동일하며, z가 음수일 때 편각은 π이고

$$\text{Ln}z=\ln|z|+\pi i$$

이다.

역시 자연 로그에 적용되는 관계식을 복소수에 대하여 적용하여 보면, 즉

$$\left.\begin{aligned}&(a)\ \ln(z_1z_2) = \ln z_1 + \ln z_2\\&(b)\ \ln\left(\frac{z_1}{z_2}\right) = \ln z_1 - \ln z_2\end{aligned}\right\} \quad ㉗$$

이다.

그러나 이러한 관계식은 한 변의 각 값들이 다른 변의 값중에 포함되어 있다는 점에서 이해될 수 있다.

예제 11 $\ln(-1) = \pm\pi i,\ \pm 3\pi i,\ \pm 5\pi i,\ \cdots,\ \mathrm{Ln}(-1) = \pi i$

$$\ln(i) = \frac{\pi}{2}i,\ -\frac{3\pi}{2}i,\ \frac{5\pi}{2}i,\ -\frac{7\pi}{2}i,\ \frac{9\pi}{2}i,\ \cdots,\ \mathrm{Ln}i$$

$$= \frac{\pi}{2}i$$

$$\mathrm{Ln}(-i) = -\frac{\pi}{2}i$$

$$\mathrm{Ln}(-2-2i) = \ln\sqrt{8} - \frac{3}{4}\pi i$$

■

예제 12 $z_1 = z_2 = e^{\pi}i = -1$일 때, $\ln z_1 = \ln z_2 = \pi i$라면

(a) $\ln(z_1z_2) = 2\pi i = \ln 1$

(b) $\mathrm{Ln}(z_1z_2) = \ln 1 = 0$(성립하지 않는다)

■

(2) 일반멱

복소수 $z = x + iy \neq 0$의 일반멱(general power)은 다음과 같이 정의된다.

$$z^c = e^{c\ln z} \quad (c\text{는 복소수, } z \neq 0) \quad ㉘$$

$\ln z$는 무한개의 값을 가지므로 z^c 역시 무한개의 값을 가진다.

$$z^c = e^{c\mathrm{Ln}z}$$

를 z^c의 주값이라 한다.

$c=n=1,\ 2,\ 3,\ \cdots$ 이라면 z^c는 단가 함수이고 z의 $c=\dfrac{1}{n}$ 이고 $n=2,\ 3,\ \cdots$ 이라면

$$z^c = \sqrt[n]{z}\ \mathrm{e}^{(1/\mathrm{n})\ln z} \quad (z \neq 0)$$

로 되는데 지수는 $\dfrac{2\pi i}{n}$의 배수로 되고 n개근의 값은 서로 다른 n개의 값을 가진다. 또한 c가 두 양의 정수몫 $c=\dfrac{p}{q}$일 때도 $c=\dfrac{1}{n}$일 때와 비슷하며 z^c은 유한개의 서로 다른 값을 가진다. 그러나 c가 무리수나 복소수일 때는 z^c은 무한개의 값을 가진다.

예제 13 $i^i = e^{i\ln i} = e^{i\left(\frac{\pi}{2}i \pm 2n\pi i\right)} = e^{-\left(\frac{\pi}{2}\right) \mp 2n\pi}$ 의 모든 값은 실수이며 주값은 $e^{-\frac{\pi}{2}}$ 이다.

$z=x$인 양의 정수에 대하여 식 z^c는 $e^{c\ln x}$와 동일하며 여기서 $\ln x$는 초등 실자연로그(elementary real natural logarithm)로 $\ln z$의 주값이다. 또한 $z=e$일 때는 $z^c=e^c$으로 된다. 임의 복소수 a에 대해서는 식 ㉘로부터 다음과 같이 된다.

$$a^z = e^{z\ln a} \qquad ㉙$$

■

예제 14 다음 복소수의 주값을 구하여라.

(1) $(1+i)^i$ (2) 3^{3-i}

풀이 (1) $(1+i)^i = \exp\{i\ln(1+i)\}$

$$= \exp\left\{i\left(\ln\sqrt{2} + i\frac{\pi}{4}\right)\right\}$$

$$= \exp\left(-\frac{\pi}{4} + i\ln\sqrt{2}\right)$$

$$= e^{-\frac{\pi}{4}}\{\cos(\ln\sqrt{w}) + i\sin(\ln\sqrt{2})\}$$

(2) $3^{3-i} = \exp\{(3-i)\ln 3\}$

$$= \exp\{(3-i)(\ln 3 + 0\cdot i)\}$$

$$= \exp(3\ln 3 - i\ln 3)$$

$$= \exp(\ln 27 - i\ln 3)$$

$$= 27\{\cos(\ln 3) - i\sin(\ln 3)\}$$

■

연습문제 7-3 Exercises

1. 다음 복소수를 극형식과 지수함수로 나타내어라.

(1) $1-i$　　(2) $\left(\cos\frac{\pi}{3}+i\sin\frac{\pi}{3}\right)^6$

(3) $(\cos 10° - i\sin 10°)^6$　　(4) $\{\sqrt{2}(\cos 15° + i\sin 15°)\}^{-6}$

2. z가 다음과 같을 때 e^z의 값을 구하여라.

(1) $z=\frac{\pi}{3}i$　　(2) $z=-\frac{\pi}{4}i$

(3) $z=3+2\pi i$　　(4) $z=-3+\pi i$

3. z가 다음과 같을 때 $\ln z$, $\mathrm{Ln}\, z$의 값을 구하라.

(1) $z=1$　　(2) $z=-3$

(3) $z=\frac{i}{2}$　　(4) $z=1+i$

4. 다음 복소수의 주값을 구하여라.

(1) 3^i　　(2) 2^{1+i}

(3) i^{1-i}　　(4) $(1+i)^{1+i}$

5. 전류 $I_1=40\angle 100°$, $I_2=10\angle 40°$ 일 때 전류 $I=\frac{I_1}{I_2}$을 직교좌표 형식으로 표시하라.

❖ 메모 ✍

CHAPTER 08

함수의 극한과 연속

8.1 함수의 극한

함수의 극한에 대한 엄밀한 정의는 $\epsilon-\delta$ 법을 이용하지만 좀 더 간단한 접근을 위해 약간의 엄밀성을 배제하고 직관적인 방법을 통하여 극한의 정의를 알아본다.

$$f(x)=\begin{cases} x^2+1, & x\neq 1 \\ 3, & x=1 \end{cases}$$

로 정의된 함수 f 의 그래프는 그림 8.1과 같다. 함수 f 의 그래프에서 1 이 아닌 x 가 1 로 접근할 때, x 의 함숫값 $f(x)$ 는 2로 접근함을 알 수 있다. 표 8.1은 1의 근방에 있는 x 들에 대한 함숫값 $f(x)$를 계산한 것으로 이 표에서도 알 수 있듯이 1 이 아닌 x 가 1에 가까이 접근할수록 $f(x)$는 2 로 접근하는 것을 알 수 있다.

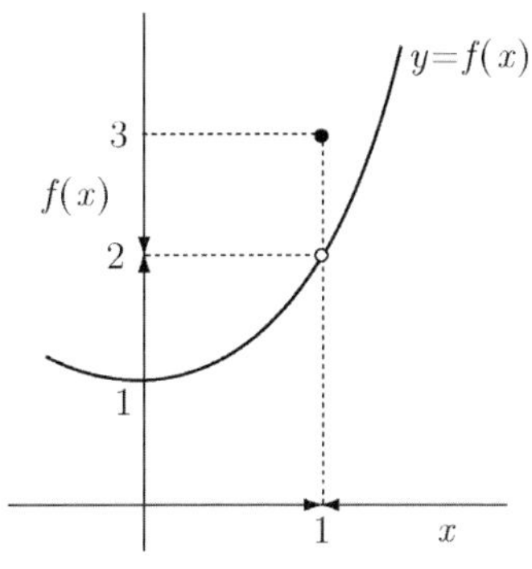

그림 8.1 함수 $f(x)=\begin{cases} x^2+1, & x\neq 1 \\ 3, & x=1 \end{cases}$ 의 그래프

x	0.9	0.99	0.999	0.9999	$\cdots$		$\cdots$	1.0001	1.001	1.01	1.1
$f(x)$	1.81	1.9801	1.9980	1.9998	$\cdots$	2	$\cdots$	2.0002	2.0020	2.0201	2.21

표 8.1 함수 $f(x)=\begin{cases} x^2+1, & x\neq 1 \\ 3, & x=1 \end{cases}$ **의** $x=1$ **근방에서의 함숫값**

위의 예와 같은 경우, $f(x)$는 $x=1$에서의 함숫값 3에 관계없이 $f(x)$는 2로 접근한다. 위의 예를 토대로 하여 함수의 극한을 다음과 같이 정의한다.

정의 8.1 (극한값의 정의)

함수 f가 $x=a$를 제외한 근방에서 정의되었다고 하자. x가 a로 한없이 접근할 때, 함숫값 $f(x)$가 일정한 값 L에 접근하거나, L인 경우에 함수 f는 L에 **수렴한다**(convergent)고 하고, 다음과 같이 나타낸다.

$$\lim_{x\to a} f(x)=L \quad \text{또는} \quad x\to a \ \Rightarrow f(x)\to L$$

이 때, L을 $x=a$에서 함수 f의 **극한값**(limit value)이라 한다.

위의 정의는 $x\neq a$인 x가 (a의 양방향으로부터) a에 한없이 가까워지는 경우에 $f(x)$의 특성을 나타내는 것이다. 즉, $x=a$에서 f의 극한값을 구하는데 있어서 $x=a$인 경우는 고려하지 않으며, 단지 a 근방에서 f의 값이 어떻게 정의되는가가 그 극한값에 영향을 준다는 것을 의미한다.

예제 1 $\displaystyle\lim_{x\to 2}\frac{x^2-x+2}{x}$ 을 구하여라.

풀이

$x\to 2$ 이면 $x^2-x+2\to 4$ 이므로 $\dfrac{x^2-x+2}{x}\to\dfrac{4}{2}=2$. 따라서

$$\lim_{x\to 2}\frac{x^2-x+2}{x}=2$$

■

예제 2 상수함수 $f(x) = c$ 에 대하여 $\lim_{x \to a} f(x)$ 를 구하여라.

풀이 x 가 a 로 한없이 접근할 때, $f(x)$의 값은 항상 일정한 값 c 이다. 따라서 $\lim_{x \to a} f(x) = c$.

■

예제 3 항등함수 $f(x) = x$ 에 대하여 $\lim_{x \to a} f(x)$ 를 구하여라.

풀이 $x \to a$ 이면 $f(x) = x \to a$ 이다. 따라서 $\lim_{x \to a} f(x) = a$.

■

극한에 대한 다음의 성질들은 $\epsilon - \delta$ 법에 의해 증명될 수 있으며 극한값을 구하는데 유용하게 이용된다.

정리 8.2 (극한의 성질)

함수 $f(x)$ 와 $g(x)$ 에 대하여 $\lim_{x \to a} f(x)$ 와 $\lim_{x \to a} g(x)$ 가 존재하면 다음이 성립한다.

(1) $\lim_{x \to a} [f(x) \pm g(x)] = \lim_{x \to a} f(x) \pm \lim_{x \to a} g(x)$

(2) $\lim_{x \to a} [f(x)g(x)] = \left(\lim_{x \to a} f(x)\right)\left(\lim_{x \to a} g(x)\right)$

(3) $\lim_{x \to a} \dfrac{f(x)}{g(x)} = \dfrac{\lim_{x \to a} f(x)}{\lim_{x \to a} g(x)}$ (단, $\lim_{x \to a} g(x) \neq 0$)

예제 4 상수 c 에 대하여 다음이 성립함을 증명하여라.

$$\lim_{x \to a} cf(x) = c \lim_{x \to a} f(x)$$

풀이 정리 8.2의 (2)와 예제 2로부터 다음을 얻을 수 있다.

$$\lim_{x\to a} cf(x) = (\lim_{x\to a} c)(\lim_{x\to a} f(x)) = c\lim_{x\to a} f(x)$$

■

예제 5 다음의 극한값을 구하여라

(1) $\lim\limits_{x \to a} x^2$ (2) $\lim\limits_{x \to 2} (x^2 - 2x + 4)$

풀이 (1) 정리 8.2의 (2)로부터 극한값은 다음과 같다.

$$\lim_{x\to a} x^2 = \left(\lim_{x\to a} x\right)\left(\lim_{x\to a} x\right) = a \cdot a = a^2$$

(2) 정리 8.2의 (1)과 (2)로부터 극한값은 다음과 같다.

$$\lim_{x\to 2}(x^2 - 2x + 4) = \lim_{x\to 2} x^2 - 2\lim_{x\to 2} x + \lim_{x\to 2} 4 = 2^2 - 2\cdot 2 + 4 = 4$$

■

예제 6 다음의 함수 f의 $x = 1$에서의 극한값을 구하여라.

$$f(x) = \frac{x^2 - 1}{x - 1}$$

풀이 주어진 함수 f는 $x = 1$에서의 함숫값은 정의되지 않는다. 그러나 $x \neq 1$인 경우에

$$f(x) = \frac{x^2 - 1}{x - 1} = \frac{(x+1)(x-1)}{x-1} = x + 1$$

이고 함수 f의 그래프는 그림 8.2와 같다. 주어진 함수 f는 $x = 1$에서의 함숫값에 관계없이 x가 1로 접근할수록 $f(x)$의 값이 2로 접근해감을 알 수 있다. 즉,

$$\lim_{x\to 1}\frac{x^2 - 1}{x - 1} = \lim_{x\to 1}(x+1) = 2.$$

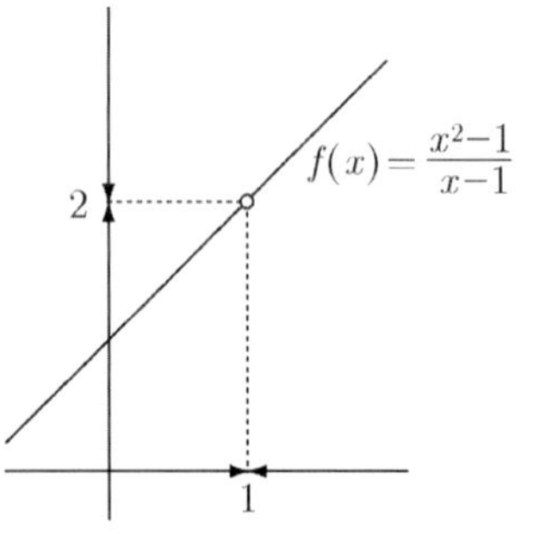

그림 8.2

함수 $f(x) = \dfrac{x^2 - 1}{x - 1}$의 그래프

■

예제 7 다음의 함수 f 의 $x=2$ 에서의 극한값을 구하여라.

$$f(x)=\begin{cases} \dfrac{-x^2+3x-2}{x-2}, & x\neq 2 \\ 1, & x=2 \end{cases}$$

풀이 주어진 함수 f 의 $x=2$ 에서의 함숫값은 1 이다. 또한, $x\neq 2$ 인 경우에

$$f(x)=\frac{-x^2+3x-2}{x-2}=-\frac{(x-1)(x-2)}{x-2}=-(x-1)$$

이다. 따라서 $\lim_{x\to 2} f(x)=-\lim_{x\to 2}(x-1)=-1$ 이다. ■

예제 6에서 주어진 함수 f 는 $x=1$에서의 함숫값 $f(1)$ 은 존재하지 않지만 $x=1$ 에서의 극한값은 $\lim_{x\to 1} f(x)=2$로 존재하는 예이다. 또한, 예제 7에서 주어진 함수 f 는 $x=2$에서의 함숫값이 $f(2)=1$로 존재하고, $x=2$에서의 극한값도 $\lim_{x\to 2} f(x)=-1$로 존재하지만 $f(2)\neq\lim_{x\to 2} f(x)$로 함숫값과 극한값이 서로 다른 예이다. 위의 두 예에서 보는 바와 같이 함숫값과 극한값은 별개의 개념임을 알 수 있다.

$x\to a$ 일 때 $f(x)$ 가 어느 하나의 값으로 접근하지는 않지만 x 를 a 의 우측에서 접근시킬 때와 좌측에서 접근시킬 때 $f(x)$ 가 각각 다른 값으로 접근하는 경우가 있다.

정의 8.3 (좌극한과 우극한)

(1) $x>a$ 인 x 가 a 로 접근할 때, 함숫값 $f(x)$ 가 일정한 값 L 에 접근하거나 L 이면, 이 L 을 $x=a$ 에서 함수 f 의 **우극한**(right-hand limit)이라 하고, 다음과 같이 나타낸다.

$$\lim_{x\to a^+} f(x)=L$$

(2) $x<a$ 인 x 가 a 로 접근할 때, 함숫값 $f(x)$ 가 일정한 값 L 에 접근하거나 L 이면, 이 L 을 $x=a$ 에서 함수 f 의 **좌극한**(left-hand limit)이라 하고, 다음과 같이 나타낸다.

$$\lim_{x\to a^-} f(x)=L$$

예제 8 다음의 함수 f 에서 $\lim_{x \to 0^+} f(x)$ 와 $\lim_{x \to 0^-} f(x)$ 를 구하여라.

$$f(x) = \begin{cases} 0, & x < 0 \\ 1, & x \geq 0 \end{cases}$$

풀이 $x > 0$ 이면 $f(x) = 1$ 이므로 f 의 우극한은 $\lim_{x \to 0^+} f(x) = \lim_{x \to 0^+} 1 = 1$ 이다.

$x < 0$ 이면 $f(x) = 0$ 이므로 f 의 좌극한은 $\lim_{x \to 0^-} f(x) = \lim_{x \to 0^-} 0 = 0$ 이다.

■

극한값 정의의 '극한값 L 이 일정한 값이어야 한다'는 의미로부터 다음의 정리를 얻을 수 있다.

정리 8.4

$\lim_{x \to a} f(x)$ 가 존재하기위한 필요충분조건은 $\lim_{x \to a^+} f(x) = \lim_{x \to a^-} f(x) = L$ 이다.

이 때, $\lim_{x \to a} f(x) = L$ 이다.

예제 9 함수 $f(x) = \begin{cases} x+1, & x \geq 0 \\ -x-1, & x < 0 \end{cases}$ 에 대하여 $\lim_{x \to 0} f(x)$ 를 구하여라.

풀이 $\lim_{x \to 0^+} f(x) = \lim_{x \to 0^+} (x+1) = 1$ 이고,

$\lim_{x \to 0^-} f(x) = \lim_{x \to 0^+} (-x-1) = -1$이므로

$\lim_{x \to 0^+} f(x) \neq \lim_{x \to 0^-} f(x)$ 이다.

따라서 $\lim_{x \to 0} f(x)$ 는 존재하지 않는다.

■

예제 10 $\lim_{x \to 0} |x|$ 의 값을 구하여라.

풀이 $\lim_{x \to 0^+} |x| = \lim_{x \to 0^+} x = 0$ 이고,

$\lim_{x \to 0^-} |x| = \lim_{x \to 0^-} (-x) = 0$ 이다.

$\lim_{x \to 0^+} |x| = 0 = \lim_{x \to 0^-} |x|$ 이므로 $\lim_{x \to 0} |x| = 0$ 이다.

■

예제 11 $\lim_{x \to 0} \frac{1}{x^2}$ 이 존재하면 그 값을 구하여라.

풀이 표 8.2에서와 같이 x 가 0 에 접근하면 x^2 은 0 에 접근하고, $\frac{1}{x^2}$ 은 한없이 증가한다.

x	$1/x^2$
± 1	1
± 0.5	4
± 0.2	25
± 0.1	100
± 0.01	10,000
± 0.001	1,000,000

표 8.2 x 의 값에 따른 $\frac{1}{x^2}$ 의 값

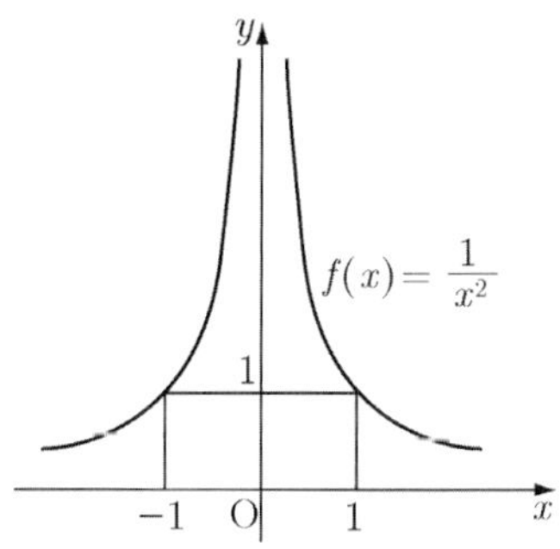

그림 8.3 함수 $f(x) = \frac{1}{x^2}$ 의 그래프

그림 8.3은 주어진 함수 $f(x) = \frac{1}{x^2}$ 의 그래프이다. x 가 0 에 충분히 가까워지면 $f(x)$ 의 값이 한없이 커지므로 $f(x)$ 의 값이 하나의 수로 접근하지 않으며, $\lim_{x \to 0} \frac{1}{x^2}$ 은 존재하지 않는다.

■

예제 11과 같은 경우에 $\lim_{x \to 0} \frac{1}{x^2} = \infty$ 로 나타낸다. 이것은 ∞ 를 숫자로 간주한다는 의미가 아니며, 또한, $\frac{1}{x^2}$ 의 극한값이 존재한다는 것을 의미하는 것도 아니다. 그것은 단지 극한값이 존재하지 않는 특별한 상황을 표현하는 것으로 x 를 0 에 충분히 가

깝게 택함으로써 $\dfrac{1}{x^2}$ 을 한없이 크게 만들 수 있음을 의미한다. 일반적으로 x 가 a 에 가까워질수록 $f(x)$ 의 값이 한없이 커지는(상한이 없이 증가하는) 경우를 다음과 같이 정의한다.

정의 8.5

$x \to a$ 일 때 함수 $f(x)$가 한없이 커지면(또는 작아지면) $f(x)$ 는 $x = a$에서 발산한다(divergent)고 하고, 이것을 기호로 다음과 같이 나타낸다.

$$\lim_{x \to a} f(x) = \infty \quad \text{또는} \quad x \to a \ \Rightarrow \ f(x) \to \infty$$

$$\left(\lim_{x \to a} f(x) = -\infty \quad \text{또는} \quad x \to a \ \Rightarrow \ f(x) \to -\infty\right)$$

위의 정의에서 $\lim_{x \to a} f(x) = \infty$ 는 $x \to a$ 일 때 함수 $f(x)$가 한없이 커지는 경우를 나타내고, $\lim_{x \to a} f(x) = -\infty$ 는 $x \to a$ 일 때 $f(x)$가 한없이 작아지는 경우를 나타낸다.

예제 12 다음의 극한값을 구하여라.

(1) $\lim_{x \to 1^+} \dfrac{2}{x-1}$　　　(2) $\lim_{x \to 1^-} \dfrac{2}{x-1}$

풀이 (1) $t = x-1$ 라 할 때, $x > 1$ 인 x 가 1 로 한없이 접근하면 $t = x-1$ 은 $t > 0$ 이고 t 는 한없이 0 으로 접근한다. 즉, $x \to 1^+$ 이면 $t \to 0^+$ 이다. 따라서

$$\lim_{x \to 1^+} \frac{2}{x-1} = \lim_{t \to 0^+} \frac{2}{t} = \infty \quad .$$

(2) 같은 방법으로 $t = x-1$ 이라 할 때, $x \to 1^-$ 이면 $t \to 0^-$ 이므로

$$\lim_{x \to 1^-} \frac{2}{x-1} = \lim_{t \to 0^-} \frac{2}{t} = -\infty \quad .$$

■

정의 8.6

x 가 한없이 커질 때(또는 작아질 때), 함수 $f(x)$ 가 일정한 값 L 에 한없이 가까워지면, 'x 가 한없이 커질 때(또는 작아질 때), 함수 $f(x)$ 는 L 에 **수렴한다**' 고 하고, 이것을 기호로 다음과 같이 나타낸다.

$$\lim_{x \to \infty} f(x) = L \quad \text{또는} \ x \to \infty \quad \Rightarrow f(x) \to L$$

$$\left(\lim_{x \to -\infty} f(x) = L \quad \text{또는} \ x \to -\infty \quad \Rightarrow f(x) \to L \right)$$

예제 13 다음의 극한값을 구하여라.

(1) $\displaystyle\lim_{x \to \infty} \frac{1}{x}$ (2) $\displaystyle\lim_{x \to \infty} \frac{3}{(x-2)^2}$

풀이 (1) 일정한 상수 1 을 점점 더 큰 수로 나누어 주면 그 값은 점점 더 작아지므로

$\displaystyle\lim_{x \to \infty} \frac{1}{x} = 0$ 이다.

(2) $t = (x-2)^2$ 이라 할 때, $x \to \infty$ 이면 $t \to \infty$ 이다. 따라서

$\displaystyle\lim_{x \to \infty} \frac{3}{(x-2)^2} = \lim_{t \to \infty} \frac{3}{t} = 0$ 이다.

■

예제 14 $\displaystyle\lim_{x \to \infty} \frac{2x-5}{x-3}$ 의 값을 구하여라.

풀이 주어진 문제의 분모와 분자를 x 로 나누어 극한값을 구하면 다음과 같다.

$$\lim_{x \to \infty} \frac{2x-5}{x-3} = \lim_{x \to \infty} \frac{2 - \frac{5}{x}}{1 - \frac{3}{x}} = \frac{2}{1} = 2$$

■

정리 8.7 (협공정리)

함수 f, g, h 가 $x=a$ 의 근방에서 $f(x) \le g(x) \le h(x)$이고

$$\lim_{x \to a} f(x) = \lim_{x \to a} h(x) = L$$

이면 $x=a$ 에서 g 의 극한값도 존재하며 $\lim_{x \to a} g(x) = L$ 이다.

위의 협공정리를 이용하면 극한값을 구하기 쉬운 함수를 이용하여 극한값을 구하기 어려운 함수의 극한값을 구할 수 있다.

예제 15 $\lim_{x \to 0} x \sin \frac{1}{x}$ 의 극한값을 구하여라.

풀이 임의의 실수 x 에 대하여 $\left| \sin \frac{1}{x} \right| \le 1$이므로 $\left| x \sin \frac{1}{x} \right| = |x| \left| \sin \frac{1}{x} \right| \le |x|$이다.

따라서 $-|x| \le x \sin \frac{1}{x} \le |x|$ 이다. $\lim_{x \to 0} (-|x|) = \lim_{x \to 0} |x| = 0$이므로 정리 3.1.3에 의해 $\lim_{x \to 0} x \sin \frac{1}{x} = 0$이다.

■

정리 8.8

$$\lim_{x \to 0} \frac{\sin x}{x} = 1$$

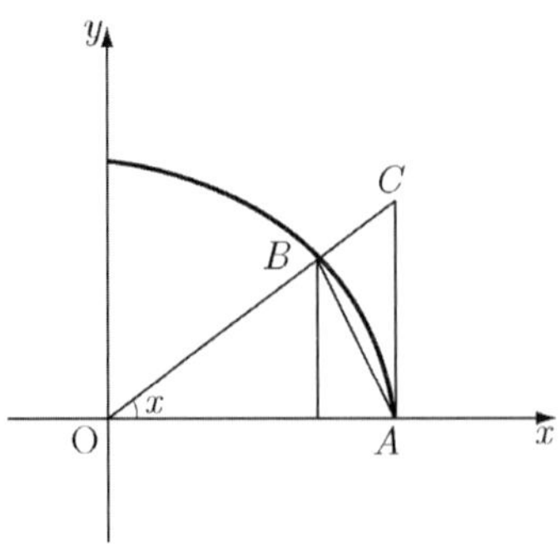

그림 8.4

증명 (i) $0 < x < \frac{\pi}{2}$일 때

중심각이 x라디안이고 반지름의 길이가 r인 부채꼴 OAB의 A에서의 접선과 $\overline{OB}$의 연장과의 교점을 C라고 하면 △OAB의 넓이 < 부채꼴 OAB의 넓이 < △OAC의 넓이이므로 $\frac{1}{2}r^2\sin x < \frac{1}{2}r^2 x < \frac{1}{2}r^2\tan x$이다.

$\sin x < x < \tan x$에서 양변을 $\sin x$로 나누면 $1 < \frac{x}{\sin x} < \frac{1}{\cos x}$이고 양변에 역수를 취하면 $\cos x < \frac{\sin x}{x} < 1$이다. 여기서 $\lim_{x\to 0^+}\cos x = 1$이므로 $\lim_{x\to 0^+}\frac{\sin x}{x} = 1$이다.

(ii) $-\frac{\pi}{2} < x < 0$일 때

$x = -\theta(\theta > 0)$라 하면 $x \to 0^-$일 때 $\theta \to 0^+$가 된다.

$$\lim_{x\to 0^-}\frac{\sin x}{x} = \lim_{\theta\to 0^+}\frac{\sin(-\theta)}{-\theta} = \lim_{\theta\to 0^+}\frac{\sin\theta}{\theta} = 1$$

(i), (ii)에서 $\lim_{x\to 0}\frac{\sin x}{x} = 1$이다.

■

예제 16 $\lim_{x\to 0}\frac{\sin 7x}{\sin 8x}$를 구하여라.

풀이 $x \neq 0$이면

$$\frac{\sin 7x}{\sin 8x} = \frac{7\left(\frac{\sin 7x}{7x}\right)}{8\left(\frac{\sin 8x}{8x}\right)}$$

따라서

$$\lim_{x\to 0}\frac{\sin 7x}{\sin 8x} = \frac{7\lim_{x\to 0}\left(\frac{\sin 7x}{7x}\right)}{8\lim_{x\to 0}\left(\frac{\sin 8x}{8x}\right)} = \frac{7\cdot 1}{8\cdot 1} = \frac{7}{8}$$

■

예제 17 다음 극한값을 구하여라.

(1) $\lim\limits_{x\to 0}\dfrac{\tan x}{x}$　　　(2) $\lim\limits_{x\to 0}\dfrac{\sin(\sin x)}{x}$

(3) $\lim\limits_{x\to 0}\dfrac{\cos x-1}{x}$　　　(4) $\lim\limits_{x\to\infty} x\sin\dfrac{m}{x}$

풀이

(1) $\tan x=\dfrac{\sin x}{\cos x}$ 이므로 다음의 극한값을 구할 수 있다.

$$\lim_{x\to 0}\frac{\tan x}{x}=\lim_{x\to 0}\frac{\sin x}{x}\frac{1}{\cos x}=1$$

(2) $\lim\limits_{x\to 0}\dfrac{\sin(\sin x)}{x}=\lim\limits_{x\to 0}\left(\dfrac{\sin(\sin x)}{\sin x}\cdot\dfrac{\sin x}{x}\right)$

$\sin x=t$ 라 하면 $x\to 0$ 일 때 $t\to 0$ 이므로

$$\lim_{x\to 0}\frac{\sin(\sin x)}{\sin x}=\lim_{t\to 0}\frac{\sin t}{t}=1$$

이다. 그러므로

$$\lim_{x\to 0}\frac{\sin(\sin x)}{x}=1\cdot 1=1$$

(3) 주어진 함수의 분모와 분자에 $\cos x+1$ 을 곱하여 극한값을 구하면 다음과 같다.

$$\begin{aligned}\lim_{x\to 0}\frac{\cos x-1}{x}&=\lim_{x\to 0}\frac{(\cos x-1)(\cos x+1)}{x(\cos x+1)}\\&=\lim_{x\to 0}\frac{\cos^2 x-1}{x(\cos x+1)}\\&=\lim_{x\to 0}\frac{-\sin^2 x}{x^2}\frac{x}{\cos x+1}\\&=\left(\lim_{x\to 0}\frac{-\sin^2 x}{x^2}\right)\left(\lim_{x\to 0}\frac{x}{\cos x+1}\right)\\&=(-1)\cdot 0\\&=0\end{aligned}$$

(4) $\dfrac{1}{x}=\theta$ 라 하면, $x\to\infty$ 일 때 $\theta\to 0$ 이 된다. 그러므로

$$\lim_{x\to\infty}x\sin\frac{m}{x}=\lim_{\theta\to 0}\frac{1}{\theta}\cdot\sin\theta m=\lim_{\theta\to 0}m\cdot\frac{\sin m\theta}{m\theta}=m$$

■

정리 8.9

극한값 $\lim_{x\to\pm\infty}\left(1+\frac{1}{x}\right)^x = e$는 존재한다.

예제 18 $\lim_{x\to 0}(1+x)^{\frac{1}{x}} = e$임을 보여라.

증명 $x=\frac{1}{z}$이라 하면, $x\to 0$일 때 $z\to\pm\infty$이므로

$$\lim_{x\to 0}(1+x)^{\frac{1}{x}} = \lim_{z\to\pm\infty}\left(1+\frac{1}{z}\right)^z = e$$

이다.

■

예제 19 다음 등식이 성립함을 증명하여라.

(1) $\lim_{x\to 0}\frac{\ln(1+x)}{x}=1$ (2) $\lim_{x\to 0}\frac{e^x-1}{x}=1$

(3) $\lim_{x\to 1}x^{\frac{1}{1-x}}=\frac{1}{e}$ (4) $\lim_{x\to 0}(1+ax)^{\frac{1}{x}}=e^a$

증명

(1) $\lim_{x\to 0}\frac{\ln(1+x)}{x}=\lim_{x\to 0}\frac{1}{x}\ln(1+x)=\lim_{x\to 0}\ln(1+x)^{\frac{1}{x}}=\ln e=1$

(2) $e^x-1=t$라 두면 $x=\ln(1+t)$이고, $x\to 0$일 때 $t\to 0$이 된다.

$$\lim_{x\to 0}\frac{e^x-1}{x}=\lim_{t\to 0}\frac{t}{\ln(1+t)}=\lim_{t\to 0}\frac{1}{\frac{1}{t}\ln(1+\mathrm{t})}=\lim_{t\to 0}\frac{1}{\ln(1+t)^{\frac{1}{t}}}=\frac{1}{\ln e}=1$$

(3) 여기서 $1-x=-t$라 하면, $x\to 1$일 때 $t\to 0$이므로

$$\lim_{x\to 1}x^{\frac{1}{1-x}}=\lim_{t\to 0}(1+t)^{-\frac{1}{t}}=\{\lim_{t\to 0}(1+t)^{\frac{1}{t}}\}^{-1}=e^{-1}=\frac{1}{e}$$

(4) $ax=z$라 하면, $x\to 0$일 때 $z\to 0$이 된다.

$$\lim_{x\to 0}(1+ax)^{\frac{1}{x}}=\lim_{z\to 0}(1+z)^{\frac{a}{z}}=\lim_{z\to 0}\{(1+z)^{\frac{1}{z}}\}^a=e^a$$

■

연습문제 8-1 Exercises

1. $f(x)=\begin{cases} x+3, & x \geq 2 \\ 2x+1, & x < 2 \end{cases}$ 일 때 , 다음을 구하여라.

(1) $\lim_{x \to 2^+} f(x)$ (2) $\lim_{x \to 2^-} f(x)$

(3) $\lim_{x \to 2} f(x)$

2. 함수 f 의 그래프가 그림 8-5와 같을 때, 다음의 극한값을 구하여라.

(1) $\lim_{x \to 2^-} f(x)$ (2) $\lim_{x \to 2^+} f(x)$

(3) $\lim_{x \to 2} f(x)$ (4) $\lim_{x \to 4^-} f(x)$

(5) $\lim_{x \to 4^+} f(x)$ (6) $\lim_{x \to 4} f(x)$

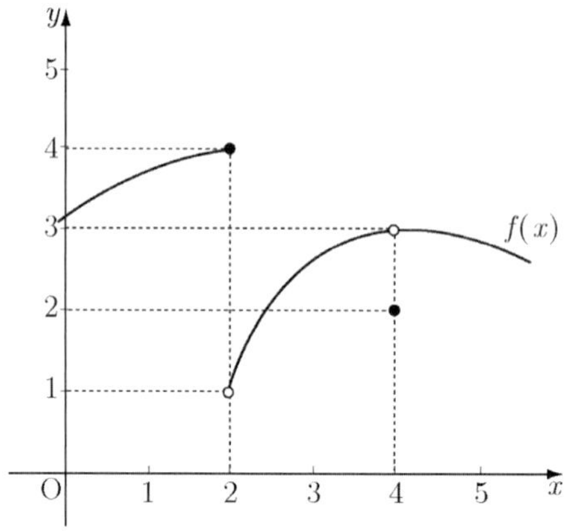

그림 8.5 연습문제 2의 함수 f 의 그래프

3. 다음 극한값을 구하여라.

(1) $\lim_{x \to 0} \frac{3x^2-4x}{x^2-2x}$ (2) $\lim_{x \to 2} \frac{x-2}{x^2-3x+2}$

(3) $\lim_{h\to 0}\frac{(a+h)^2-a^2}{h}$

(4) $\lim_{h\to 0}\frac{\sqrt{x+h}-\sqrt{x}}{h}$

(5) $\lim_{h\to 0}\frac{1}{h}\left(\frac{1}{a+h}-\frac{1}{a}\right)$

(6) $\lim_{x\to 0}\frac{2-\sqrt{4-x}}{x}$

(7) $\lim_{x\to\infty}(\sqrt{x^2+x+1}-x+1)$

(8) $\lim_{x\to\infty}\frac{x^2-2x+5}{2x^2-7}$

(9) $\lim_{x\to 0}\frac{\ln(1+ax)}{x}$

(10) $\lim_{x\to 0^+}\frac{\sin x}{\sqrt{x}}$

(11) $\lim_{x\to 0}\left(\frac{2}{\sin^2 x}-\frac{1}{1-\cos x}\right)$

(12) $\lim_{x\to 0}\frac{\cos ax-\cos bx}{x\sin x}(a\neq b)$

8.2 함수의 연속성

함수의 극한에서 다룬 예제들 중에 $\lim_{x\to a}f(x)\neq f(a)$인 함수가 있다. 또한, $\lim_{x\to a}f(x)$가 a 에서의 함숫값 $f(a)$와 같아지는 경우도 있으며, 이 경우의 극한값은 함숫값을 계산함으로써 쉽게 구할 수 있다. 이러한 성질을 갖는 함수를 연속함수라 한다.

직관적으로 볼 때 함수 $f(x)$가 어느 구간에서 연속이라고 하는 것은 그 구간의 모든 점에서 연결되어 있음을 의미한다. 그러나 우리는 연속의 정의를 명확히 내릴 필요가 있다. 다음 3개의 함수를 조사해 보자.

(a) 함수 $f(x)$는 $x=1$에서 $f(x)$의 값이 정의되어 있지 않으므로 $f(x)$의 그래프는 점 (1, 2)에서 끊겨져 있다.

(b) 함수 $g(x)$는 $x=1$에서 $g(x)$의 값이 정의되어 있으나 $\lim_{x\to 1}g(x)$가 존재하지 않으므로 $x=1$에서 끊겨져 있다.

(c) 함수 $h(x)$는 $x=1$에서 $h(x)$의 값도 정의되어 있고 $\lim_{x\to 1}h(x)$도 정의되어 있으나 $\lim_{x\to 1}h(x)\neq h(1)$이기 때문에 $x=1$에서 끊겨져 있다.

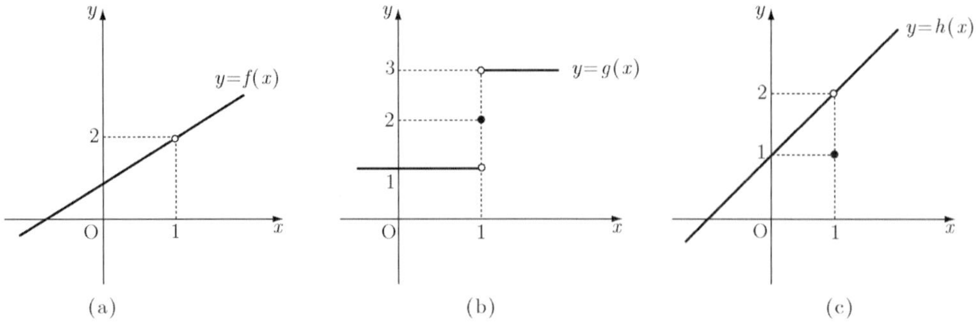

그림 8.6

위의 사실로부터 함수 $f(x)$의 $x=a$에서의 연속성에 대한 개념을 얻을 수 있다. 즉 함수의 연속성에 대한 직관적인 정의는 다음과 같다.

정의 8.10 (함수의 연속)

함수 f 가 다음의 세 가지 조건을 만족할 때, f 는 $x=a$ 에서 **연속**(continuous)이라 한다.

(1) $x=a$ 에서의 함숫값 $f(a)$ 가 정의되어 있다.

(2) $\lim_{x \to a} f(x)$ 가 존재한다.

(3) $\lim_{x \to a} f(x) = f(a)$

함수 f 가 $x=a$ 에서 연속이 아닐 때, f 는 $x=a$ 에서 **불연속**(discontinuous)이라 한다.

정의 8.11 (연속함수)

함수 f 가 어떤 구간 I 내의 모든 점에서 연속일 때, f 는 구간 I 에서 **연속** 또는 **연속함수**(continuous functin)라 한다.

예제 20 (1) 상수함수 $f(x)=c$ (c : 상수)는 실수 $\mathbb{R}$ 의 모든 점에서 연속이다.

(2) 항등함수 $f(x)=x$ 는 실수 $\mathbb{R}$ 의 모든 점에서 연속이다.

풀이 (1) 임의의 실수 a 에 대하여 $\lim_{x\to a} f(x)= \lim_{x\to a} c= c = f(a)$ 이므로 $f(x) = c$ 는 실수 $\mathbb{R}$ 의 모든 점에서 연속이다.

(2) 임의의 실수 a 에 대하여 $\lim_{x\to a} f(x)= \lim_{x\to a} x= a = f(a)$이므로 $f(x) = x$ 는 실수 $\mathbb{R}$ 의 모든 점에서 연속이다.

■

다음 정리는 간단한 연속함수들로부터 복잡한 연속함수들을 구성해 가는 방법을 제시하는 정리로써 이를 사용하는 것이 편리하다.

정리 8.12

함수 f 와 g 가 $x = a$ 에서 연속이면, 다음의 함수들도 $x = a$ 에서 연속이다.

(1) $f + g$ (2) $f - g$ (3) cf (c : 상수)

(4) $f \cdot g$ (5) $\dfrac{f}{g}$ (단, $g(a) \neq 0$)

예제 21 다음의 함수들은 실수 $\mathbb{R}$ 의 모든 점에서 연속이다

(1) $f(x) = x^2$ (2) $f(x)= a_n x^n + a_{n-1} x^{n-1} + \cdots + a_1 x + a_0$ (a_i : 실수)

풀이 (1) 예제 20으로부터 함수 $g(x) = x$ 는 실수 $\mathbb{R}$ 의 모든 점에서 연속이다. 따라서 정리 8.12의 (4)로부터 $f(x) = (g \cdot g)(x) = g(x)g(x) = x^2$ 도 실수 $\mathbb{R}$ 의 모든 점에서 연속이다.

(2) 예제 20과 정리 8.12의 (1), (3), (4)로부터 증명할 수 있다.

■

예제 22 다음 함수의 연속성을 조사하여라.

$$f(x) = \begin{cases} \dfrac{x^3-1}{x-1}, & x \neq 1 \\ 4, & x = 1 \end{cases}$$

풀이 $x \neq 1$ 이면 정리 8.12에 의해 $f(x)$ 는 연속이다. 그러나 $f(1)=4$이고 $x=1$ 에서의 극한값은

$$\lim_{x \to 1} f(x) = \lim_{x \to 1} \frac{x^3-1}{x-1} = \lim_{x \to 1} \frac{(x-1)(x^2+x+1)}{x-1} = \lim_{x \to 1} x^2+x+1 = 3$$

이다. 따라서 $\lim_{x \to 1} f(x) \neq f(1)$ 이므로 주어진 함수 f 는 $x=1$ 에서 연속이 아니다. ■

어떤 함수가 연속함수이면 다음 예제와 같이 그 극한값을 쉽게 계산할 수 있다.

예제 23 $\lim_{x \to -2} \dfrac{x^3+2x^2-1}{5-3x}$ 을 구하여라.

풀이 $f(x) = \dfrac{x^3+2x^2-1}{5-3x}$ 은 유리함수이고 정리 8.12의 (5)에 의해 $x \neq \dfrac{5}{3}$ 인 실수 x 에서 연속이다. 따라서 $x=-2$에서 연속이고 연속함수의 정의의 성질 (3)에 의해 다음과 같이 극한값을 구할 수 있다.

$$\lim_{x \to -2} \frac{x^3+2x^2-1}{5-3x} = \lim_{x \to -2} f(x) = f(-2) = \frac{(-2)^3+2(-2)^2-1}{5-3(-2)} = -\frac{1}{11}$$

■

미적분학에서 다루는 대부분의 함수 즉, 다항함수, 유리함수, 삼각함수, 지수함수, 로그함수, 쌍곡선함수 등은 그 정의된 정의역에서 연속함수이다.

예제 24 다음의 극한값을 구하여라.

(1) $\lim_{x \to e} \dfrac{x}{\ln x}$　　　　(2) $\lim_{x \to 0} \dfrac{e^x-1}{x-1}$

풀이 (1) 함수 $f(x) = \dfrac{x}{\ln x}$ 는 $\ln x \neq 0$ 이고 $\ln x$가 정의된 모든 점에서 연속이다. 즉, $x \neq 1$이고 $x>0$ 인 모든 실수 x 에서 연속이다. 따라서 $x=e$에서도 연속이므로 극한값은 다음과 같다.

$$\lim_{x \to e} \frac{x}{\ln x} = \frac{e}{\ln e} = e$$

(2) (1)과 마찬가지로 $x=0$에서 연속이다. 따라서 극한값은 다음과 같다.

$$\lim_{x \to 0} \frac{e^x - 1}{x-1} = \frac{e^0 - 1}{0-1} = 0$$

정리 8.13

함수 f 와 g 에 대하여 $\lim_{x \to a} g(x) = b$이고 f 가 $x = b$에서 연속이면

$$\lim_{x \to a} f(g(x)) = f(b) = f(\lim_{x \to a} g(x))$$

가 성립한다.

위의 정리에서 $u = g(x)$ 라 하면 $\lim_{x \to a} u = b$ 이므로 $\lim_{x \to a} f(g(x)) = \lim_{u \to b} f(u)$이다. f 가 $x = b$에서 연속이므로 $\lim_{u \to b} f(u) = f(b)$ 이다.

예제 25 $\lim_{x \to 2} \sqrt{x^2+1}$ 의 값을 구하여라.

풀이 $f(x) = \sqrt{x}$, $g(x) = x^2 + 1$ 이라 하면 $f(g(x)) = \sqrt{x^2+1}$ 이다. 또한,

$\lim_{x \to 2} g(x) = \lim_{x \to 2} (x^2+1) - 5$

이고 $f(x) = \sqrt{x}$ 는 $x = 5$ 에서 연속이므로 정리 8.13에 의해 극한값은 다음과 같다.

$$\lim_{x \to 2} \sqrt{x^2+1} = \sqrt{\lim_{x \to 2} (x^2+1)} = \sqrt{5}$$

정리 8.13으로부터 다음의 정리를 얻을 수 있다.

정리 8.14

함수 g 가 $x=a$ 에서 연속이고 함수 f 가 $g(a)$ 에서 연속이면, 합성함수 $f \circ g$ 도 $x=a$ 에서 연속이다.

위의 정리는 정리 8.13을 이용하여 쉽게 증명될 수 있다. 다음은 연속함수의 중요한 성질 중 하나인 중간값 정리를 소개한다.

정리 8.15 (중간값 정리)

함수 f 가 폐구간 $[a, b]$ 에서 연속이고 $f(a) \neq f(b)$ 라 할 때, $f(a)$ 와 $f(b)$ 사이의 임의의 값 N 에 대하여 $f(c)=N$ 을 만족하는 수 c 가 (a, b) 안에 적어도 하나 존재한다.

위의 중간값 정리는 다음 예제와 같이 방정식에 대한 근의 위치를 추정하는 데 이용될 수 있다.

예제 26 방정식 $4x^3-6x^2+3x-2=0$ 의 근이 1 과 2 사이에 존재함을 보여라.

풀이 $f(x)=4x^3-6x^2+3x-2$ 이라 하면 $f(1)=-1<0<12=f(2)$ 이다. 또한 f 는 다항함수로 연속이므로 중간값 정리에 의해 $f(c)=0$ 인 수 c 가 $(1,2)$ 안에 존재한다. 즉, 주어진 방정식은 구간 $(1, 2)$ 에서 적어도 하나의 근을 갖는다. ■

연습문제 8-2 Exercises

1. 다음 각 함수는 x의 어떠한 값에서 불연속이 되는가?

(1) $f(x)=\dfrac{x}{x^2-1}$

(2) $f(x)=\dfrac{1+\cos x}{\sin x}$

2. 다음 함수의 연속성을 조사하여라.

(1) $f(x)=\begin{cases}\dfrac{x^2-4}{x-2} & (x\neq 2)\\ 4 & (x=2)\end{cases}$

(2) $f(x)=\begin{cases}x\cdot\sin\dfrac{1}{x} & (x\neq 0)\\ 0 & (x=0)\end{cases}$

3. $f(x)=x^2+\dfrac{x^2}{1+x^2}+\dfrac{x^2}{(1+x^2)^2}+\cdots+\dfrac{x^2}{(1+x^2)^n}+\cdots$은 $x=0$에서 불연속임을 증명하여라.

❖ 메모

CHAPTER 09

관계

집합의 원소들 사이에는 관계(relation)가 있으며 그 관계는 전산학 이론 뿐만 아니라 그 응용에 있어서도 매우 중요하다. 따라서 이 장에서는 관계에 대해서 공부하고 이항 관계(binary relation)의 개념을 발전시켜 관계를 표현하는 여가 가지 기하학적 및 대수적인 방법과 관계의 성질에 대해서 이야기 할 것이다.

9.1 관계와 이항관계

카테이션곱이나 순서쌍이 중요한 이유 중의 하나는 이들에 의하여 수학적 개념으로서의 **관계**(relation)을 정의할 수 있기 때문이다. 우리가 일반적으로 말하는 관계는 두 개체 사이의 관계, 즉 **이항관계**(binary relation)이다. 부자관계, 부부관계, 친구관계, $x=x$, $x<y$ 등 두 개체가 가질 수 있는 관계는 아주 많다.

정의 9.1

두 집합 A, B에 대하여, A로부터 B로의 **이항관계**(binary relation) R은 두 집합의 곱집합 $A\times B$의 부분집합이다. $A\times B$의 원소의 순서쌍 (a, b)가 주어졌을 때 $(a, b)\in R$과 aRb는 동치이다.

관계에 대한 표기를 기호로 나타내면 다음과 같다.

$aRb \Leftrightarrow (a, b) \in R$: a와 b가 관계가 있는 경우

$a\not R b \Leftrightarrow (a, b) \notin R$: a와 b가 관계가 없는 경우

관계 R의 정의역(Domain)은 순서쌍에서 모든 첫 번째 원소의 집합이고 Dom(R)로 표기한다. 그리고 R의 치역(range)은 두 번째 원소의 집합이고 Ran(R)로 표기한다.

예제 1 $A = \{1, 2, 3, 4, 6\}$에서 $x|y$를 "y는 x로 나뉘어진다"라는 관계라 하자. A의 모든 관계 R: $x|y$를 순서쌍(x, y)로 나타내어라.

풀이 $R = (1, 1), (1, 2), (1, 3), (1, 4), (1, 6), (2, 2), (2, 4), (2, 6), (3, 6), (4, 4), (6, 6)$이고, R은 $A \times A$의 부분집합이다.

■

예제 2 $A = \{1, 2, 3, 4, 5\} = B$라 하자. A에 관한 관계를 $aRb \Leftrightarrow a < b$로 정의할 때 R을 나타내고 정의역과 치역을 구하여라.

풀이 $R = \{(1, 2), (1, 3), (1, 4), (1, 5), (2, 3), (2, 4), (2, 5), (3, 4), (3, 5), (4, 5)\}$

$Dom(R) = \{1, 2, 3, 4\}$

$Ran(R) = \{2, 3, 4, 5\}$

■

정의 9.2

집합 A에서 집합 B로의 관계 R에 대한 **역관계**(inverse relation) R^{-1}는 집합 B에서 집합 A로의 관계를 나타내며, 순서쌍 내의 순서를 다시 바꾸면 그 순서쌍은 관계 R에 속하게 된다.

$$R^{-1} = \{(b, a) | (a, b) \in R\}$$

예제 3 집합 $A = \{1, 2, 3\}$에 대하여 $a < b$인 순서쌍 (a, b)를 원소로 하는 관계 $R = \{(1, 2), (1, 3), (2, 3)\}$의 역관계를 나타내어라.

풀이 $R^{-1} = \{(2, 1), (3, 1), (3, 2)\}$

9.2 관계의 표현

집합 사이의 관계를 표현하는 방법에는 다음 4가지가 있다.

(1) 화살표 도표

화살표 도표(arrow diagram)를 이용한 관계의 표현은 a가 집합 A의 원소이고 b가 집합 B의 원소라고 하면, $(a, b) \in R$일 경우 집합 A에 있는 원소 a에서 집합 B에 있는 원소 b로 화살표를 그려서 관계를 표현한다.

예제 4 집합 $A = \{1, 2, 3\}$에 관한 관계 $R_1 = \{(1, 1), (2, 2), (3, 3)\}$및 $R_2 = \{(1, 1), (1, 2), (1, 3), (2, 2), (2, 3), (3, 3)\}$일 경우, 관계들을 화살표 도표를 이용하여 나타내어라.

풀이

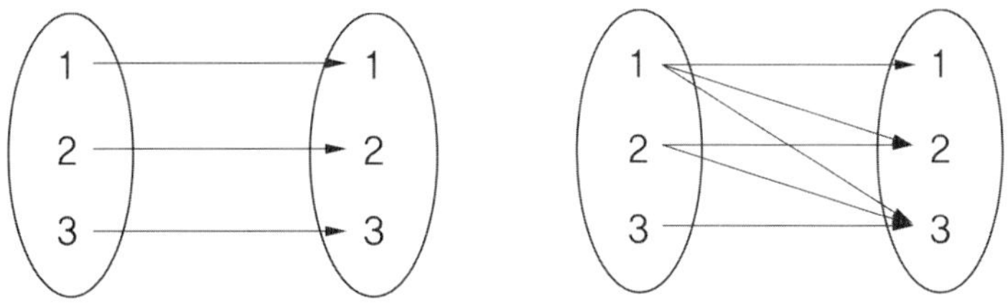

R_1 R_2

(2) 좌표 도표

좌표 도표(coordinate diagram)를 이용하여 관계를 표현하는 방법은 집합 A의 원소를 x축 위의 점으로 표시하고 집합 B의 원소를 y축 위의 점으로 생각하여, $a \in A$와 $b \in B$가 관계가 있으면 a를 가리키는 x좌표축과 b를 가리키는 y좌표축이 만나는 곳에 점으로 표시한다.

예제 5 $A=\{1, 2\}$, $B=\{1, 2, 3\}$일 때 $A \times B$와 관계 $R=\{(1, 2), (2, 3)\}$을 좌표 도표을 이용하여 표시하여라.

풀이

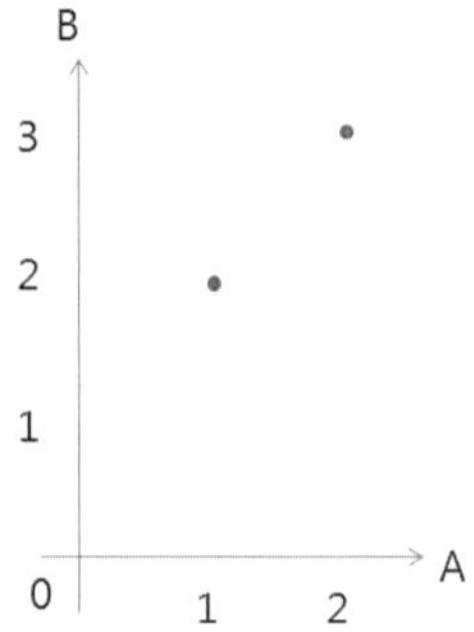

■

(3) 방향 그래프

관계 R이 두 집합 A와 B사이의 관계가 아니고 하나의 집합 A에 대한 관계일 때, 집합 A의 각 원소를 그래프의 정점(vertex)으로 표시하고 $(a, b) \in R$일 경우 a에서 b로의 화살표가 있는 연결선(edge)으로 표현하는 것을 관계 R에 대한 **방향 그래프**(directed graph)라고 한다.

예제 6 집합 $A=\{1, 2, 3\}$에 대한 관계 $R=\{(1, 1), (1, 2), (1, 3), (2, 2), (2, 3), (3, 3)\}$을 방향 그래프로 표시하여라.

풀이

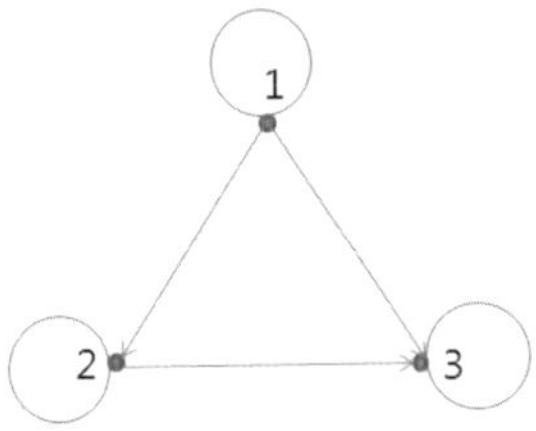

■

예제 7 집합 $A=\{1, 2, 3, 4\}$에서 관계 R에 대한 방향 그래프가 다음과 같을 때 관계 R의 순서쌍을 구하여라.

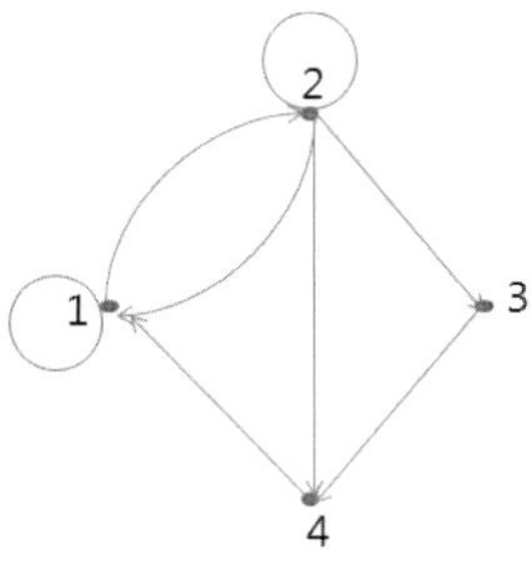

풀이 $R = \{(1, 1), (1, 2), (2, 1), (2, 2), (2, 3), (2, 4), (3, 4), (4, 1)\}$

■

(4) 관계 행렬

관계를 표현하는 또 다른 방법으로서 부울(Boolean)행렬을 이용하는 **관계 행렬**(relation matrix)방법이 있다. 부울 행렬은 행렬 안에 있는 모든 원소들이 0 또는 1로 표시되는 행렬을 의미한다. 즉, 관계 행렬의 행에는 집합 A의 원소, 열에는 집합 B의 원소를 표시하는데, 행렬의 각 요소의 값은 $a \in A$와 $b \in B$의 관계가 있으면 1, 관계가 없으면 0으로 표현하는 방법이다.

예를 들어, $R = \{(1, 2), (1, 3), (3, 2)\}$일 때 행렬에 의한 관계 표현은 다음과 같다.

$$M = \begin{pmatrix} 0 & 1 & 1 \\ 0 & 0 & 0 \\ 0 & 1 & 0 \end{pmatrix}$$

일반적인 표현으로 나타내면, 집합 A는 n개의 원소를 가지고 있고 집합 B는 m개의 원소를 가지고 있다고 가정하자.

$$A = \{a_1, a_2, \cdots, a_n\}$$

$$B = \{b_1, b_2, \cdots, b_m\}$$

R이 집합 A와 집합 B 사이의 관계라고 하면 R의 관계 행렬은 n개의 행(row)과 m개의 열(column)을 가지는 $n \times m$ 행렬 M이고 M의 각 원소들은 다음과 같이 정의된다.

$$M[i, j] = \begin{cases} 1, & (a_i, b_j) \in R \\ 0, & (a_i, b_j) \notin R \end{cases} \quad i = 1, 2, \cdots, n, \ j = 1, 2, \cdots, m$$

예제 8 $A=\{1, 2, 3\}$, $R=\{(1, 2), (1, 3), (2, 1), (2, 2), (3, 2), (3, 3)\}$일 때, R을 관계 행렬로 표현하여라.

풀이 $M=\begin{pmatrix} 0 & 1 & 1 \\ 1 & 1 & 0 \\ 0 & 1 & 1 \end{pmatrix}$

■

9.3 합성관계

정의 9.3

세 집합 A, B, C에서 R_1을 집합 A에서 집합 B로의 관계라 하고, R_2를 집합 B에서 집합 C로의 관계라 하면, 집합 A에서 집합 C로의 **합성관계**(composite relation) $R_1 \circ R_2$ 또는 R_1R_2는 다음과 같이 정의된다.

$$R_1 \circ R_2 = \{(a, c) | a \in A,\ c \in C,\ (a, b) \in R_1, \text{이고 } (b, c) \in R_2\}$$

합성관계는 주어진 두 관계로부터 새로운 관계를 이끌어내는 것이다. 즉, 이미 존재하고 있는 관계 R_1과 R_2로부터 새로운 관계 $R_1 \circ R_2$를 만들어낸다. 이러한 합성관계에서 관계 R_1과 R_2는 연관성이 있어야 하는데, R_1의 치역이 R_2의 정의역이 될 경우에만 합성관계 $R_1 \circ R_2$를 만들 수 있다.

예제 9 $A=\{1, 2, 3\}$, $B=\{a, b, c\}$, $C=\{x, y, z\}$이다. R은 A에서 B에의, S는 B에서 C에의 관계이고, $R=\{(1, b), (2, a), (2, c),\}$ $S=\{(a, y), (b, x), (c, y), (c, z)\}$일 때, 합성관계 $R \circ S$ 및 관계 행렬 $M_{R \circ S}$를 구하여라.

풀이 먼저 합성관계 $R \circ S$를 화살표 도표로 나타내면 다음과 같다.

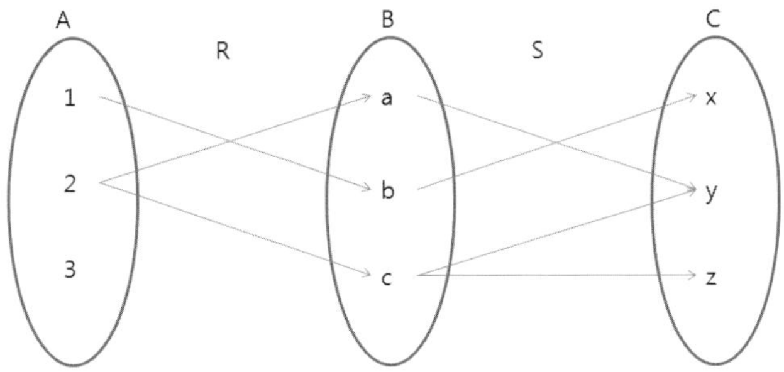

따라서 $R \circ S = \{(1, x), (2, y), (2, z)\}$이다. 또한 관계 행렬 $M_{R \circ S}$은 다음과 같다.

$$M_{R \circ S} = \begin{pmatrix} 1 & 0 & 0 \\ 0 & 1 & 1 \\ 0 & 0 & 0 \end{pmatrix}$$

■

예제 10 $A = \{1, 2, 3\}$, $B = \{2, 3, 4\}$, $C = \{4, 6, 8\}$이라 하고, $a \in A$, $b \in B$, $c \in C$라 하자. 관계 $R_1 = \{(a, b) | b = a + 1\}$, 관계 $R_2 = \{(b, c) | c = b \times 2\}$라 할 때 합성관계 $R_1 \circ R_2$를 구하여라.

풀이 관계 $R_1 = \{(1, 2), (2, 3), (3, 4)\}$이고, 관계 $R_2 = \{(2, 4), (3, 6), (4, 8)\}$이므로 합성관계 $R_1 \circ R_2 = \{(1, 4), (2, 6), (3, 8)\}$이다.

■

정의 9.4

집합 A에 대한 항등관계(identity relation) I_A는 다음과 같이 정의된다.

$$I_A = \{(a, a) | a \in A\}$$

예제 11 $A = \{1, 2, 3, 4\}$, $B = \{1, 2, 3\}$이고, 집합 A에서 집합 B로의 관계가 다음과 같이 R로 나타내어질 경우 나음 관계를 각각 구하여라.

$R = \{(1, 2), (1, 3), (2, 2), (3, 1), (4, 2)\}$

(1) $I_A R$ (2) I_B

풀이 (1) $I_A R = \{(1, 2), (1, 3), (2, 2), (3, 1), (4, 2)\}$

(2) $I_B = \{(1, 1), (2, 2), (3, 3)\}$

9.4 관계의 성질

집합 A에 대한 관계 R은 특정한 성질에 따라 그 관계가 여러 가지로 나누어진다. 관계가 가지고 있는 주요 성질은 기본적으로 반사 관계, 대칭 관계, 반대칭 관계, 추이 관계 등이다.

(1) 반사 관계

정의 9.5

집합 A에 있는 모든 원소 x에 대하여 xRx이면, 즉 $(x, x) \in R$이면 관계 R을 **반사관계**(reflexive relation)라고 한다.

관계 R에 대한 방향 그래프를 그렸을 때 그래프의 모든 정점에서 자기 자신을 가리키는 화살표가 있어야 반사 관계가 성립한다. 그러므로 그림 9.1과 같은 방향 그래프들은 모두 반사 관계가 된다.

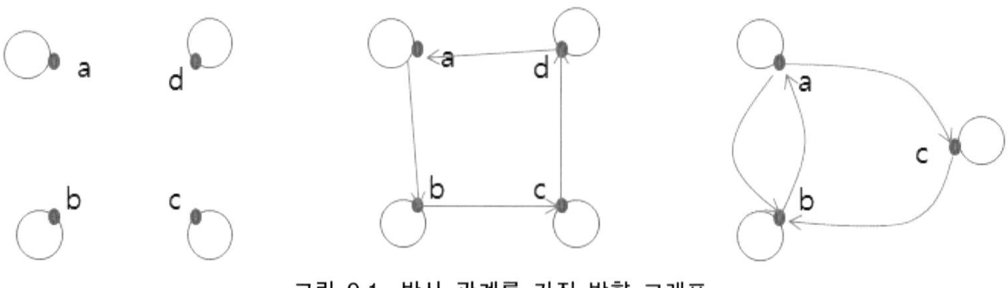

그림 9.1 반사 관계를 가진 방향 그래프

예제 12 집합 $A=\{1, 2, 3\}$에 대하여 다음 관계가 반사적임을 살펴보아라.

(1) $R=\{(1, 1), (1, 2), (2, 1), (3, 3)\}$ (2) $S=\{(a, b) \mid a \le b,\ a, b \in A\}$

풀이 (1) $(2, 2) \notin R$이므로 반사적 아니다.

(2) 모든 실수 x에 대하여 $x \le x$이므로 반사적이다.

---

(2) 대칭 관계

정의 9.6

집합 A에 있는 모든 원소 x, y에 대하여 $(x, y) \in R$일 때 $(y, x) \in R$이면 관계 R을 **대칭관계**(symmetric relation)라고 한다.

R이 대칭 관계일 때 R의 원소 중 (a, b)가 존재하면 (b, a) 또한 반드시 존재하여야 한다. 대칭 관계인 R을 방향 그래프로 나타내면, 하나의 정점에서 다른 정점으로 화살표가 나가면 반대로 다른 정점에서 그 정점으로의 화살표도 반드시 있어야 한다. 또한 R에 대한 관계 행렬에서는 대각선을 중심으로 행렬이 서로 대칭이 되어야 대칭 관계가 된다. 그림 9.2는 대칭 관계의 두 가지 예를 그래프와 행렬로 나타낸 것이다.

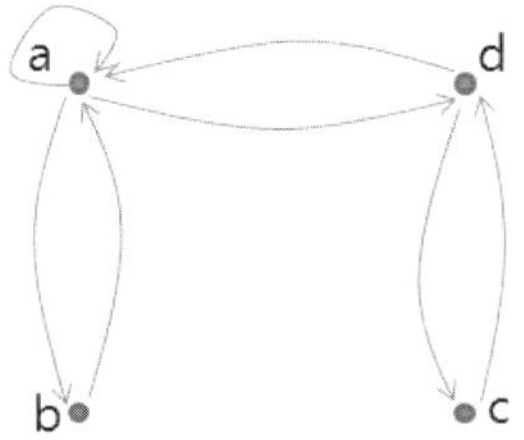

$$\begin{array}{c} \\ 1 \\ 2 \\ 3 \\ 4 \end{array} \begin{array}{c} \begin{matrix} 1 & 2 & 3 & 4 \end{matrix} \\ \begin{bmatrix} 1 & 0 & 1 & 0 \\ 0 & 0 & 0 & 1 \\ 1 & 0 & 0 & 1 \\ 0 & 1 & 1 & 1 \end{bmatrix} \end{array}$$

그림 9.2 대칭 관계의 두 가지 예

예제 13 집합 $A=\{1, 2, 3, 4\}$에 대하여 다음 관계 및 관계 행렬이 대칭적임을 살펴보아라.

(1) $R=\{(1, 2), (2, 2), (3, 4), (4, 1)\}$

(2) $\begin{bmatrix} 1 & 0 & 1 & 0 \\ 0 & 0 & 0 & 1 \\ 1 & 0 & 0 & 1 \\ 0 & 1 & 1 & 1 \end{bmatrix}$

풀이 (1) $(1,2)\in R$이나 $(2,1)\notin R$이므로, R은 대칭적이 아니다.

(2) 관계 행렬의 모든 성분이 대각 성분에 대하여 대칭이므로 대칭적이다.

(3) 반대칭 관계

정의 9.7

집합 A에 있는 모든 원소 x, y에 대하여 $(x, y)\in R$이고 $(y, x)\in R$일 때 $x=y$인 관계를 만족하면 관계 R을 **반대칭관계**(anti-symmetric relation)라고 한다.

R이 반대칭 관계일 때, $x\neq y$이고 $(x, y)\in R$이면 $(y, x)\notin R$이 되어야 한다. 따라서 대칭 관계와 반대칭 관계는 서로 반대의 개념을 가지고 있다.

예제 14 $A=Z^{+}$(양의 정수), $R=\{(a, b)\mid a|b(a$는 b를 나눈다$)\}$일 때, 관계 R이 대칭적인지 반대칭적인지 살펴라.

풀이 $a\neq b$이고 $a|b$이면, $b\nmid a$이므로, R은 대칭적이 아니다.

$a|b$이고, $b|a$이면, $a=b$이므로 R 반대칭적이다.

(4) 추이 관계

정의 9.8

집합 A에 있는 모든 원소 x, y에 대하여 관계 R이 $(x, y)\in R$이고 $(y, z)\in R$이면 $(x, z)\in R$인 관계를 만족할 때 관계 R을 **추이관계**(transitive relation)라고 한다.

집합 $A=\{1, 2, 3\}$이고 $R=\{(1, 2)\}$이면 관계 R의 순서쌍은 $(1, 2)$뿐이고 2로 시작하는 순서쌍이 존재하지 않으므로 추이 관계가 된다.

또한 $S=\{(1, 3), (2, 2), (3, 2)\}$이면 관계 S의 순서쌍에 $(1, 3)$과 $(3, 2)$가 존재하나

$(1, 2)$가 존재하지 않으므로 관계 S는 추이 관계가 아니다.

예제 15 $A = Z$(정수의 집합)에 대하여 $R = \{(a, b) \in A \times A \mid a < b\}$라고 할 때 R은 추이관계임을 밝혀라.

풀이 $a, b, c \in Z$에 대하여 aRb이고 bRc라고 가정하면 $a < b$이고 $b < c$이므로 $a < c$이다. 그러므로 aRc이다. 따라서 R은 추이관계이다.

예제 16 $A = \{a, b, c, d\}$에 대하여 $R = \{(a, b), (c, d)\}$는 추이 관계임을 밝혀라.

풀이 aRb인 순서쌍 (a, b)는 있으나 $bR\star$인 순서쌍 $(b, \star)$가 없으므로 $aR\star$인 순서쌍 $(a, \star)$의 존재 유무에 관계없이 이 관계는 추이적이다.

9.5 동치 관계와 분할

정의 9.9

관계 R에서 반사 관계, 대칭 관계, 추이 관계가 모두 성립할 때 이를 **동치 관계**(equivalence relation)라고 한다. 동치 관계 R의 중요한 성질로는 R이 서로 공통 부분이 없으면서 공집합이 아닌 클래스들로 S를 분할한다는 점이다.

동치 관계에 대한 예는 우리가 일상생활에서도 만날 수 있다. 우리가 어떤 가게에 가서 물건을 구입하려고 할 때 그 물건이 없을 경우, 그 물건과 대체할 수 있는 물건이 동치 관계이다. 또 다른 예로 컴퓨터에서 논리 회로와 컴퓨터 프로그램이 같은 입력으로부터 같은 출력이 나온다면 이를 동치 관계라고 한다. 또한 부울 방정식에서도 논리적 동치인 것을 찾을 수 있다.

예제 17 $A = Z$(정수의 집합), $R = \{(a, b) \in A \times A \mid a \equiv b(\text{mod}2)\}$이라 할 때, 즉 $a \equiv b(\text{mod}2)$"$a - b$가 2로 나누어진다"를 aRb로 나타내면, R="2를 법(mod)으로 합동"이라는 관계는 동치관계임을 밝혀라.

풀이 (i) $2|(a-a)$이므로 $a \equiv a(\text{mod}2)$이고 R은 반사적이다. 즉 $(a,a)\in R$

(ii) $a \equiv b(\text{mod}2)$이면, $a-b=2k(k\in Z)$이므로 $b-a=-2k=2(-k)$이다. 따라서 $b \equiv a(\text{mod}2)$이고 R은 대칭적이다.

(iii) $a \equiv b(\text{mod}2)$이고 $b \equiv c(\text{mod}2)$이면 $2|(a-b)$, $2|(b-c)$이므로, $a-b=2k_1$, $b-c=2k_2(k_1,k_2\in Z)$이다. 따라서 $a-c=2(k_1+k_2)$이고 $a \equiv c(\text{mod}2)$이므로 R은 추이적이다.

그러므로 "2를 법으로 합동"인 관계는 동치관계이다.

■

정의 9.10

집합 A에 대한 동치 관계를 R이라고 할 때, A의 각 원소 x에 대하여 $[x]$를 R에 대한 x의 **동치류**(equivalence classes) 또는 **동치 클래스**라 하고

$$[x]=\{y|(x,\ y)\in R\}$$

로 정의한다. 이때 집합 A의 동치류의 모임을 A의 **몫집합**(quotient set)이라 하고, $\frac{A}{R}$로 나타낸다.

$$\frac{A}{R}=\{[x]|x\in A\}$$

정의 9.11

공집합이 아닌 집합 A의 **분할**(partition)이란 다음 조건을 만족시키는 A의 부분집합의 모임 $\{A_1,\ A_2,\ \cdots,\ A_n\}$을 말한다.

(1) $A_i\neq\phi, 1\leq i\leq n$ (2) $A=\bigcup_{i=1}^{n}A_i$ (3) $A_i\cap A_j=\phi, i\neq j$

$(A,\ R)$이 동치관계라면, R의 동치류의 집합은 분할을 이룬다.

예제 18 $A=\{1,\ 2,\ 3,\ 4,\ 5,\ 6\}$이고, 관계 R이 $R=\{(1,\ 1),\ (1,\ 5),\ (2,\ 2),\ (2,\ 3),\ (2,\ 6),\ (3,\ 2),\ (3,\ 3),\ (3,\ 6),\ (4,\ 4),\ (5,\ 1),\ (5,\ 2),\ (5,\ 5),\ (6,\ 2),\ (6,\ 3),\ (6,\ 6)\}$으로 정의된 동치관계이다. 동치류에 의한 A의 분할을 구하여라.

풀이 $[1]=\{1, 5\}$, $[2]=\{2, 3, 6\}$
[1], [2]에 속하지 않은 것은 4뿐이고, $[4]=4$이므로, R에 의한 A의 분할은 $[\{1, 5\}, \{2, 3, 6\}, 4]$, 즉 $[[1], [2], [4]]$

■

예제 19 $A=\{0, 1, 2, \cdots, 11, 12\}$, R: "3으로 나눌 때의 나머지가 같다"라 할 때, R은 동치관계이다. 동치류에 의하여 A를 분할하여라.

풀이 $[0]=\{0, 3, 6, 9, 12\}$, $[1]=\{1, 4, 7, 10\}$, $[2]=\{2, 5, 8, 11\}$

$$A=[0]\cup[1]\cup[2]$$

■

9.6 부분 순서 관계

어떤 특정한 일을 수행하는 데 있어서 우리는 일반적으로 순서를 정해서 한다. 컴퓨터 프로그램 작업에 있어서도 프로그램이 진행되는 순서도를 그려서 부분 작업들에 대한 순서를 정한다. 이처럼 일에 대한 순서를 정하면, 만약 A작업과 B작업이 있다고 할 경우 A작업이 먼저 수행되고 바로 다음에 B작업이 수행된다고 했을 때 이 작업에 대한 순서쌍을 (A, B)로 표시할 수 있다.

(1) Poset

정의 9.12

집합 A에 대한 관계 R이 반사 관계, 반대칭 관계, 추이 관계이면 관계 R을 **부분 순서 관계**(partially ordered relation) 또는 **반순서 관계**라고 한다. 또한 R이 A에 대한 부분 순서 관계이면 순서쌍 (A, R)을 **부분 순서 집합**(partially order set, Poset)이라고 한다.

부분(partial)이라는 용어를 쓰는 이유를 집합 A의 원소의 모든 쌍이 관계를 가지는 것은 아니기 때문이다. 우리가 부분 순서 집합을 나타낼 때 $(A, \leq)$라는 기호를 사용하는데, 여기서 A는 집합을 의미하고 $\leq$은 A의 부분 순서 관계를 나타낸다. 만약 집합 A에 대한 관계 R이 부분 순서 관계이면, A의 두 원소 x, y에 대하여 $(x, y) \in R$을 $x \leq y$로 표기하고, 'x가 y를 선행한다'(x precedes y)라고 읽는다.

정리 9.13

집합 A에서의 관계 $R \subseteq A \times A$는 다음과 같은 성질을 가질 수 있다.

(1) 반사 관계 : 모든 $x \in A$에 대해 xRx이다.

(2) 반대칭 관계 : 모든 $x, y \in A$에 대해 xRy이고 yRx이면 $x = y$이다.

(3) 추이 관계 : 모든 $x, y, z \in A$에 대해 xRy이고 yRz이면 xRz이다.

위의 세 가지 관계를 모두 만족시키는 관계를 부분 순서 관계라고 한다.

예제 20 실수의 집합 R에 관한 관계 "…보다 작거나 같은($\leq$)"은 반순서 관계임을 보여라.

풀이 (i) $a \in \mathrm{R}$ 에 대하여 $a \leq a$ 이므로 반사적이다.

(ii) $a, b \in \mathrm{R}$ 에 대하여 $a \leq b$이고 $b \leq a$일 때 $a = b$이므로 반대칭적이다.

(iii) $a, b, c \in \mathrm{R}$ 에 대하여 $a \leq b$이고 $b \leq c$일 때 $a \leq c$이므로 추이적이다.

따라서, 이 관계는 반순서 관계이다. ■

다음 여러 집합에서 반순서 집합에는 ○표를, 반순서 집합이 아닌것에는 ×표를 하였다.

집 합	관 계	여 부	이 유
정수Z 실수R	$\leq$	○	$a \leq a$ $a \leq b, b \leq a$이면 $a = b$ $a \leq b, b \leq c$이면 $a \leq c$
자연수N	$x \mid y$	○	$x \mid x$ $x \mid y, y \mid x$이면 $x = y$ $x \mid y, y \mid z$이면 $x \mid z$
자연수N	$<$	×	$x < x$는 부당
S의 멱집합$\wp(\mathrm{S})$	$\subset$	○	$A \subset A$ $A \subset B, B \subset A$이면 $A = B$ $A \subset B, B \subset C$이면 $A \subset C$

부분 순서 집합 $(A, \leq)$에서 집합 A의 두 원소 x, y가 $x \leq y$ 또는 $y \leq x$이면 x와 y를 **비교가능**(comparable)하다고 하고, 집합 A의 모든 두 원소가 비교 가능하면 A를 **선형 순서 집합**(linearly ordered set)이라 하며, 이럴 경우 관계 $\leq$를 **선형 순서 관계**(linearly ordered relation, linear order)라고 한다. $a \leq b$를 "a는 b를 선행한다"(a precedes b)라고 한다.

예제 21 다음 집합들은 주어진 관계 R에 의하여 반순서집합인지, 선형순서집합인지를 살펴라.

(1) 집합 $\{2, 6, 24\}$에서 관계 R은 나누어짐

(2) 집합 $\{2, 3, 6, 8, 9, 18\}$에서 관계 R은 나누어짐

(3) 집합 $\{2, 4, 8, 24\}$에서 관계 R은 $\leq$

풀이

집 합	관 계	반순서여부		선형순서여부	
$\{2, 6, 24\}$	나누어짐	○	$2\|2, 6\|6, 24\|24, 2\|6, 6\|24;$ $2\|6, 6\|24 \Rightarrow 2\|24$	○	모든 원소사이에 반사성 반대칭성, 추이성이 성립된다.
$\{2, 3, 6, 8, 9, 18\}$	나누어짐	○	$2\|2, 3\|3, 6\|6, 8\|8, 9\|9, 18\|18;$ $2\|6, 6\nmid 2;$ $3\|6, 6\|18 \Rightarrow 3\|18$	×	비교할 수 없는 원소의 짝 $(2, 3)$이 있음
$\{2, 4, 8, 24\}$	$\leq$ 대소관계	○	$2 \leq 2, 4 \leq 4, 8 \leq 8,$ $24 \leq 24;\ 2 \leq 4, 4 \not\leq 2, \cdots$ $2 \leq 4, 4 \leq 8 \Rightarrow 2 \leq 8$	○	$2 \leq 4 \leq 8 \leq 24$

■

(2) 곱반순서$(A \times B, \leq)$

곱반순서는 곱집합에서 반순서 관계를 의미한다.

정리 9.14

$(A, \leq)$, $(B, \leq)$가 Poset일 때, 순서쌍에서

$$(a, b) \leq (a', b') \Leftrightarrow A \text{ 에서 } a \leq a',\ B\text{에서 } b \leq b'$$

로 정의하면, $(A \times B, \leq)$는 Poset이다.

증명 (i) A에서 $a \le a$, B에서 $b \le b$이므로, $(a, b) \le (a, b)$(반사성)

(ii) $a, a' \in A$, $b, b' \in B$에서 $(a, b) \le (a', b')$이고, $(a', b') \le (a, b)$일 때, $(a, b) = (a', b')$임을 밝힌다.

$(A, \le)$이 Poset 이므로, $a \le a'$, $a' \le a \Leftrightarrow a = a'$

$(B, \le)$이 Poset 이므로 $b \le b'$, $b' \le b \Leftrightarrow b = b'$

$\therefore\ (a, b) = (a', b')$(반대칭성)

(iii) $(a, b) \le (a', b')$, $(a', b') \le (a'', b'')$일 때, $(a, b) \le (a'', b'')$임을 밝힌다.

$a, a', a'' \in A$에서 $a \le a'$, $a' \le a''$ 이므로 $a \le a''$

$b, b', b'' \in B$에서 $b \le b'$, $b' \le b''$ 이므로 $b \le b''$

$(A \times B, \le)$의 관계의 정의에 의하여

$(a, b) \le (a'', b'')$(추이성)

■

예제 22 정수의 집합 Z에서 관계 R이 "나누어진다"라 할 때, (Z, R)은 반순서가 아님을 밝혀라.

풀이 가령 $2 | -2$, $-2 | 2$ 이지만 $2 \neq -2$ 이므로 R은 반대칭적이 아니다.

예제 23 정수의 집합 Z을 생각한다. $b = a^r$을 aRb로 정의한다. r은 어떤 양의 정수이다. R이 Z에서 반순서관계임을 밝혀라.

풀이 (i) 반사성 : $a = a^1$이므로, aRa 따라서 R은 반사적이다.

(ii) 반대칭성 : aRb, bRa라면 $b = a^r$, $a = b^s$ 되는 양의 정수 r, s가 존재한다. 그러면

$a = b^s = (a^r)^s = a^{rs}$ 이므로 $rs = 1$

$\therefore\ r = s = 1$(양의 정수) 또는 $a = 1$ 또는 $a = -1$, $r = s = 1$ 이 경우 $a = b$ 이므로, R은 반대칭적이다.

(iii) 추이성 : aRb, bRc 이라면 $b = a^r$, $c = b^s$

$\therefore\ c = b^s = (a^r)^s = a^{rs}$ 따라서 aRc이므로, R은 추이적이다.

한편, 정수 전체는 나누어진다는 관계 R에 의하여 반순서집합이다. 일부의 순서쌍은 비교불가능하여 선형순서관계가 성립 안된다. $2 \nmid 3 (= 2 \not R 3)$ 등 …

■

예제 24 $N=\{1, 2, 3, \cdots\}$이 나누어진다는 관계에 의하여 순서가 매겨진다고 하자. 다음 N의 어떤 집합이 선형(전)순서인가?

(1) $\{24, 2, 6\}$　　(2) $\{3, 5, 15\}$　　(3) $\{7\}$

풀이 (1) $2|6$, $6|24$ 이므로(어느 두쌍도 순서가 매겨진다) 선형순서
(2) $3|5$ 즉 3과 5는 비교불가능하므로, 선형순서가 아니다.
(3) 하나의 원소로 되는 집합은 선형순서이다.

예제 25 $b=a^r$일 때, aRb 즉 $a \le b$로 정의할 때, 다음 집합에서 선형순서 집합인 것은 어느 것인가? 단, r은 양의정수이다.

(1) $\{5, 25, 125\}$　　(2) $\{3, 27, 729\}$　　(3) $\{2, 8, 32\}$

풀이 (1), (2)는 선형순서집합이고, (3)은 $8=2^3$, $32=8^r$ 되는 양의 정수 r이 존재 안함으로 8과 32는 비교가 안된다.

---

(3) Hasse 도표

다음과 같이 반순서집합을 도표로 나타내는데, 아래와 같이 그린 도표를 Hasse 도표이라 한다.

(i) 모든 점에 길이 1인 사이클을 가지나, 이를 생략한다.(반사적)

(ii) $a \le b$, $b \le c$이면 $a \le c$(추이성)이나, a에서 c에의 변은 생략한다.

(iii) $a_i \le a_j$이면, a_i를 a_j의 아래에 점으로 나타낸다.

$R=\{(a, a), (a, b), (a, c), (b, b), (b, c), (c, c)\}$는 $A=\{a, b, c\}$에서 반순서관계이다. 이 순서 관계를 Hasse 도표로 도시하면 다음과 같다.

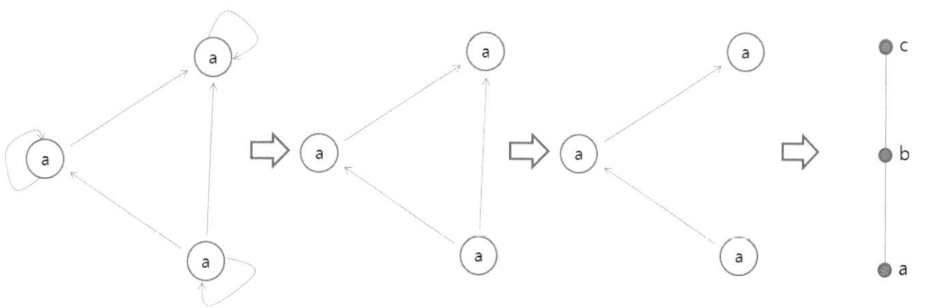

그림 9.3

예제 26 집합 $A=\{a, b, c\}$의 멱집합 $\wp(A)$는 관계 $\subset$에 대하여 반순서 집합이다. Hasse 도표를 그려라.

풀이 $\wp(A)=\{\varnothing, \{a\}, \{b\}, \{c\}, \{a, b\}, \{b, c\}, \{a, c\}, \{a, b, c\}\}$이다. 여기서 $\{a, b\}$, $\{b, c\}$, $\{a, c\}$의 경우 부분집합 관계가 성립하지 않으므로 서로 수평으로 위치하게 되며 연결선도 존재하지 않는다.

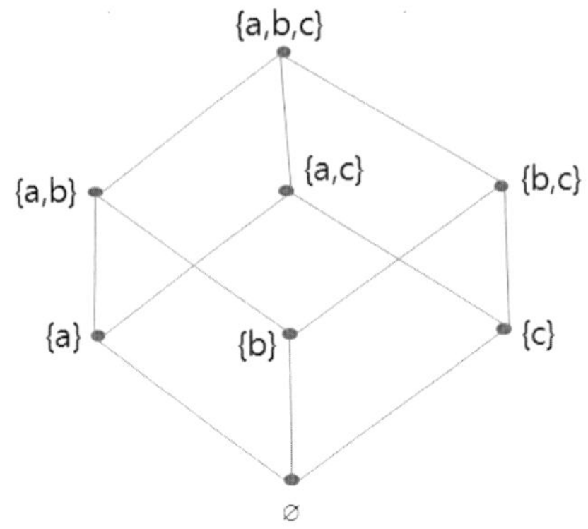

■

예제 27 $A=\{1, 2, 3, 4, 6, 8, 9, 12, 18, 72\}$는 정제(나누어짐)에 의하여 순서가 매겨져 있다. A의 정제에 의한 Hasse 도표를 그려라.

풀이

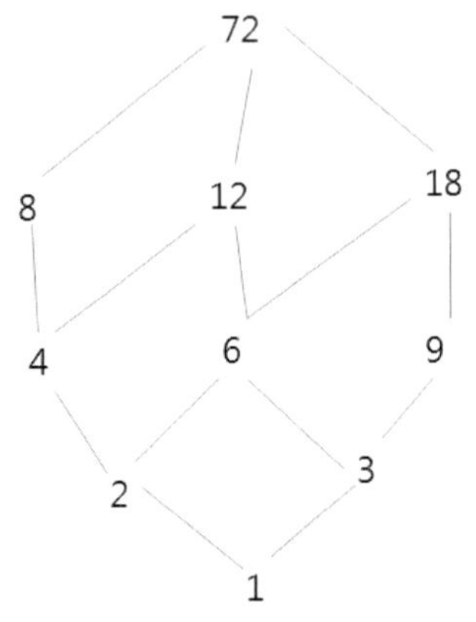

■

예제 28 $V=\{a, b, c, d, e\}$가 다음 다이아그램과 같이 순서가 매겨있다. 기호 $<, >, \|$을 다음 각 원소 사이에 써 넣어라.($\|$는 비교불가능 표시)

(1) a_e (2) c_b (3) b_d (4) a_d

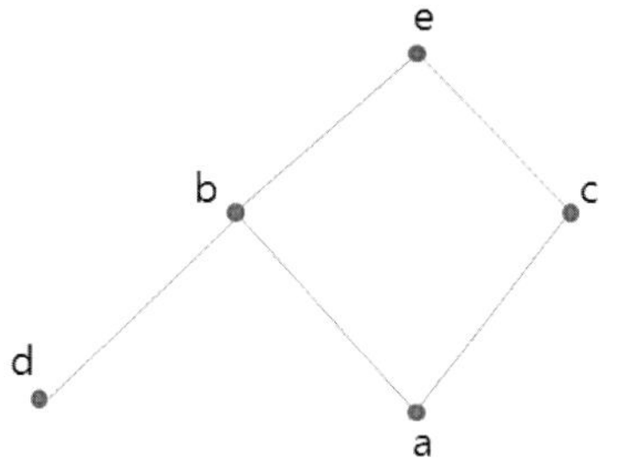

풀이 (1) a < e (2) c ‖ b (3) b > d (4) a ‖ d

예제 29 다음 다이아그램을 갖는 poset의 Hasse 도표를 그려라.

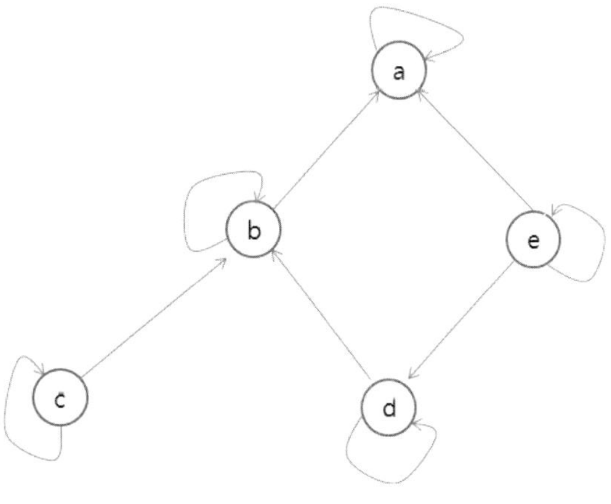

풀이

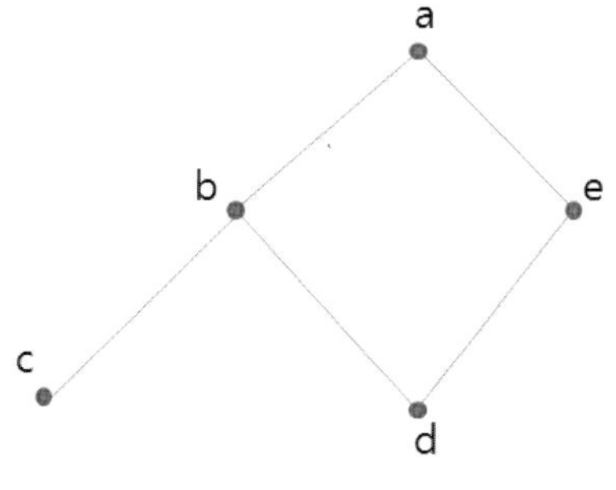

예제 30 $A=\{1, 2, 3, 4, 5\}$에서 관계 R의 관계행렬이 다음과 같다. 이것의 Hasse 도표를 그려라.

$$\begin{bmatrix} 1 & 1 & 1 & 1 & 1 \\ 0 & 1 & 1 & 1 & 1 \\ 0 & 0 & 1 & 1 & 1 \\ 0 & 0 & 0 & 1 & 1 \\ 0 & 0 & 0 & 0 & 1 \end{bmatrix}$$

풀이

■

예제 31 다음과 같은 Hasse 도표를 갖는 반순서관계의 관계행렬을 구하여라.

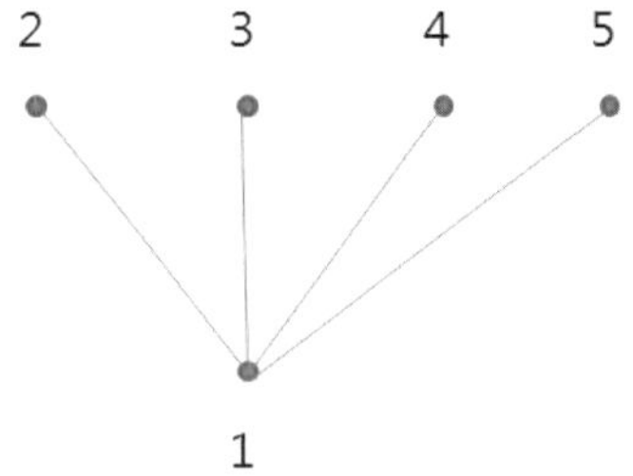

풀이

$$\begin{bmatrix} 1 & 1 & 1 & 1 & 1 \\ 0 & 1 & 0 & 0 & 0 \\ 0 & 0 & 1 & 0 & 0 \\ 0 & 0 & 0 & 1 & 0 \\ 0 & 0 & 0 & 0 & 1 \end{bmatrix}$$

■

(4) 상계와 하계

1) 극대원, 극소원, 최대원, 최소원

Poset S의 한 원소 a에 대하여 a를 후행하는 다른 원소가 없을 겨우, a를 **극대원**(maximal)이라 하고, Poset S의 한 원소 b를 선행하는 다른 원소가 없을 경우, b를 **극소원**(minimal)이라 한다. 극대원과 극소원은 모든 poset에서 1개 이상 존재한다.

	정 의	개수와 도표상의 위치	
극대원 maximal element	$a < x$, $\bar{x} \in A$ 되는 a가 극대원 엄격히 $a \in A$에 후행하는 원이 없다. poset A에서 $a \in A$가 극대원	적어도 1개 a에 후행하는 원이 없다.	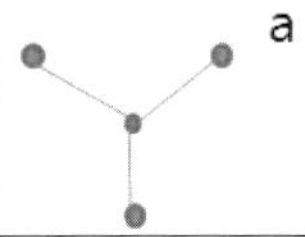
최대원 greatest element	$\forall x \in A$, $x \leq a \in A$되는 a가 최대원 A의 모든 원이 $a \in A$에 선행한다.	많아서 1개 A의 모든 원이 a에 선행한다.	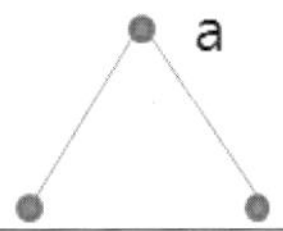
극소원 minimal element	$b > c$, $\bar{c} \in A$ 되는 $b \in A$가 극소원 엄격히 b에 선행하는 원이 없다.	적어도 1개 b에 선행하는 원이 poset A에 없다.	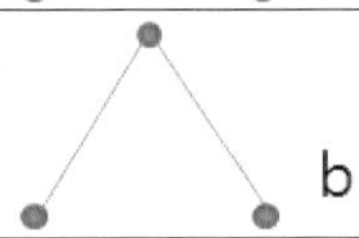
최소원 least element	$\forall x \in A$, $a \leq x$ 되는 $a \in A$가 최소원 A의 모든 원이 a에 후행한다.	많아서 1개 A의 모든 원이 a에 후행한다.	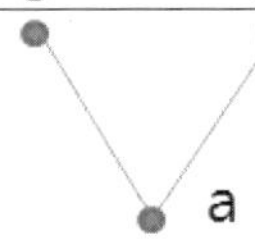

최대원, 최소원은 반드시 극대원, 극소원이나, 극대원, 극소원이 반드시 최대원, 최소원은 아니고, 극대원, 극소원이 각각 유일하면, 그것은 최대원, 최소원이 된다.

정리 9.15

유한 Poset$(A, \leq)$는 적어도 하나의 극대원과 극소원을 갖는다.

증명 $a \in A$가 극대원이 아니면, $a < a_1$되는 $a_1 \in A$이 있다.

a_1이 극대원이 아니면 $a_1 < a_2$ 되는 $a_2 \in A$가 있다.

이렇게 계속할 때, A가 유한이므로 $a < a_1 < a_2 < \cdots < a_{k-1} < a_k$

어떤 b에 대하여 $a_k < b$되는 $b \in A$가 존재할 수 없으면 a_k가 극대원이다. 마찬가지로 극소원도 적어도 하나 존재한다.

■

정리 9.16

어떤 Poset에서도 많아야 1개의 최대원과 많아야 1개의 최소원을 갖는다.

증명 a와 b가 Poset A의 최대원이라면, b가 최대원이므로 $a \le b$이고, a도 최대원이므로 $b \le a$, Poset A의 대칭성에 의하여 $a = b$이다. 따라서a, b가 다를 수 없다. 마찬가지로 최소원도 많아야 1개 존재한다. ■

(1) A가 음수가 아닌 실수의 집합이면, 대소관계 $\le$에 의하여 $(A, \le)$는 Poset이다. 그러면 0은 극소원이고, A의 극대원은 없다.

(2) 관계 $\le$에 의한 실수의 집합 Z에서 Poset$(Z, \le)$는 극소원도 극대원도 없다.

예제 32 다음 Poset에서 극소원과 극대원을 모두 구하여라.

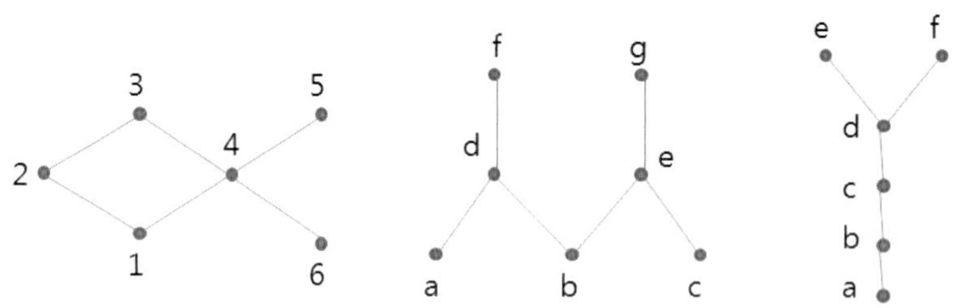

(a) (b) (c)

풀이 (a) 극대원 3, 5 극소원 1, 6

(b) 극대원 f, g 극소원 a, b, c

(c) 극대원 e, f 극소원 a ■

예제 33 다음 반순서관계 R의 Hasse 도표에서 최대원, 최소원을 구하여라.

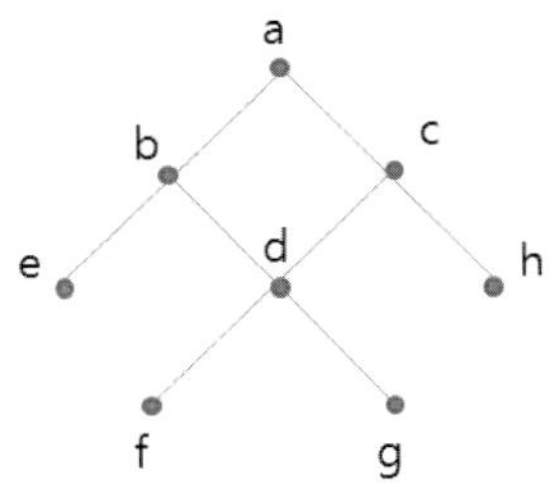

(1)

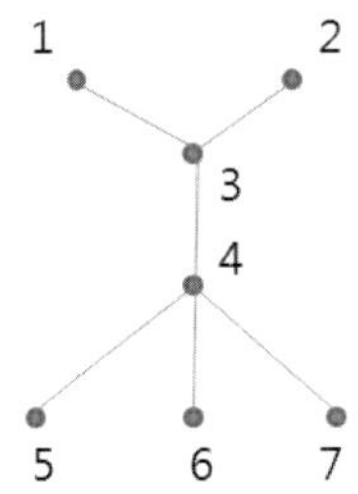

(2)

풀이 (1) 최대원은 a, 최소원은 없다. (2) 최대원, 최소원은 없다.

---

2) 상계와 하계

$(A, \le)$의 부분집합 B를 생각한다. 모든 $b \in B$에 대하여 $b \le a$이면, $a \in A$를 B의 상계(upper element), 모든 $b \in B$에 대하여 $a \le b$이면, $a \in A$를 B의 **하계**(lower element)이라 한다.

Poset$(A, \le)$, $B \subset A$에서 $a \in A$가 B의 상계이고, a'도 B의 상계일 때, $a \le a'$이면, a를 B의 **최소상계**(least upper bound; LUB 또는 **상한**(sup))이라 하고, a가 B의 하계이고, a'도 B의 하계인데 언제나 $a' \le a$이면 $a \in A$를 B의 **최대하계**(greatest lower bound; GLU 또는 **하한**(inf))이라 한다.

예제 34 $A = \{1, 2, 3, 4, 5, 6, 7, 8, 9, 10, 11\}$이 Poset이고, Hasse 도표가 다음과 같다. $B = \{6, 7, 8\}$의 LUB, GLB를 구하여라.

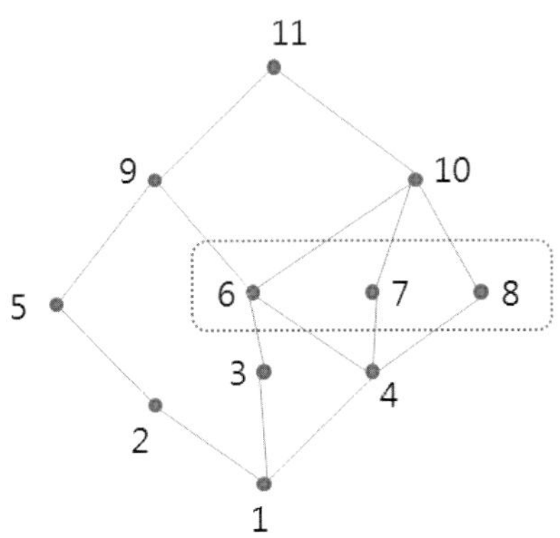

풀이 B의 상계={10, 11}, B의 하계={4, 1}이고, LUB(B)=sup(B)=10이며, GLB(B)=inf(B)=4이다. 3은 B의 모든 원과 관계가 있지 않으므로 B의 하계가 아니다.

Poset$(A, \leq)$에서 $B \subset A$라 할 때, B의 상계, 최소상계, 하계, 최대하계의 구분

	정 의	설 명
상계	$\forall\, b \in B,\ b \leq a$되는 $a \in A$를 B의 상계	B의 모든 원소에 후행하는 A의 원소들이 B의 상계
최소상계 (상한)	A의 원소 $a,\ a'$이 B의 상계일 때, $a < a'$이면, a를 B의 최소상계	B의 상계의 집합에서 최소원이 B의 최소상계
하계	$\forall\, b \in B,\ a \leq b$되는 $a \in A$를 B의 하계	B의 모든 원소에 선행하는 A의 원소들이 B의 하계
최대하계 (하한)	A의 원소 $a,\ a'$이 B의 하계이고, $a' \leq a$이면, a를 B의 최대하계	B의 하계의 집합에서 최대원이 B의 최대하계

예제 35 Poset $A = \{a, b, c, d, e, f, g\}$의 Hasse 도표가 다음과 같다.

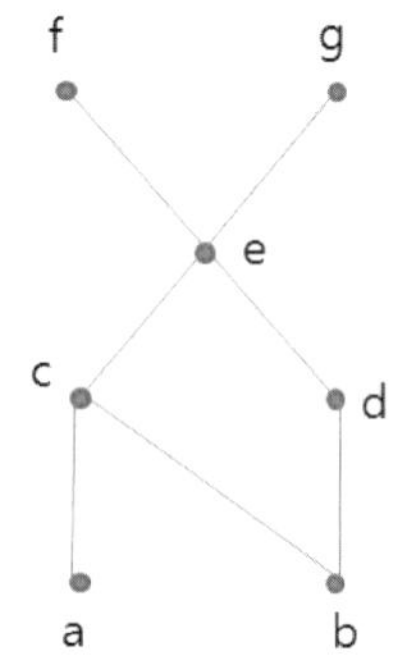

(1) A의 부분집합 $B_1 = \{a, b\}$의 상계와 하계를 구하여라.

(2) A의 부분집합 $B_2 = \{c, d, e\}$의 상계와 하계를 구하여라.

(3) B_1과 B_2의 최소상계, 최대하계를 구하여라.

풀이 (1) B_1의 하계는 없다. B_1의 상계는 c, e, f, g

(2) B_2의 상계는 e, f, g이고, B_2의 하계는 b이다.

(3) B_1은 하계가 없으므로 최대하계는 없고, LUB$(B_1) = c(c \in B)$

B_2의 하계가 b이므로 GLB$(B_2) = b$

B_2의 상계 e, f, g에서 e가 최소상계이다. LUB$(B_2) = e$

(5) 속(Lattice)

1) 속의 정의

속은 두 원소 $a, b \in L$로 구성된 모든 부분집합 $\{a, b\}$가 LUB와 GLB를 가지는 poset$(L, \leq)$ 이다. LUB$(\{a, b\})$를 $a \vee b$로 나타내고, 이것을 a와 b의 합(join)이라 하며, GLB$(\{a, b\})$를 $a \wedge b$로 나타내고, 이것을 a와 b의 곱(meet)이라 한다. poset L이 두 이항연산 $\vee, \wedge$에 관하여 닫혀져 있으면, L을 속(Lattice)이라 한다.

집합 S의 멱집합 $L = P(S)$는 포함관계 $\subseteq$로 poset이다.

poset $L = P(S)$에서 L의 두 원소 A, B의 곱 $A \wedge B$를 $A \cap B$이라면, L은 연산 $\wedge, \vee$에 관하여 닫혀졌으므로 L은 속이다.

L이 $\wedge$과 $\vee$로 표시되는 곱과 합 2개의 이항연산하에서 닫혀져 있는 공집합이 아닌 집합으로서 속이면, 임의의 원소 $a, b, c \in L$에 대하여 다음 3가지 공리를 만족한다. 이 3가지 공리는 속의 성질이며, 정의로도 쓰인다

$(L1)$ **교환법칙**(commutative laws)

$(1a)$ $a \wedge b = b \wedge a$ $(1b)$ $a \vee b = b \vee a$

$(L2)$ **결합법칙**(associative laws)

$(2a)$ $(a \wedge b) \wedge c = a \wedge (b \wedge c)$ $(2b)$ $(a \vee b) \vee c = a \vee (b \vee c)$

$(L3)$ **흡수법칙**(apsorption laws)

$(3a)$ $a \wedge (a \vee b) = a$ $(3b)$ $a \vee (a \wedge b) = a$

두 연산 $\wedge, \vee$에 관하여 닫혀있음을 강조하기 위하여 속 L을 $(L, \wedge, \vee)$로 표시한다. 속 $(L, \wedge, \vee)$의 명제에서 쌍대명제(dual)는 $\wedge$와 $\vee$을 바꾼 명제로 정의한다.

가령 $a \wedge (b \vee a) = a \vee a$의 쌍대는 $a \vee (a \wedge b) - a \wedge a$이다.

이 공리에서 $1a, 2a, 3a$와 $1b, 2b, 3b$는 차례로 서로 쌍대관계이다.

정리 9.17

정리 9.17 L이 속이면, 다음 4개의 법칙이 만족된다.

(1) (i) $a \vee a = a$,	(ii) $a \wedge a = a$	(항등법칙)
(2) (i) $a \vee b = b \vee a$,	(ii) $a \wedge b = b \wedge a$	(교환법칙)
(3) (i) $a \vee (b \vee c) = (a \vee b) \vee c$,	(ii) $a \wedge (b \wedge c) = (a \wedge b) \wedge c$	(결합법칙)
(4) (i) $a \vee (a \wedge b) = a$,	(ii) $a \wedge (a \vee b) = a$	(흡수법칙)

증명 (1) LUB와 GLB의 정의에서 분명하다.($a \le a$이므로 $a \vee a = a$, $a \wedge a = a$이다)

(2) LUB와 GLB의 정의는 a와 b에 관하여 대칭적이므로

$a \vee b = LUB(a, b) = LUB(b, a) = b \vee a$

$a \wedge b = GLB(a, b) = GLB(b, a) = b \wedge a$

(3) (i) LUB의 정의로부터 $a \le a \vee (b \vee c)$이고, $b \vee c \le a \vee (b \vee c)$이다. 더욱 $b \le b \vee c$이고, $c \le b \vee c$이다. 추이성에 의하여 $b \le (b \vee c) \le a \vee (b \vee c)$ 이므로 $b \le a \vee (b \vee c)$이고, $c \le b \vee c \le a \vee (b \vee c)$이므로 $c \le a \vee (b \vee c)$이다. 따라서 $a \vee (b \vee c)$는 a와 b의 상계이다. 그러므로 최소상계 LUB의 정의에 의하여

$$a \vee b \le a \vee (b \vee c)$$

$a \vee (b \vee c)$가 $a \vee b$와 c의 상계이므로

$$(a \vee b) \vee c \le a \vee (b \vee c)$$

마찬가지로 $a \vee (b \vee c) \le (a \vee b) \vee c$이다. $\le$ 의 반대칭성에 의하여 (3) (i)가 얻어진다.

(3) (ii)의 증명은 (i)와 유사하다.

(4) (i) $a \wedge b \le a$이고, $a \le a$이므로, a는 $a \wedge b$와 a의 상계이다. 그러므로 $a \vee (a \wedge b) \le a$, 한편 LUB의 정의에 의하여 $a \le a \vee (a \wedge b)$이므로 $a \vee (a \wedge b) = a$ (ii)

증명은 (i)의 증명과 유사하다.

■

$a \vee (b \vee c) = (a \vee b) \vee c$이고, 이것을 단지 $a \vee b \vee c$로 나타내고, $a \wedge (b \wedge c) = (a \wedge b) \wedge c$이고, 이것을 $a \wedge b \wedge c$로 나타낸다.

예제 36 C가 집합의 연산 ∩과 ∪에 관하여 닫혀져 있는 집합의 모임이면 $(C, \cap, \cup)$는 속임을 밝혀라.

풀이 사실상 ∩과 ∪의 연산은 속을 정의하는 3개의 공리를 만족한다.

임의의 3개의 집합 X, Y와 Z에 대하여, 3개의 공리

(1) $X \cap Y = Y \cap X$, $X \cup Y = Y \cup X$

(2) $(X \cap Y) \cap Z = X \cap (Y \cap Z)$, $(X \cup Y) \cup Z = X \cup (Y \cup Z)$

(3) $X \cap (X \cup Y) = X$, $X \cup (X \cap Y) = X$

를 만족하기 때문에 $(C, \cap, \cup)$는 속이다.

■

예제 37 양의 정수의 집합 N은 관계 "나누어짐"에 관하여 poset이고, 두 연산에 관하여 속이다. N이 이 두 연산에 관하여 속을 밝혀라.

$$a \vee b = LCM(a, b), \ \ a \wedge b = GCD(a, b)$$

풀이 (1) $GCD(a, b) = GCD(b, a)$ $LCM(a, b) = LCM(b, a)$

(2) $GCD(GCD(a, b), c) = GCD(a, GCD(b, c))$

$LCM(LCM(a, b), c) = LCM(a, LCM(b, c))$

(3) $GCD(a, LCM(a, b)) = a$, $LCM(a, GCD(a, b)) = a$

따라서 N은 LCM과 GCD에 관하여 속이다.

■

예제 38 양의 정수 m의 약수의 집합 D_m은 "나누어짐"인 관계로 poset이고, 다음 연산으로 속이다.

$$a \vee b = LCM(a,\ b), \ \ a \wedge b = GCD(a,\ b)$$

$m = 36$인 D_m에 이 연산으로 도입한 반순서의 도표를 그려라.

풀이 $a \mid b$이면, $a \ll b$라 할 때, D_m은 poset이고,

$a \mid b$이면, $a \vee b = LCM(a,\ b) = b$, $a \wedge b = GCD(a,\ b) = a$

$D_{36} = \{1,\ 2,\ 3,\ 4,\ 6,\ 9,\ 12,\ 18,\ 36\}$에서 관계 "나누어짐 ; $a \mid b$"에 의한 모든 a, b에 관하여 GLB와 LUB가 존재한다. 따라서 모든 $a|b$에 관하여 $a \vee b$와 $a \wedge b$가 존재하므로 D_{36}은 속이다. 일반적으로 양의 정수 m의 모든 양의 약수의 집합 D_m은 나누어짐의 관계에 관하여 속이다.

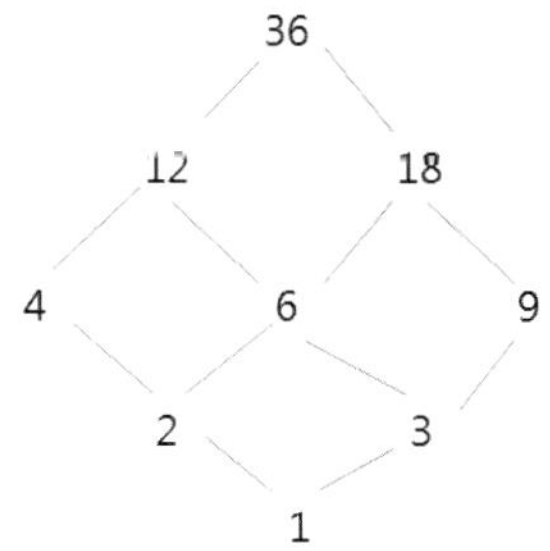

■

예제 39 A의 모든 원소가 비교가능하면, A는 선형순서집합이다. 선형순서집합은 속임을 설명하여라.

풀이 $a \ll b$인 선형순서집합의 2개의 원소 a, b를 생각한다. 그러면 $\inf(a, b) = a$이고, $\mathrm{suf}(a, b) = b$이다. $\inf(a, b)$와 $\sup(a, b)$가 모든 원소의 쌍에 대하여 존재하므로, 선형순서집합은 속이다.

예제 40 다음 그림에서 어느 반순서 집합이 속인지 밝혀라.

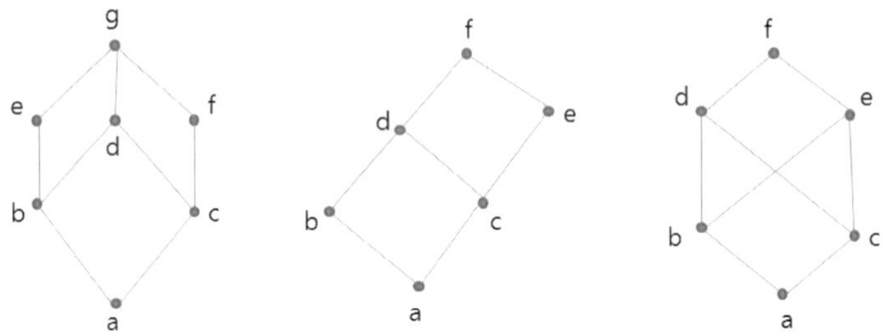

(a) (b) (c)

풀이 Poset S에서 모든 쌍 $\{x, y\}$에 대하여 $\sup(x, y)$와 $\inf(x, y)$가 존재하면 순서 집합 S는 속이 된다. (a)와 (b)는 속이다. poset(c)에서 $\{b, c\}$는 3개의 d, e와 f를 상계로 가지나, $\sup(b, c)$는 존재하지 않으므로 속이 아니다.

2) 부분속

$(L, \ll)$을 속이라 하자. L의 부분집합(공집합이 아님) S에서 $a \in S$이고, $b \in S$이며, $a \vee b \in S$, $a \wedge b \in S$일 때, S를 L의 부분속(sublattice)이라 한다.

예제 41 다음 그림 (a)에 나타낸 속 L을 생각한다. 아래 그림 (b), (c), (d)에 나타낸 poset S_1, S_2, S_3에서 속 L의 부분속인 것을 가려라.

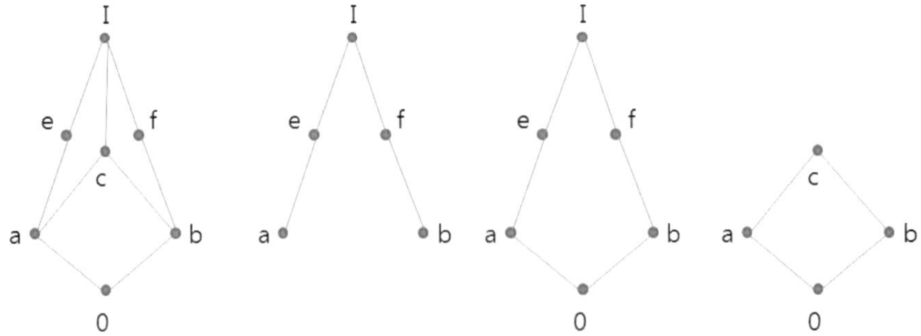

(a) (b) (c) (d)

풀이 그림 (b)에 나타낸 poset S_1은 $a \wedge b = \inf(a, b) = O \notin S_1$, $a \vee b = c \notin S_1$이기 때문에 L의 부분속이 아니다.

(c) 그림에 나타낸 poset S_2에 $\sup(a, b) = c$가 존재하지 않으므로 S_2는 L의 부분속이 아니다.

(d) 그림에 나타낸 poset S_3은 L의 부분속이다.

연습문제 9 Exercises

1. $A = \{1, 2, 3, 4, 5, 6\}$에 관한 관계 R을 $x, y \in A$일 때 'y는 x로 나누어진다'고 하자. 관계 R^{-1}을 구하여라.

2. 실수 집합에 대하여 $a^2 + b^2 = 25$일 때 aRb인 관계 R에 대하여 관계 R의 정의역과 치역을 구하여라.

3. $A = \{1, 2, 3, 4\}$에 관한 다음 관계 R에 대하여

$$R = \{(1, 3), (1, 4), (3, 2), (3, 3), (3, 4)\}$$

R의 관계 행렬 및 방향 그래프를 구하여라.

4. $A = \{1, 3, 5, 9\}$, $B = \{u, v, w\}$에 관한 다음 관계를 화살표 도표로 나타내어라.

$$R = \{(1, v), (1, w), (5, u), (9, v), (9, u)\}$$

5. 아래 그림의 유향 그래프에 대응하는 관계를 구하여라.

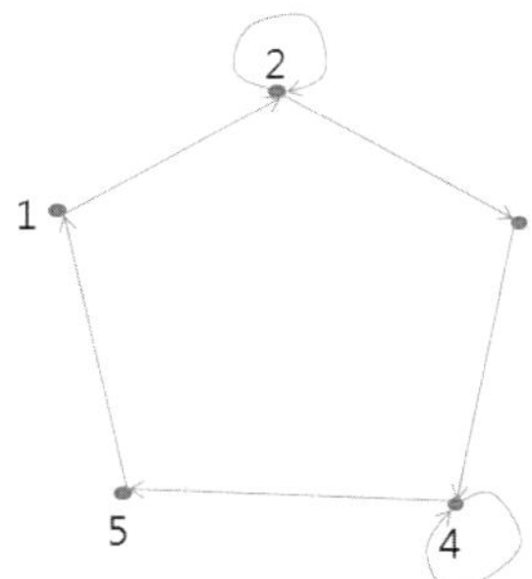

6. $A=\{a, b, c, c\}$에 관한 관계 R과 S가 다음과 같다.

$$R=\{(a, a), (a, c), (c, b), (c, d), (d, b)\}$$
$$S=\{(b, a), (c, c), (c, d), (d, a)\}$$

(1) $S \circ R$　　　　　(2) $R \circ S$

7. 다음은 자연수 N에 관한 관계를 정의한 것이다. 어떤 것이 반사적, 대칭적, 반대칭적, 추이적인지를 결정하여라.

(1) $x \geq y$　　　(2) xy는 정수의 제곱　　　(3) $x+y=10$

8. 다음 관계 행렬로 표시된 관계의 반사성, 대칭성, 반대칭성, 추이성을 살펴라.

(1) $\begin{bmatrix} 1 & 0 & 0 \\ 0 & 1 & 0 \\ 0 & 0 & 1 \end{bmatrix}$　　　(2) $\begin{bmatrix} 1 & 1 & 0 & 0 \\ 1 & 1 & 0 & 0 \\ 0 & 0 & 1 & 1 \\ 0 & 0 & 1 & 1 \end{bmatrix}$

9. 다음 집합에서 어느 것이 실수집합의 분할인지 결정하여라.

(1) $[\{x|x>4\}, \{x|x<5\}]$　　　(2) $[\{x|x>0\}, \{0\}, \{x|x<0\}]$

(3) $[\{x|x^2>11\}, \{x|x^2<11\}]$

10. $S=\{1, 2, 3, 4, 5, 6\}$, $x, y \in S$일 때 R을 '$x-y$를 4로 나눈 나머지가 0'인 관계라 하고 $x \equiv y(\text{mod}4)$로 표기하자. R이 동치 관계임을 보이고, 동치류를 구하여라.

11. 다음 관계 행렬에 대응하는 집합 $A=\{1, 2, 3, 4, 5\}$에 관한 관계의 하세 도표를 그려라.

$$\begin{bmatrix} 1 & 0 & 1 & 1 & 1 \\ 0 & 1 & 1 & 1 & 1 \\ 0 & 0 & 1 & 1 & 1 \\ 0 & 0 & 0 & 1 & 0 \\ 0 & 0 & 0 & 0 & 1 \end{bmatrix}$$

12. 자연수의 집합 N은 정수 a가 정수 b를 나눈다 라는 사실을 $a|b$로 나타내면, 나누어짐의 관계에 의하여 N은 poset임을 밝혀라.

13. 정수의 집합 Z에서 $aRb \Leftrightarrow b = a^r$($a$, b, r은 정수)이라 하자. 다음 집합에서 전(선형)순서 집합은 어느 것인가?

(1) $A = \{1, 5, 25\}$　　　(2) $B = \{3, 9, 729\}$

14. 통상의 대소관계에 의하여 반순서집합 S, T의 곱집합 $S \times T$는 반순서집합이다. $a \le a'$, $b \le b'$이면 $(a, b)R(a', b')$로 정의할 때, 다음 순서쌍에 기호 $\le$, $\ge$ 또는 $\|$(비교 불가능)을 써 넣어라.

(1) $(6, 8)$ 　$(8, 2)$　　　(2) $(6, 6)$ 　$(5, 9)$　　　(3) $(2, 4)$ 　$(2, 9)$

15. $A = \{$72의 양의 양수$\}$는 나누어짐에 의하여 poset이다. A의 Hasse 도표를 그려라.

16. $A = \{2, 3, 4, 16\}$은 나누어짐에 의한 poset이다. 극대원과 극소원을 구하여라.

17. $F = \{a, b, c, d, e\}$이고, 다음과 같은 Hasse 도표가 있다. F의 부분집합으로서 c를 극소원으로 하는 집합을 모두 구하여라.

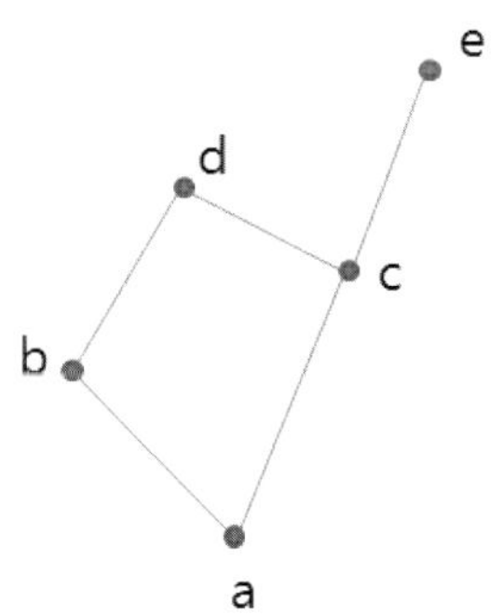

18. $A = \{a, b, c, d, e, f, g\}$는 다음과 같은 poset이다. $B = \{c, d, e\}$의 상계와 하계를 구하여라.

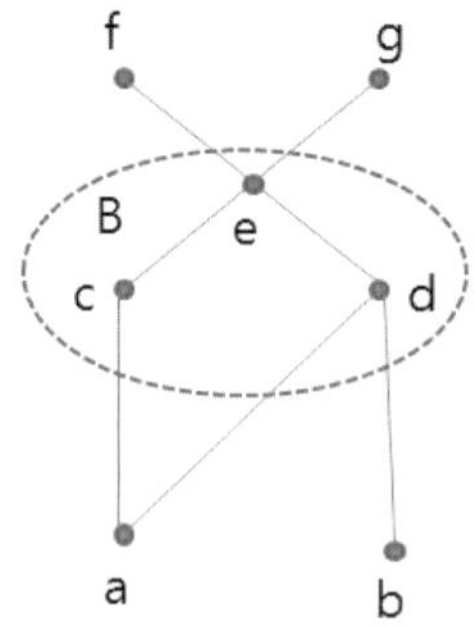

19. poset $A=\{1, 2, 3, 4, 5, 6, 7, 8\}$의 Hasse 도표가 다음과 같다.

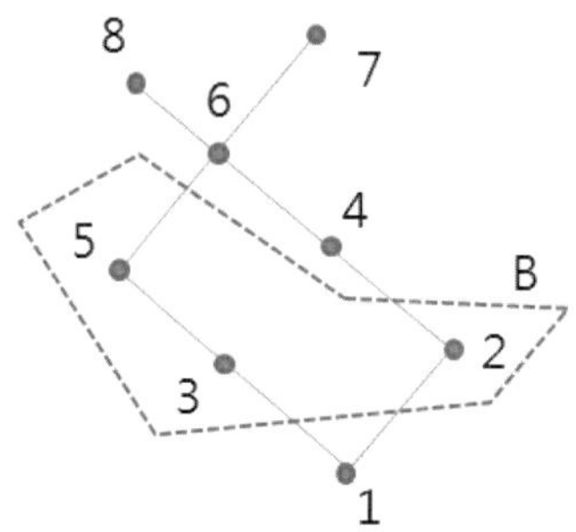

(1) $B=\{2, 3, 5\}$의 상계와 하계를 구하여라.

(2) inf(B)와 sup(B)를 구하여라.

20. L을 속이라 하자. 그러면 L에서 $a \wedge b = a$ 또는 $a \vee b = a$에 의하여 정의된 관계 $a \ll b$는 반순서관계임을 밝혀라.

CHAPTER

10 그래프

그래프 이론은 원래 수학에서 기하학의 영역이었으나, 지금은 컴퓨터나 공학관련 학문에서 매우 중요한 위치를 차지하고 있다. 그래프는 여러 가지 자원이나 도시들 간의 연결 상태를 추상화해서 나타낼 수 있기 때문에 다양한 분야에 응용되고 있다.

10.1 그래프의 기본 개념

그래프 이론은 18세기의 저명한 수학자 오일러(Euler)에 의해 시작되었다. 쾨니히스베르크 다리 문제는 그림 10.1과 같이 두 개의 섬과 강둑 사이를 연결하는 7개의 다리가 있을 때 각 다리를 꼭 한 번씩만 건너는 경로를 찾는 문제이다.

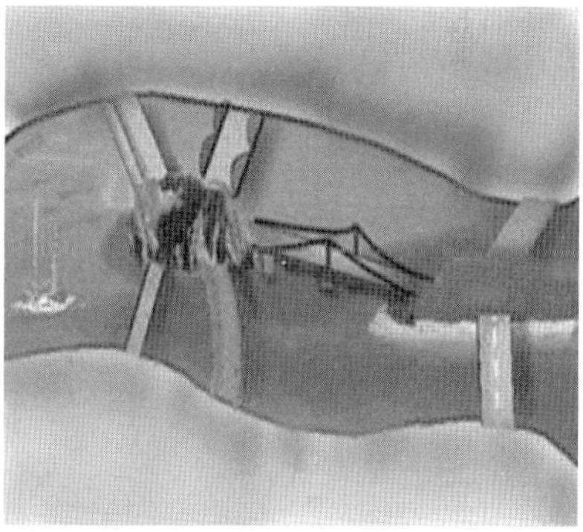

그림 10.1 쾨니히스베르크 다리 문제

많은 사람들이 이 문제를 풀기 위해 노력하였으나 풀 수가 없어서 당대의 저명한 수학자인 오일러에게 물었더니, 그는 얼마 동안의 연구 끝에 그래프 이론에 입각하여 그러한 경로를 찾을 수 없다는 판정을 내렸다.

정의 10.1

그래프(graph) $G=(V,E)$는 유한한 개수의 **정점**(vertex) 또는 노드(node)들의 집합인 V와 **연결선**(edge) 또는 에지라고 불리는 정점들의 쌍들의 집합인 E로 이루어진다.

그래프는 크게 2가지로 나눌 수 있는데, 방향이 있는 그래프인 '**방향 그래프**'(directed graph 또는 digraph)와 '**방향이 없는 그래프**'(undirected graph)로 구분된다. 방향 그래프는 그래프의 특수한 형태이므로 이 책에서는 특별한 언급이 없는 한 그래프는 방향이 없는 그래프를 의미하여, 방향이 있는 그래프의 경우에는 '방향 그래프'라고 표현한다. 그림 10.2와 같은 그래프는 방향이 없는 그래프이고, 연결선을 화살표로 표시하여 방향을 나타내는 그래프를 방향 그래프라고 한다.

그래프의 간단한 예를 그림 10.2에 나타내었는데, 여기서 $V=\{1, 2, 3, 4\}$이며 $E=\{(1,2),(2,3),(2,4)\}$이다.

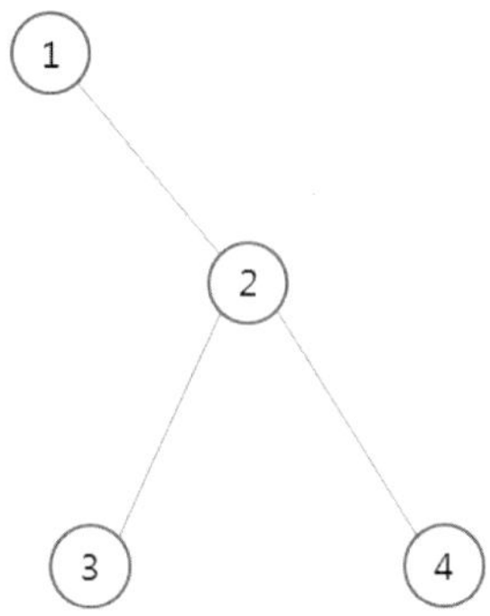

그림 10.2 그래프의 간단한 예

모든 $1 \le i < k$에 대해 연결선 (v_i, v_{i+1})이 존재할 대, 정점들의 열(sequence) $v_1, v_2, \cdots, v_k$를 **경로**(path)라고 한다. 이때 $k \ge 1$이며 이 경로의 길이는 $k-1$이다. 예를 들어, 1, 2, 3은 그림 10.2의 그래프에서의 경로이다. 만일 $v_1 = v_k (k \ne 1)$이면 이러한 경로를 **사이클**(cycle)이라고 한다. 위의 그래프에서 연결선 (3, 1)을 첨가시키면 정점들의 열 1, 2, 3, 1은 사이클이 된다.

정의 10.2

방향 그래프(directed graph) 또는 **다이그래프**(diagraph)는 $G=(V, E)$로 표시된다. 여기서 V는 정점들의 집합이며, E는 정점들의 순서화된 쌍인 아크(arc) 또는 연결선들의 집합이다. 정점 v에서 정점 w로 가는 아크는 $v \to w$로 표시한다.

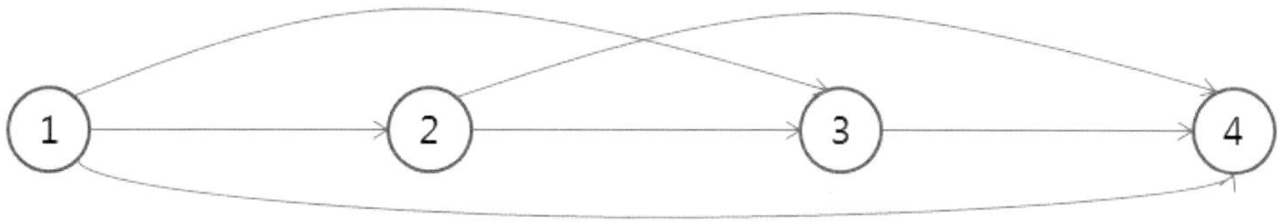

그림 10.3 방향 그래프$(\{1, 2, 3, 4\}, \{v \to w | v < w\})$

그림 10.3에서 1→2→3→4는 정점 1에서 정점 4로 가는 경로이다. $v \to w$인 아크에 대하여 v를 w의 선행자(predecessor)라 하며 w를 v의 후속자(successor)라고 한다.

10.2 그래프의 용어

정의 10.3 단순 그래프(simple graph)

한 쌍의 정점 사이에 많아도 하나의 연결선으로 이루어진, 우리가 통상 다루는 그래프로서 자기 자신으로의 연결선이 없는 그래프이다.

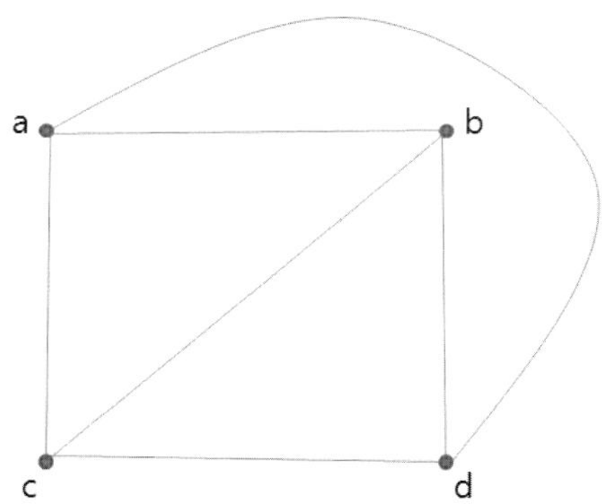

그림 10.4 단순 그래프의 예

정의 10.4 멀티그래프(multigraph)

단순 그래프의 확장으로서 한 쌍의 꼭지점 사이에 연결선의 개수의 제한이 없는 일반적인 그래프이다.

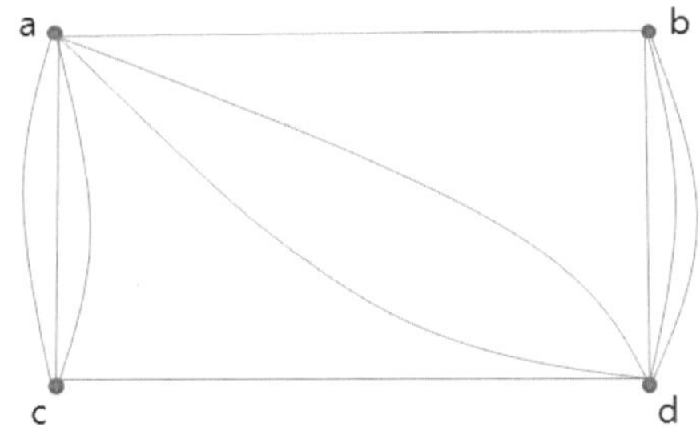

그림 10.5 멀티 그래프의 예

정의 10.5

그래프 $G=(V,E)$에서 순서화된 쌍 E를 그래프의 **연결선**(edge)이라고 한다. $(u,v)\in E$ 일 때 u와 v를 연결하는 연결선 e는 u와 v에 '접했다'(incident)라 하고 u와 v를 서로 '인접했다'(adjacent)라고 한다.

정의 10.6

$G=(V,E)$가 그래프이고 u, v가 꼭지점이라고 할 때 v의 **차수**(degree) $d(v)$는 v에 인접하는 연결선들의 개수를 말한다.

정의 10.7

두 개의 그래프 $G=(V,E)$, $G'=(V',E')$에서 $V'\subseteq V$, $E'\subseteq E$일 때 그래프 $G'=(V',E')$를 G의 **부분 그래프**(subgraph)라고 한다. 이때 $V=V'$이고 $E'\subset E$이면 G'는 G의 **생성 부분 그래프**(spanning subgraph)라고 한다.

예제 1 다음 그래프 G의 꼭지점 V의 부분집합 $V' = \{B, C, X, Y\}$를 포함하는 G의 부분그래프를 그려라.

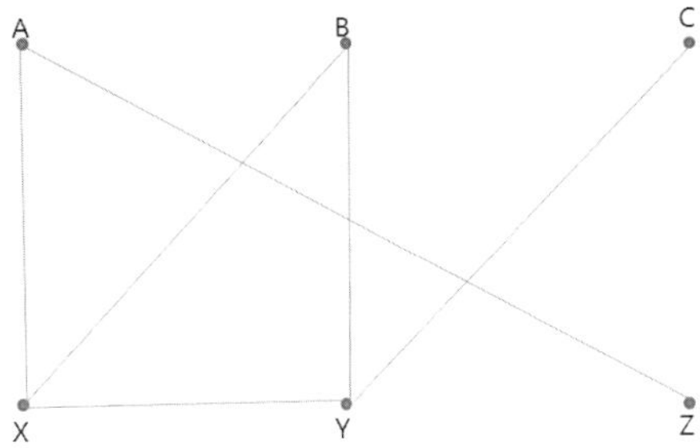

풀이 부분그래프 H는 $V' = \{B, C, X, Y\}$의 꼭지점과 이들 꼭지점이 V'에 속하는 모든 변 $E' = [\{B, X\}, \{X, Y\}, \{B, Y\}, \{C, Y\}]$를 포함하는 그래프이다.

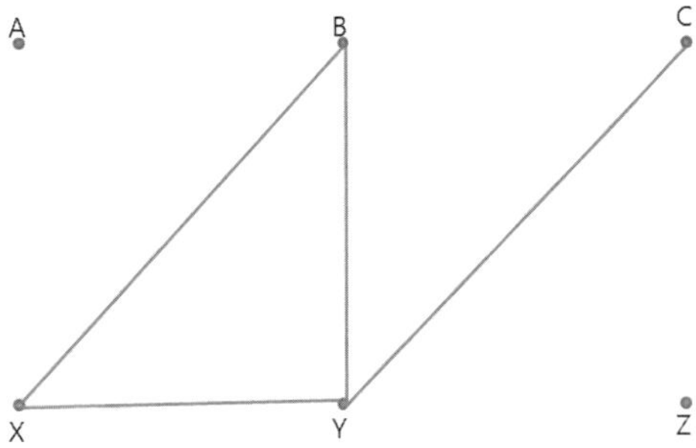

■

정의 10.8

그래프에서 경로는 경로, 단순 경로, 기본 경로, 사이클, 단순 사이클, 기본 사이클 등으로 구분된다.

(1) 경로(path)

그래프에서의 경로란 꼭지점의 열 $v_1, v_2, \cdots, v_n$에서 $(v_{k-1}, v_k) \in E,\ 1 \le k < n$인 경우를 말하며, 이 경우 경로의 길이(length)는 $k-1$이다.

(2) 단순 경로(simple path)

경로가 같은 연결선을 두 번 포함하지 않는 경로를 말한다.

(3) 기본 경로(elementary path)

어떤 정점들도 두 번 만나지 않는 경로를 말한다.

(4) 사이클(cycle) 또는 순회(circuit)

경로 $(v_1, v_2, \cdots, v_n)$에서 종점 v_n과 시점 v_1이 일치하는 경우를 말한다.

(5) 단순 사이클(simple cycle)

같은 연결선을 반복하여 방문하지 않는 사이클을 말한다.

(6) 기본 사이클(elementary cycle)

시작점을 제외한 어떠한 정점도 반복하여 방문하지 않는 사이클을 말한다.

정의 10.9

그래프에서 정점들 간의 연결 여부에 따라 **연결 그래프**, **강한 연결 그래프** 등이 정의된다.

(1) 연결 그래프(connected graph)

그래프의 모든 정점들이 연결되어 있는 그래프이다.

(2) 강한 연결 그래프(strongly connected graph)

그래프에서 모든 두 정점 a와 b에 대해서 a에서 b로의 경로와 b에서 a로의 경로들이 존재하는 그래프를 말하는데, 특히 방향 그래프에서만 의미를 가진다.

(3) 연결 요소(connectivity component)

그래프에서 모든 정점들이 연결되어 있는 부분을 말하며, **연결수**(connectivity number)란 그래프 G에서의 연결 요소의 개수를 말한다.

예제 2 다음 그래프에서 경로들을 구분하여라.

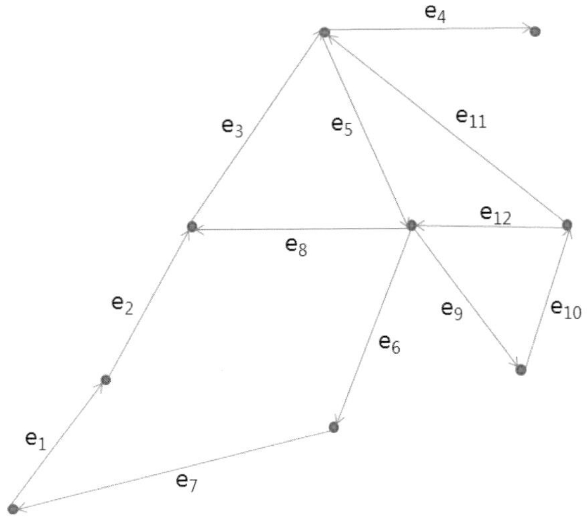

풀이 (1) (e_1, e_2, e_3, e_4): 하나의 경로(path)이다.

(2) $(e_1, e_2, e_3, e_5, e_8, e_3, e_4)$: 하나의 경로(path). 그러나 단순 경로(simple path)는 아니다.

(3) $(e_1, e_2, e_3, e_5, e_9, e_{10}, e_{11}, e_4)$: 단순 경로(simple path)이나 기본 경로(elementary path)는 아니다.

(4) $(e_1, e_2, e_3, e_5, e_9, e_{10}, e_{12}, e_6, e_7)$: 단순 순회(simple circuit)이나 기본 순회(elementary circuit)는 아니다.

(5) $(e_1, e_2, e_3, e_5, e_6, e_7)$: 기본 순회(elementary circuit)이다.

■

쾨니히스베르크 다리 문제를 해결하는 방법은 멀티 그래프를 모델링하는 것인데, 멀티 그래프란 한 쌍의 정점 사이에 연결선의 개수의 제한이 없는 중복된 연결선을 허용하는 특별한 그래프이다.

그림 10.6의 오른쪽 그림은 쾨니히스베르크 다리를 그래프로 나타낸 것인데, A, B, C, D로 이름 붙인 점들은 정점을 나타내고, 정점들 사이의 선들은 연결선을 나타낸다. 멀티 그래프에서 모든 연결선들을 꼭 한 번씩만 통과하는 경로를 **오일러 경로**(Eulerian path)라고 하는데, 쾨니히스베르크 다리 문제는 오일러 경로를 찾을 수 있는지 여부와 동치이다.

멀티 그래프에서의 오일러 경로를 판별하는 규칙은 모든 정점에서 그것과 연결된 연결선의 개수가 홀수인 정점(홀수점)의 개수가 0 또는 2개인 경우이다.

그림 10.6의 오른쪽 그래프에서는 A, B, C, D 4개의 정점들이 모두 홀수점을 가지므로(총 4개) 오일러 경로가 없다. 따라서 각 다리를 꼭 한 번씩만 건너는 경로가 존재하지 않는다.

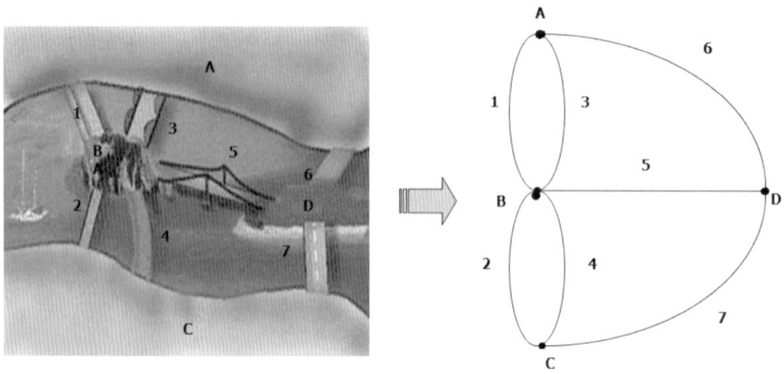

그림 10.6 쾨니스베르크 다리 문제의 멀티 그래프적인 표현

오일러는 그래프의 성질을 연구하여 쾨니히스베르크 다리 문제의 해답이 존재하지 않음을 1736년에 증명하였는데, 그 과정에서 섬과 강둑을 정점으로, 다리는 곡선으로 바꾸어 놓았다. 이 문제를 시발점으로 그래프 이론이 발전하게 되었다.

그 결과 오늘날 그래프 이론은 컴퓨터 관련 학문에서 어떤 문제를 모델링하는데 있어서 매우 유용한 모델로 여겨지는데, 논리 회로 설계나 통신 네트워크, 작업 계획 등 다방면에 걸쳐 응용되고 있다.

정점들과 직선으로 이루어진 도형에 대한 초기의 그래프 이론은 단순하고 직관적인 문제 해결에 국한되었으나 점차 복잡한 모델에 대한 이론적인 연구로 발전하게 되었다.

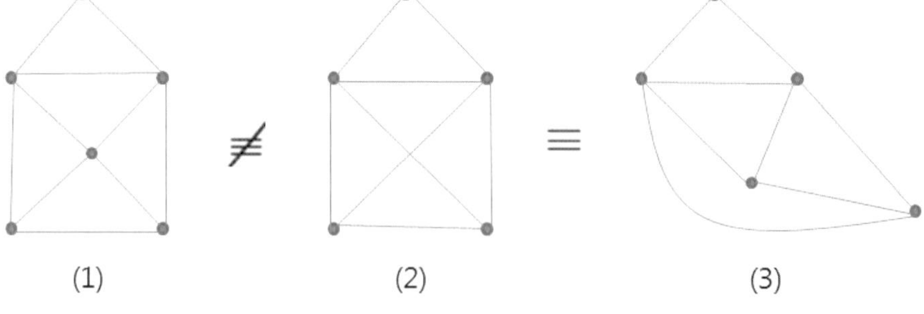

그림 10.7 위상기하학적 관계

그림 10.7은 그중에서 기하학에 위상적인 개념을 접합시킨 응용으로서, 위상 기하학(Topological Geometry)적인 관계를 나타낸다. 즉, 그래프에서 점의 위치나 선의 길이 등에는 특별한 의미를 부여하지 않고 위상적인 형태에만 중점을 둔다.

여기서 그림의 (1)과 (2)는 위상적으로 서로 다르지만 (2)와 (3)은 위상적으로 같음을 나타낸다.

10.3 그래프의 표현 방법

그래프는 그림을 이용하여 표현하는 것으로 가장 자연스럽고 우리가 이해하기에도 가장 쉬운 방법이다. 그러나 컴퓨터는 그림으로 표현된 정보를 이용할 수 없기 때문에 통상 인접 행렬이나 인접 리스트에 의해 표현되며, 이를 통하여 컴퓨터 프로그램으로 구현된다.

(1) 인접 행렬(adjacency matrix)

그래프 $G=(V, E)$에서 $|V|=n$일 때 G의 인접 행렬은 $n \times n$행렬 A로 나타내어지며, 이때 A의 각 원소 a_{ij}는 다음과 같이 정의된다.

$$a_{ij} = \begin{cases} 1 & (v_i, v_j) \in E \\ 0 & otherwise \end{cases}$$

예제 3 다음 그래프의 인접 행렬을 구하여라.

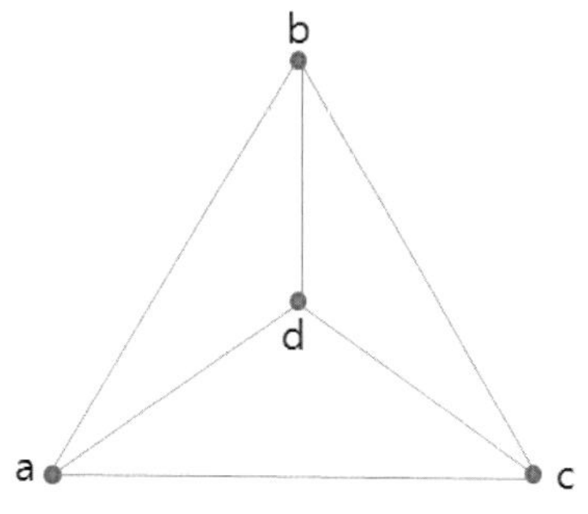

풀이

$$A = \begin{array}{c} \\ a \\ b \\ c \\ d \end{array} \begin{array}{c} a\,b\,c\,d \\ \begin{bmatrix} 0 & 1 & 1 & 1 \\ 1 & 0 & 1 & 1 \\ 1 & 1 & 0 & 1 \\ 1 & 1 & 1 & 0 \end{bmatrix} \end{array}$$

■

(2) 인접 리스트(adjacency list)

인접 리스트는 그림 10.8과 같이 각 정점에 대해 포인터(pointer)가 주어지고, 그 점으로부터 연결된 정점들을 차례로 연결 리스트(linked list)로 표시한 것인데, 같은 리스트 내에서는 순서에 관계가 없다.

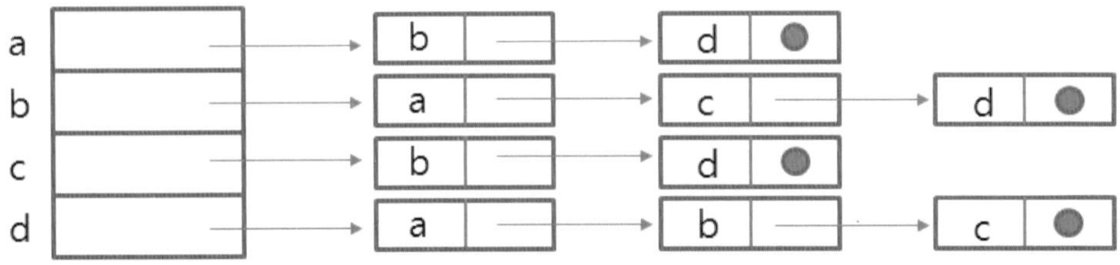

그림 10.8 인접 리스트

예제 4 다음 방향 그래프에서 인접 리스트를 구하여라.

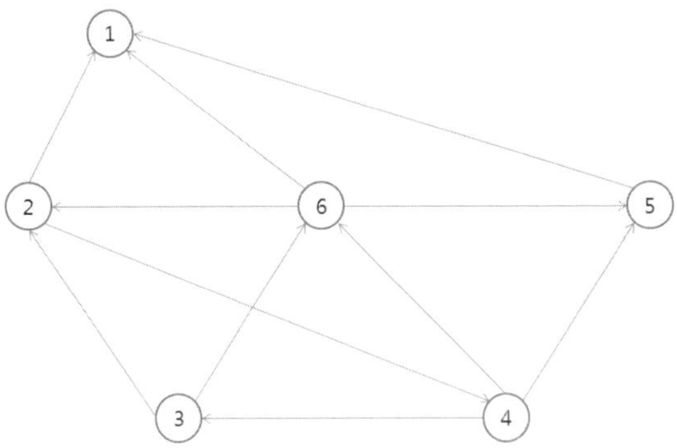

풀이 여기서는 정점 1에서 나가는 연결선이 없다.

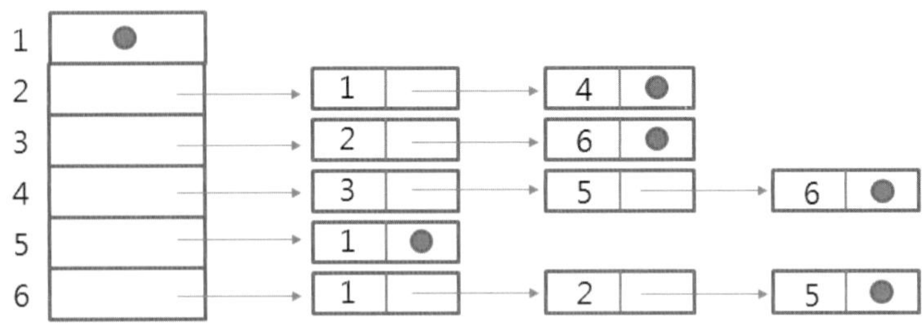

■

10.4 특수 형태의 그래프

정의 10.10

오일러의 성질을 만족하는 특수한 형태의 그래프인 오일러 경로와 오일러 순회는 다음과 같이 정의된다.

(1) **오일러 경로**(Eulerian path)란 그래프에서 각 연결선을 단 한 번씩만 통과하는 경로를 말한다.

(2) **오일러 순회**(Eulerian circuit)란 그래프에서 꼭지점은 여러 번 지날 수 있지만, 각 연결선을 단 한 번씩만 통과하는 순회를 말한다.

오일러 경로의 한 예는 그림 10.9의 번호순에 의한 경로와 같다. 이 경우에는 정점 d에서 출발하여 정점 e에서 끝나게 된다.

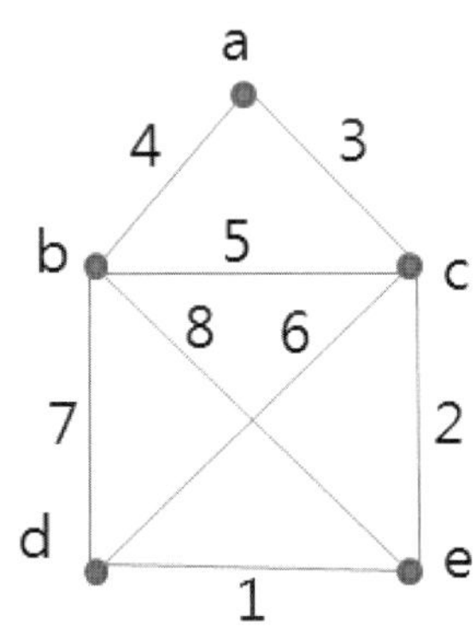

그림 10.9 오일러 경로

정리 10.11

정점 v와 연결된 연결선의 개수를 정점 v의 **차수**(degree)라고 하며 deg(v)로 나타낸다. 이 경우 각 연결선은 그래프의 차수를 계산할 때 두 번 반복해서 계산되므로 그래프에서 모든 정점들의 차수의 합은 연결선들 개수의 2배가 된다.

예제 5 다음 그래프에서 모든 정점들의 차수의 합은 연결선들 개수의 2배임을 보여라.

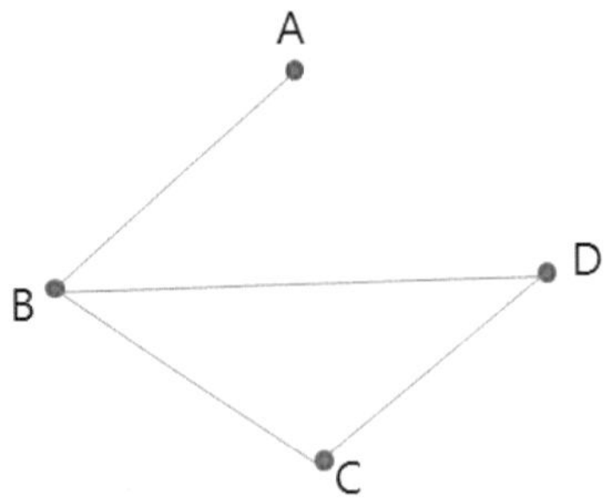

풀이 deg(A)=1, deg(B)=3, deg(C)=2, deg(D)=2이므로, 차수의 합은 8이고 연결선은 4개이므로 차수의 합은 연결선 수의 두 배와 같다.

■

정리 10.12

어떤 그래프 G가 오일러 경로를 가지기 위한 필요충분조건은 G가 연결 그래프이고, 홀수차수의 개수가 0 또는 2인 경우이다.

정리 10.13

어떤 그래프 G가 오일러 순회를 가지기 위한 필요충분조건은 G가 연결 그래프이고, 모든 정점들이 짝수 개의 차수를 가지는 경우이다.

예제 6 다음 그래프를 연결선 옆에 있는 수에 따라 그래프를 그려 보고, 오일러 경로인지, 오일러 순회인지를 살펴라.

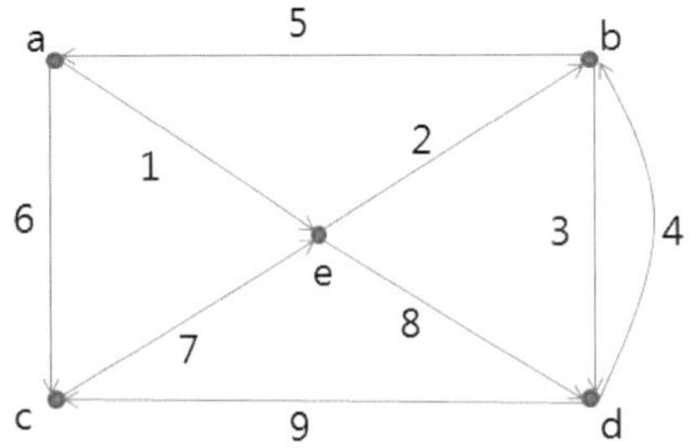

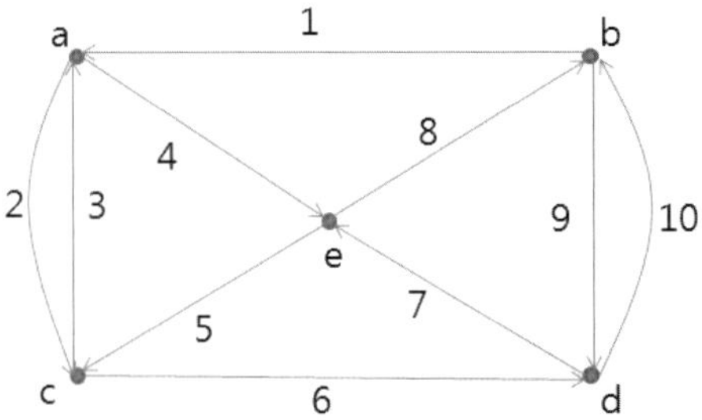

풀이 (1) 왼쪽 그림은 오일러 순회는 아니다.(꼭지점 a, c의 차수가 홀수) 그러나 오일러 경로(a, c가 시점, 종점)이다. 경로는 (1, 2, 3, 4, 5, 6, 7, 8, 9)

(2) 오른쪽 그림은 오일러 순회이다.(모든 꼭지점의 차수가 짝수)

정의 10.14

그래프에서 연필을 떼지 않고 모든 변을 오직 한 번만 지나는 것을 **한붓그리기**(raversable)라고 한다. 연결된 그래프에서 한붓그리기가 가능하려면 시작점과 끝점을 제외 한 모든 꼭지점의 차수가 짝수이어야 한다.

예제 7 다음 그래프는 한붓그리기가 가능한지를 판별하여라.

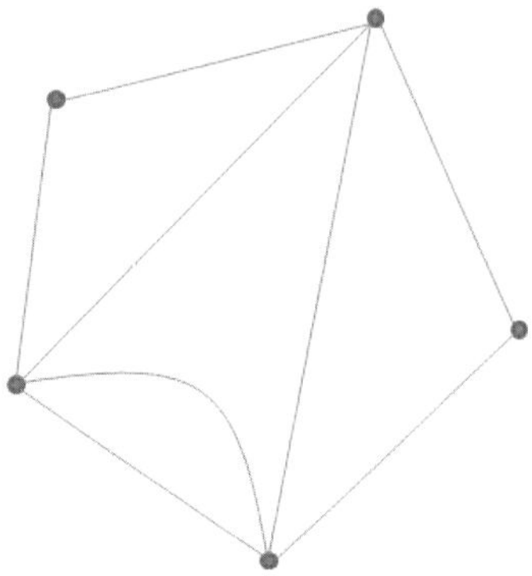

풀이 모든 꼭지점의 차수가 짝수이므로 오일러경로이다. 따라서 한붓그리기가 가능하다.

정의 10.15

해밀턴 성질을 만족하는 특수한 형태의 그래프인 해밀턴 경로와 해밀턴 순회는 다음과 같이 정의된다.

(1) **해밀턴 경로**(Hamiltonian path)란 그래프에서 모든 꼭지점을 오직 한 번씩만 지나지만 시작점으로 돌아오지 않는 경로를 말한다.

(2) **해밀턴 순회**(Hamiltonian circuit)란 그래프에서 모든 쏙지점들은 오식 한 번씩만 지나는 순회를 말한다.

예제 8 다음 그래프에서 굵은 색선으로 표현된 연결선은 해밀턴 순회를 나타냄을 살펴보아라.

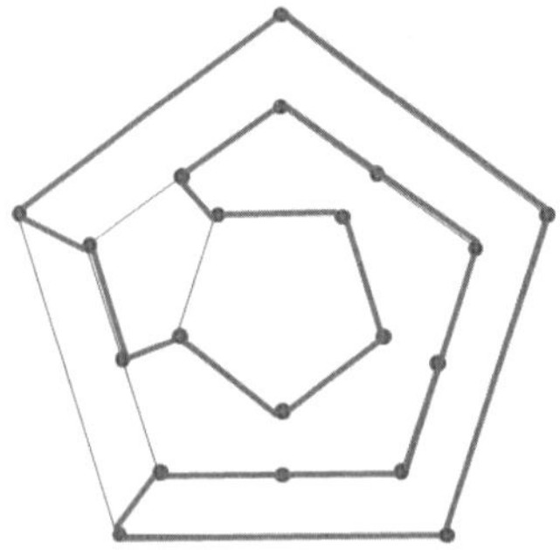

풀이 모든 정점들을 한 번씩만 거치면서 순회를 하기 때문에 해밀턴 순회이다.

정의 10.16

그래프 G의 각 연결선에 0보다 큰 수가 할당되었을 때 이 값을 가중값(weight)이라고 하며, 이와 같은 그래프를 **가중그래프**(weight graph)라고 한다.

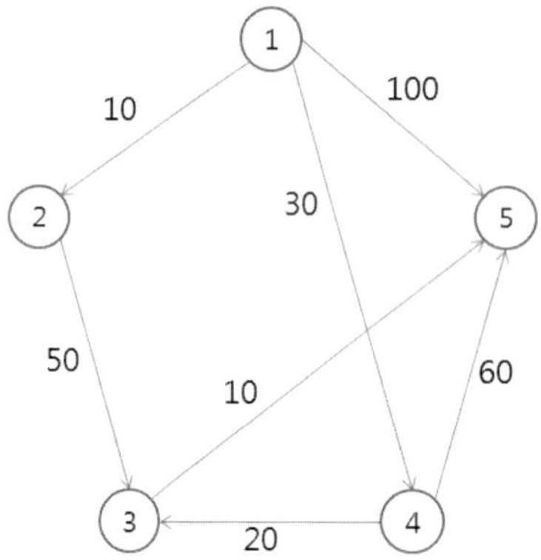

그림 10.10 가중 그래프

정의 10.17

그래프 $G_1=(V_1, E_1)$과 $G_2=(V_2, E_2)$가 주어졌을 때, 전단사 함수 $f: V_1 \to V_2$가 존재하여 $\{u, v\} \in E_1 \Leftrightarrow \{f(u), f(v)\} \in E_2$이면 f를 **동형**(isomorphism)이라고 하고 G_1과 G_2를 **동형그래프**(isomorphic graph)라고 한다.

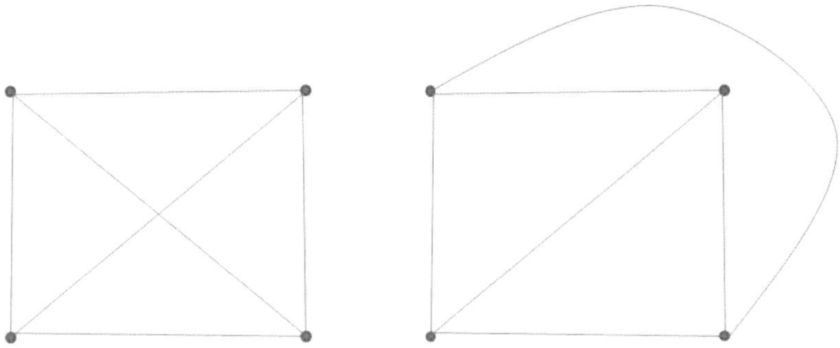

그림 10.11 동형 그래프의 예

정의 10.18

평면상에서 어떠한 연결선들도 서로 교차할 수 없도록 그려진 하나의 그래프를 **평면 그래프**(planar graph)라고 한다.

예제 9 다음 그래프에서 어느 것이 평면그래프인지를 살펴보아라.

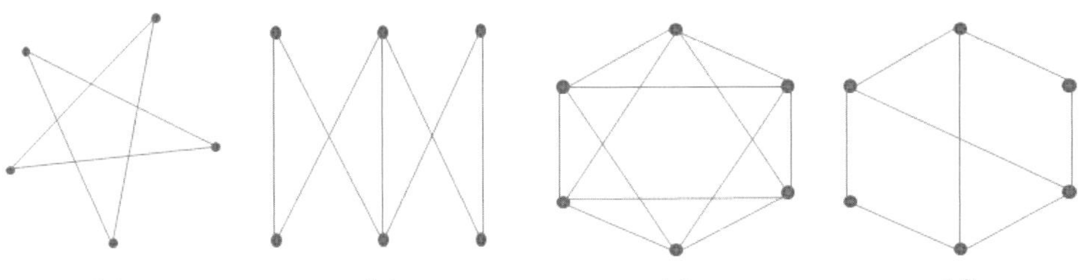

(a) (b) (c) (d)

풀이 (b), (c), (d)가 평면 그래프이다. 꼭지점에서만 변이 교차하고, 변은 서로 교차하지 않게 평면에 나타내어지는 그래프가 평면그래프이다.

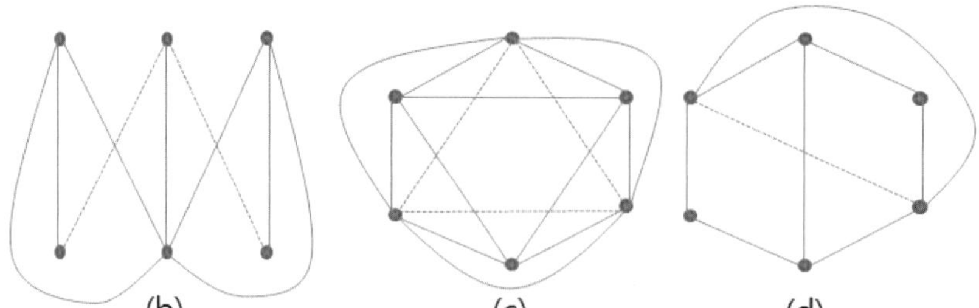

(b) (c) (d)

정리 10.19 오일러 정리

연결된 평면 그래프에서 꼭지점의 수를 v, 연결선의 수를 e, 면의 수를 f라고 할 때 $v-e+f=2$이다.

예제 10 다음 그래프에서 오일러 정리가 성립하는지 살펴보자.

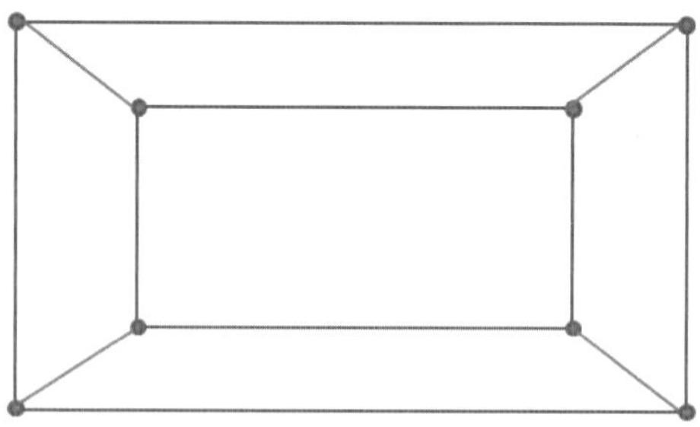

풀이 이 그래프에서 꼭지점의 개수 $v=8$, 연결선의 개수 $e=12$, 면의 개수 $f=6$이므로 $v-e+f=2$인 오일러 정리가 성립한다.

정의 10.20

그래프 $G(V, E)$의 모든 정점들의 쌍 사이에 연결선이 존재하면 G를 완전그래프(complete graph)라고 한다. 즉, 각 꼭지점이 다른 모든 꼭지점들과 연결되는 그래프를 말하는데, n개의 꼭지점으로 구성된 완전 그래프는 K_n으로 표기한다.

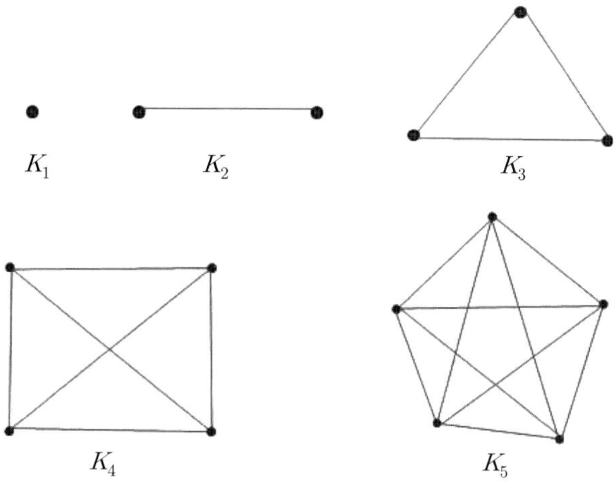

그림 10.12 완전 그래프의 예

정의 10.21

그래프 $G=(V, E)$의 모든 꼭지점의 차수가 k이면 G를 k차 정규그래프라고 한다.

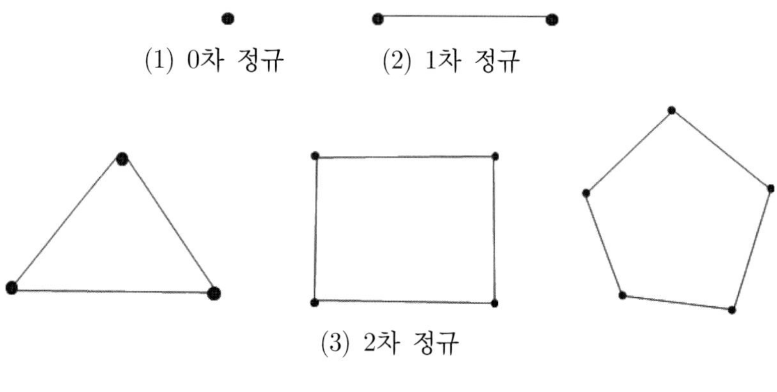

그림 10.13 k차 정규 그래프

정의 10.22

그래프 $G=(V, E)$에서 V가 두 부분 집합 X와 $Y=V-X$로 나누어져 각 연결선이 X내의 정점과 Y내의 정점의 쌍으로 연결되면 그래프 G를 이분 **그래프**(bipartite graph)라고 한다. 이때 X내의 모든 정점들과 Y내의 모든 정점들 사이에 연결선이 존재하면 G를 **완전이분그래프**(complete bipartite graph)라고 한다.

X의 정점의 개수가 m이고, Y의 정점의 개수가 n일 때 완전이분그래프를 $K_{m,n}$으로 나타낸다. 완전 이분 그래프는 그림 10.14에 나타나 있다.

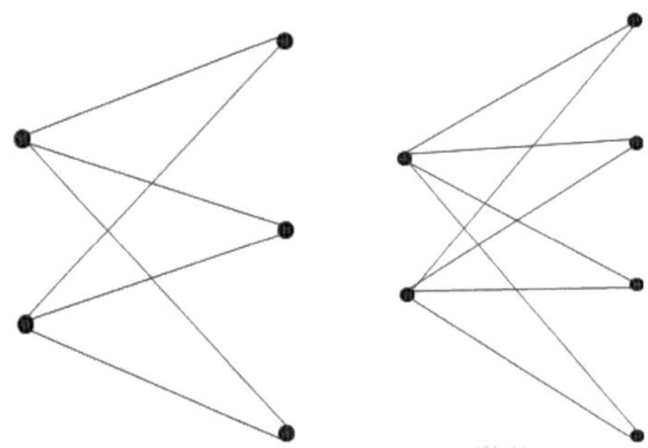

(1) $K_{2,3}$ (2) $K_{2,4}$

그림 10.14 완전이분그래프의 예

10.5 트리

(1) 연결

기숙사의 모든 방에 동선을 설치할 경우 동선의 수를 가장 짧게 하는 경우를 생각해 보자. 어떤 그래프가 변의 수를 가장 작게 가지면서 연결 되어 있는가? 순환인 경우 변을 하나 줄일 수 있는가? 이러한 것을 살펴보자.

보조정리 10.23

꼭지점의 수가 n개 일 때 $n-1$개의 변을 갖는 연결 그래프가 존재한다.

보조정리 10.24

n개의 꼭지점을 갖는 그래프가 연결 그래프가 되려면 적어도 $n-1$개의 변은 존재해야 한다.

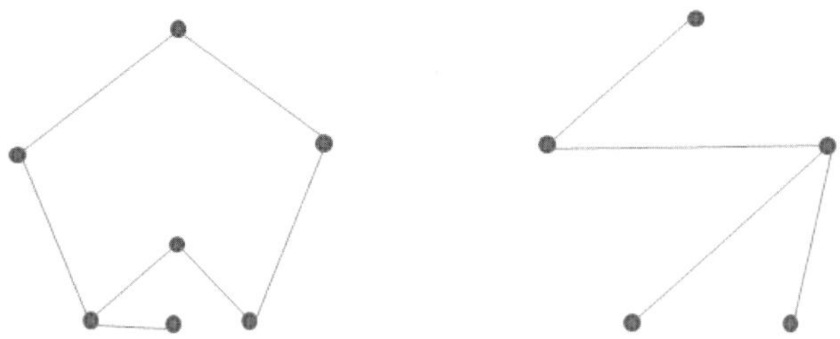

(a) (b)

그림 10.15

그림 10.15의 (a)그래프는 연결그래프이고 꼭지점의 수는 7개이고 변의 수는 7개이다. 그림 10.15의 (b)그래프는 연결그래프이고 꼭지점의 수는 5개이고 변의 수는 4개이다.

(2) 트리의 정의와 예

트리 이론은 그래프 이론의 한 분야로 컴퓨터 과학 분야에 많이 응용된다.

정의 10.25

다음 3가지 조건중 하나를 만족하는 그래프를 트리(tree)라 한다.

1. 순환을 갖지 않는 연결 그래프
2. 어느 변을 제거해도 비연결(disconnected) 그래프가 되는 연결 그래프
3. 서로 다른 두 꼭지점 사이에 유일한 단순 경로가 존재하는 그래프

예제 11 다음 그래프는 트리가 되는지를 밝혀라.

(a) (b)

풀이 (a), (b) 그래프 모두 순환을 갖지 않고 연결이므로 정의 10.25에 의하여 트리이다. 또한 정의의 2, 3도 만족되는 것을 쉽게 볼 수 있다. ■

우리는 트리의 정의를 3가지 조건중 하나를 만족하는 것으로 하였다. 그러면 이들은 당연히 동치 조건이어야 한다. 다음은 이 사실을 보여 보자.

정리 10.26

트리의 정의에 사용된 세 가지 조건 1, 2, 3은 서로 동치이다.

증명 $1 \Rightarrow 2 \Rightarrow 3 \Rightarrow 1$과 같은 순서로 증명하자.

$(1 \Rightarrow 2)$ 즉 순환을 갖지 않는 연결 그래프는 어떤 변을 제거해도 비연결 그래프이다. 결론을 부정하여 보자. 즉 변(u, v)를 사용하지 않고 u에서 v로 가는 경로가 존재한다. 이 경로를 $(u, x_1, \cdots, x_k, v)$라 하자. 이 경로에 (u, v)를 첨가하면 비유향 그래프이므로 경로 $(u, x_1, \cdots, x_k, v, u)$를 얻는다. 그러면 이 경로는 u에서 u로 가는 순환이므로 모순이다. 따라서 $1 \Rightarrow 2$이다.

$(2 \Rightarrow 3)$ 주어진 그래프를 G라 하고 결론을 부정하여 보자. 즉, u에서 v로 가는 서로 다른 단순 경로가 존재한다고 하자. 두 경로를 다음과 같이 놓자.

$$p_1 : (u = x_0, x_1, \cdots, x_k = v)$$
$$p_2 : (u = y_0, y_1, \cdots, y_t = v)$$

두 경로가 서로 다른 경로 이므로 $x_i \neq y_i$인 i가 존재한다. 이러한 것 중에 가장 작은 것을 j라 놓으면 (y_{j-1}, y_j)를 제거한 그래프 G'도 연결 그래프 임을 보이자. z, w를 임의의 두 꼭지점이라 하자. 그래프 G가 연결이므로 z에서 w로 가는 경로 p가 존재한다. 그러면 다음 두 가지 형태로 구분 할 수 있다.

1) 변 (y_{j-1}, y_j)이 경로 p에 쓰이지 않은 경우

2) 변 (y_{j-1}, y_j)이 경로 p에 쓰인 경우

1)의 경우는 p가 그래프 G'에서도 z에서 w로 가는 경로이다.
2)의 경우를 생각하여 보자. 이 경우 $p:(z, \cdots, y_{j-1}, y_j, \cdots, w)$이다. 그러면 그래프 G'에서 y_{j-1}에서 u까지는 경로 p_2를 이용하고 u에서 v까지는 경로 p_1을 그리고 v에서 y_j까지는 경로 p_2를 이용한 다음과 같은 경로를 고려할 수 있다.

$$(z, \cdots, y_{j-1}, x_j, \cdots, x_k = v, y_{l-1}, \cdots, y_j, \cdots, w)$$

즉, 이 경로는 z에서 w로 가는 경로 이다. 그러므로 G'는 연결 그래프 이다. 그러므로 모순이다.
다음은 끝으로 $3 \Rightarrow 1$임을 보이자. 주어진 그래프가 순환을 갖는다고 가정하자. 즉, 순환$(v_1, v_2, \cdots, v_k, v_1)$ 이 존재한다. 그러면 v_1에서 v_k로 가는 서로 다른 경로 (v_1, v_k)과 $(v_1, \cdots, v_k)$ 이 존재 하므로 모순이다.

■

트리의 정의 중 두 번째인 "어느 변을 제거해도 비연결 그래프가 되는 연결 그래프를 **최소(minimal) 연결 그래프**"라 한다. 다음은 연결 그래프가 있을 때 몇 개의 변을 제거하여 최소 연결 그래프가 되는지 살펴보자.

정의 10.27

그래프에서 몇 개의 변을 제거하여 주어진 꼭지점과 남은 변으로 트리가 될 때 이 트리를 주어진 그래프의 **생성 트리**(spanning tree)라 한다.

예제 12 다음은 우리나라 주요 고속도로망이다. 이 그래프의 생성트리를 그려라.

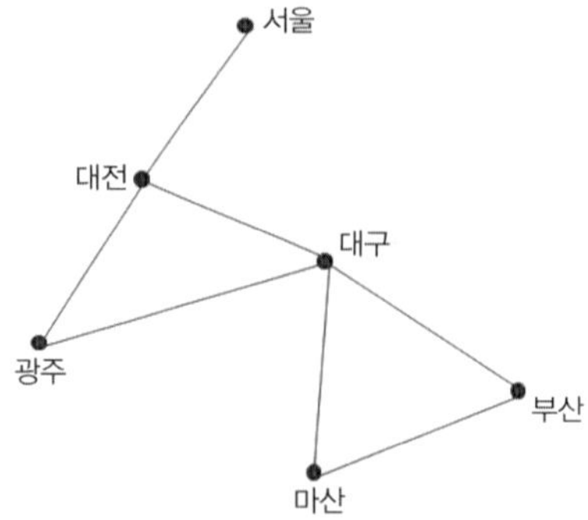

풀이 이 도로망에서 보면 서울에서 광주로 가는 방법은 대전, 광주로 가는 길과 대전, 대구, 광주로 가는 길 등 몇 가지를 생각할 수 있다. 트리는 두 꼭지점을 연결한 단순 연결이 하나만 존재해야 한다. 다음 그래프는 트리이므로 도로망의 생성 트리이다.

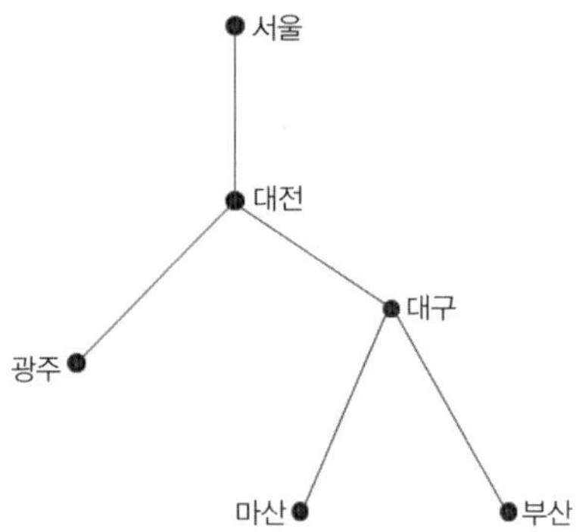

■

보조정리 10.28

모든 연결 그래프는 생성 트리를 갖는다.

증명 Well ordering의 성질에 의하여 이 보조정리를 만족하지 않는 그래프 중에서 꼭지점과 변의 수의 합이 가장 작은 것이 존재한다. 이 그래프에 대하여 살펴보자. 이 그래프에서 연결인 조건을 유지 하면서 변을 하나 제거할 수 없으면 이 그래프는 트리이므로 가정에 모순이고 변을 하나 제거할 수 있으면 반례의 최소성에 모순이다. 그러므로 이 보조정리는 성립한다.

■

연습문제 10 Exercises

1. 다음 문장의 참, 거짓을 판별하여라.
   (1) 그래프는 트리의 부분 집합에 속한다.
   (2) 해밀턴 경로란 그래프에서 꼭지점은 여러 번 지날 수 있지만, 각 연결선을 단 한 번씩만 통과하는 경로를 말한다.
   (3) 그래프에서 어떤 연결선도 중복되지 않는 닫혀진 경로를 순회라고 한다.
   (4) 연결선들이 서로 교차하지 않도록 평면상에 그릴 수 있는 그래프를 동형 그래프라고 한다.
   (5) 그래프에서 정점의 수가 n이고, 연결선의 수가 m일 때 정점의 차수의 합은 2n이다.

2. 다음 중 오일러 그래프인 것은?

(1) 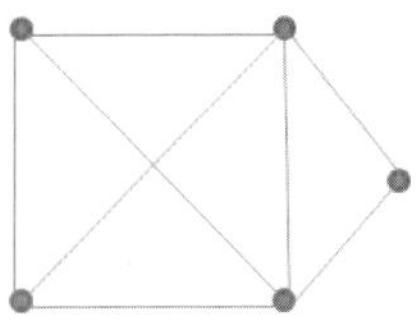

(2) 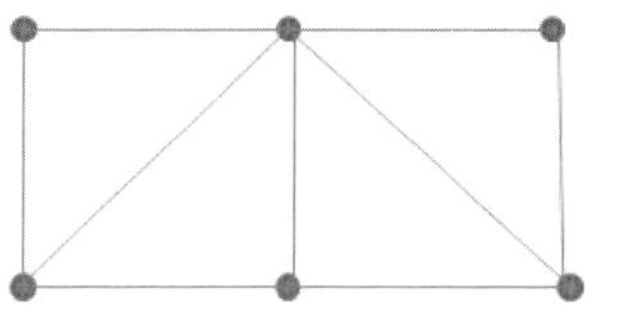

(3) 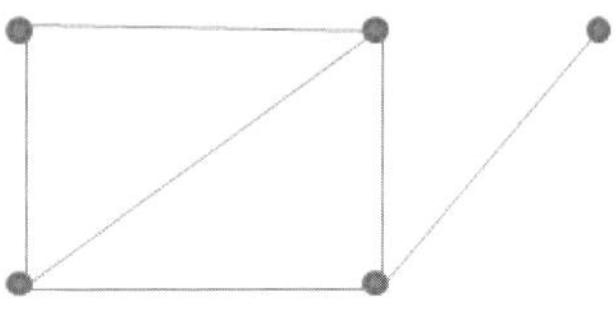

(4) 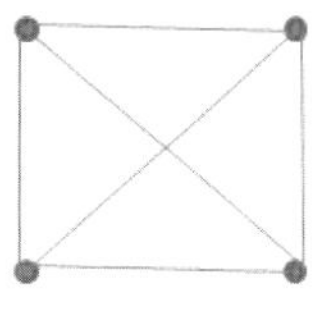

3. 다음 그래프에 해당하지 않는 것은?

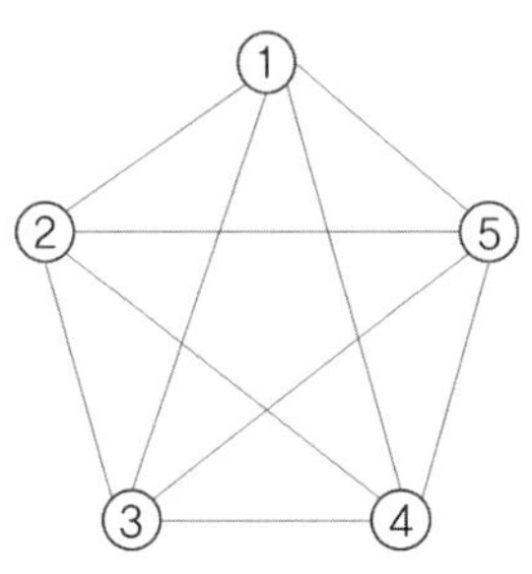

(1) 평면 그래프　　(2) 완전 그래프
(3) 오일러 그래프　　(4) 정규 그래프

4. 그래프의 모양은 다르지만 대응되는 정점과 연결선이 같은 그래프를 무슨 그래프라 하는가?

(1) 완전 그래프　　(2) 정규 그래프

(3) 오일러 그래프　　(4) 동형 그래프

5. 그래프 G의 연결선의 수를 k라고 하면 G의 모든 정점의 차수의 합은?

(1) k　　(2) 2k

(3) 3k　　(4) 4k

6. 집합 $X=\{1,2,3\}$에 관한 관계 $R=\{(x,y)|x>y\}$의 방향 그래프를 그리시오.

7. 그래프 G가 다음과 같은 인접 행렬로 나타내어질 때 G는 연결된 그래프인지를 판단하시오.

$$\begin{bmatrix} 0 & 0 & 1 & 1 & 0 & 0 \\ 0 & 0 & 0 & 0 & 1 & 1 \\ 1 & 0 & 0 & 0 & 0 & 0 \\ 1 & 0 & 0 & 0 & 0 & 0 \\ 0 & 1 & 0 & 0 & 0 & 1 \\ 0 & 1 & 0 & 0 & 1 & 0 \end{bmatrix}$$

8. 다음 그래프는 몇 번의 한붓그리기가 가능한지 판단하시오.

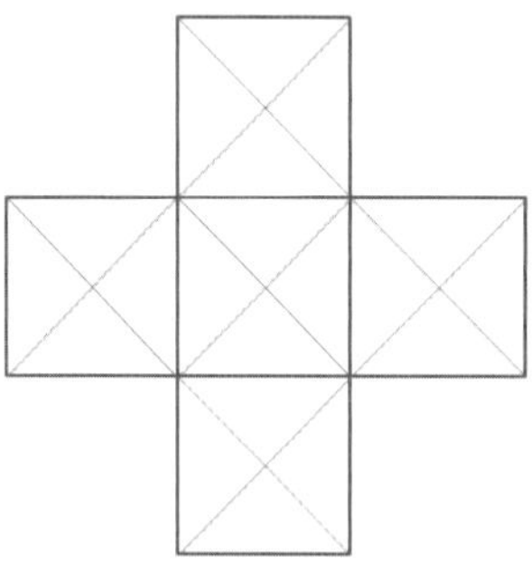

9. 다음 그래프를 그리시오.

(1) K_5　　(2) $K_{4,2}$

10. 다음 그래프에서 오일러 순회와 해밀턴 순회가 존재하는지 판단하시오.

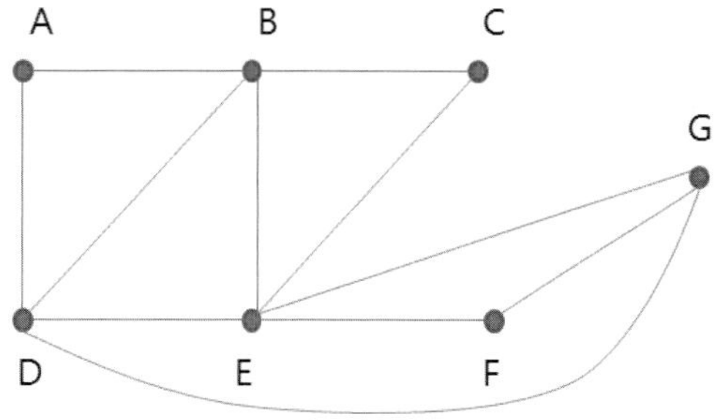

11. 다음 문장의 참, 거짓을 판별하시오.

(1) 트리는 반드시 연결된 그래프여야 하고, 사이클이 있어서는 안 된다.

(2) 트리에서 정점의 개수가 n이고, 연결선의 개수가 m이라면 $m=n+1$이다.

12. 다음 그래프 중 트리에 해당하는 것은?

(1) 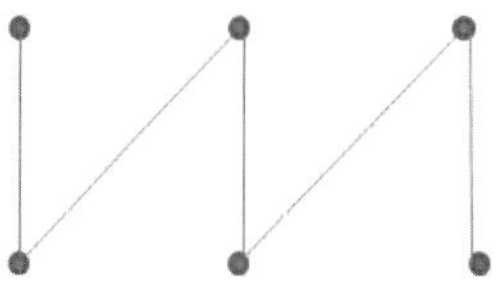

(2) 

(3) 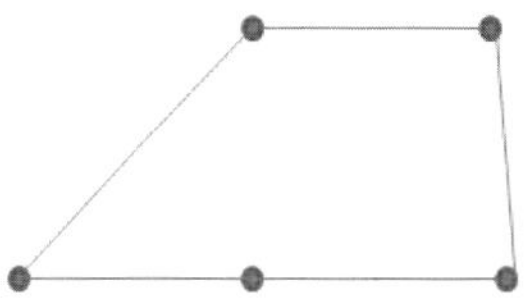

(4) 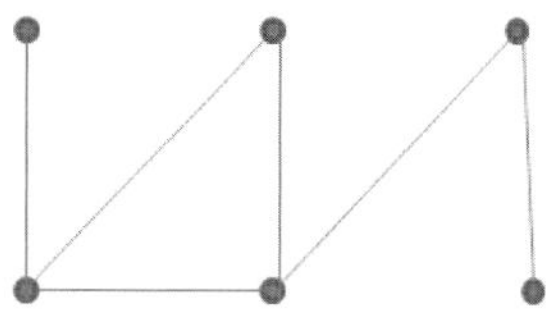

13. 다음 그래프에서 생성 트리의 개수가 4개임을 보이시오.

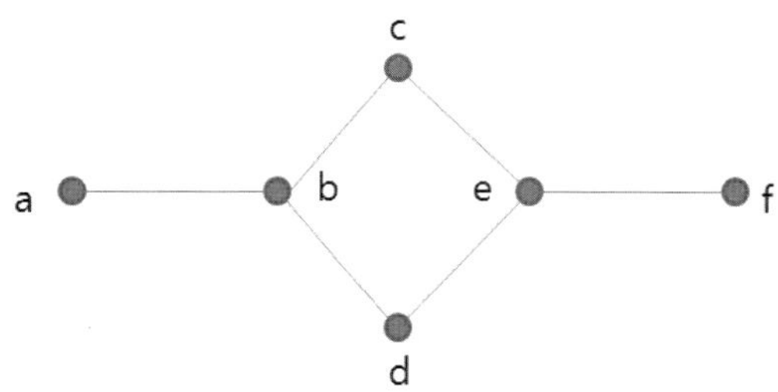

참고문헌

1. 집합론, 전대식저, 광림사, 1988.
2. 기초대학수학, 우영진, 전종덕저, 교우사, 2005.
3. 알기쉬운 미적분학, 이종걸, 김경호저, 교우사, 2010.

연습문제 해답

1장 집합과 명제

[1-1]

1. 2^4

2. $\{1, 4, 6\}$의 부분집합들 모두

3. $(A \cup B) \cap (A \cup C) = \{a, c\}$

4. (1) $A \cup B = \{a, b, c, d\}$ (2) $A \cap B = \{b\}$
(3) $A - B = \{a, c\}$ (4) $(A-B)^C = \{b, d, e\}$

5. (1) $(A \cap A^C) \cup (B \cap A^C) = B \cap A^C = B - A$
(2) $(A-B) \cup (B - A^C) = (A \cap B^C) \cup (B \cap A)$
$= (A \cap (B \cup B^C)$
$= A$

[1-2]

1. (1) $(x-2)^2 \neq 0$이다. (2) $\sqrt{4}$는 무리수가 아니다.

2. P:$-3 \leq x \leq 3$
(1) $x < -3$ 또는 $x > 3$ (2) $\{-3, -2, -1, 0, 1, 2, 3\}$

3. (1) 거짓, 반례 $x = 0$ (2) 참

4. (1) 역 : $x^2 - 4x - 5 = 0$이면 $x + 1 = 0$이다. 거짓
이 : $x + 1 \neq 0$이면 $x^2 - 4x - 5 \neq 0$이다. 거짓
대우 : $x^2 - 4x - 5 \neq 0$이면 $x + 1 \neq 0$이다. 참
(2) 역 : $a > 0$이고 $b > 0$이면 $ab > 0$이다. 참
이 : $ab \leq 0$이면 $a \leq 0$ 또는 $b \leq 0$이다. 참
대우 : $a \leq 0$ 또는 $b \leq 0$이면 $ab \leq 0$이다. 거짓
(3) 역 : 두 내각의 크기가 같으면 이등변삼각형이다. 참
이 : 이등변삼각형이 아니면 두 내각의 크기가 같지 않다. 참
대우 : 두 내각의 크기가 같지 않으면 이등변삼각형이 아니다. 참

5. (1) $P \vee Q$: 그는 잠을 자거나 공부를 한다.
   (2) $P \rightarrow \sim Q$: 그가 잠을 자면 공부를 하지 않는다.
   (3) $\sim P \wedge Q$: 그는 잠을 자지 않고 공부를 한다.

6. (1)

P	Q	~	(P	→	~Q)
T	T	T	T	F	F
T	F	F	T	T	T
F	T	F	F	T	F
F	F	F	F	T	T

(2)

P	Q	(P∧Q)	→	(P∨Q)
T	T	T	T	T
T	F	F	T	T
F	T	F	T	T
F	F	F	T	F

2장 함수

[2–1]

1. (1) $(3-x)(2x+4) \geq 0 \Rightarrow (x+2)(x-1) \leq 0$
   $\therefore \{x|-2 \leq x \leq 1\}$
   (2) $\sin 3x \geq 0$
   $\therefore \left\{x \left| \frac{2n\pi}{3} \leq x \leq \frac{(2n+1)\pi}{3} \quad n: \text{정수}\right.\right\}$
   (3) $\{(x,\ y)|-a \leq x \leq a,\ -b \leq y \leq b\}$

2. $\frac{x-1}{x+1}=2 \quad \Rightarrow \quad x=-3$

   $\therefore\ f(2)=\frac{-3-2}{-3+2}=5$

3. $f\left(\frac{x}{x-2}\right)=f(x)$

   $\therefore\ \frac{1}{\frac{x}{x-2}-1}=\frac{1}{x-1}$

   $x=0$ or 3

4. (1) $x=\sqrt{y-1}$

$x^2=y-1$

$\therefore\ y=x^2+1$

(2) $y=\dfrac{-dx+b}{cx-1}$

5. (1) $f(-1)$이 없다.　　(2) 치역$=\{1,\ 3,\ 4\}$

(3) 치역$=\{1,\ 2\}$　　(4) 치역$=\{1,\ 4\}$

[2-2]

1. $\sin\theta=\dfrac{5}{13}$, $\tan\theta=-\dfrac{5}{12}$

2. (1) $\sin 750°=\sin 30°=\dfrac{1}{2}$　　(2) $\sin\left(-\dfrac{\pi}{4}\right)=-\sin\dfrac{\pi}{4}=-\dfrac{\sqrt{2}}{2}$

(3) $\cos\dfrac{5}{3}\pi=\cos\left(-\dfrac{\pi}{3}\right)=\cos\dfrac{\pi}{3}=\dfrac{1}{2}$　　(4) $\tan(-510°)=\tan 30°=\dfrac{\sqrt{3}}{3}$

3. $a+c=4$

$-a+c=-2$

$\therefore\ a=+3,\ b=2,\ c=1,\ b=2$

4. (1) $\dfrac{1}{\tan\theta}-\dfrac{\sin\theta}{1-\cos\theta}-\dfrac{\cos\theta}{\sin\theta}-\dfrac{\sin\theta(1+\cos\theta)}{\sin^2\theta}=\dfrac{1}{\sin\theta}$

(2) $\sin^2\left(\dfrac{\pi}{2}+\theta\right)+\sin^2(\pi-\theta)-\cos^2(2\pi-\theta)+\sin^2\left(\dfrac{3}{2}\pi-\theta\right)=\cos^2\theta+\sin^2\theta-\cos^2\theta+\cos^2\theta=1$

5. (1) $\sqrt{a}\times\sqrt[3]{a}=\sqrt[6]{a^5}$　　(2) $3\cdot\sqrt{25^4}\times\sqrt{5^3}\div\sqrt[6]{5}=3\cdot\sqrt[3]{5^{16}}$

6. (1) $\log_2^{12}-2\log_2\sqrt{6}=2+\log_2^3-(1+\log_2^3)=1$

(2) $\log_3\sqrt{5}-\dfrac{1}{2}\log_3\dfrac{1}{2}-\dfrac{3}{2}\log_3\sqrt[3]{10}=\log_3\dfrac{\sqrt{5}}{\sqrt{\dfrac{1}{2}}\cdot\sqrt{10}}=0$

7. (1) $\log 4.5=\dfrac{2\log 3}{\log 2}=\dfrac{2b}{a}$

(2) $\log_{15}20=\dfrac{\log 20}{\log 15}=\dfrac{2\log 2+(1-\log 2)}{\log 3+1-\log 2}=\dfrac{a+1}{-a+b+1}$

8. $x=2^{y-1}+1\Rightarrow x-1=2^{y-1}$

$\Rightarrow y-1=\log_2(x-1)$

$\therefore\ y=\log_2(x-1)+1,\ x>1$

3장 행렬과 행렬식

[3-1]

1. (1) $\begin{pmatrix} 2 & 1 & 13 \\ -1 & -4 & 11 \end{pmatrix}$

(2) $\begin{pmatrix} 1 & -3 & 24 \\ 3 & 5 & 2 \end{pmatrix}$

2. (1) $\begin{pmatrix} 3+b & 3a+2 \\ -2 & -2a \end{pmatrix}=\begin{pmatrix} 3 & 5 \\ -2 & -2 \end{pmatrix}$ $\quad\therefore\ a=1,\ b=0$

(2) $\begin{pmatrix} -a & 2a \\ -1 & 2-2b \end{pmatrix}=\begin{pmatrix} -2 & c \\ -1 & 0 \end{pmatrix}$ $\quad\therefore\ a=2,\ b=1,\ c=4$

3. (1) $\mathrm{AB}=\begin{pmatrix} 3 & 1 \\ -2 & 0 \end{pmatrix}\begin{pmatrix} -1 & 3 & 0 \\ 3 & -2 & 1 \end{pmatrix}=\begin{pmatrix} 0 & 7 & 1 \\ 2 & -6 & 0 \end{pmatrix}$

(2) $\mathrm{BC}=\begin{pmatrix} -1 & 3 & 0 \\ 3 & -2 & 1 \end{pmatrix}\begin{pmatrix} 1 & -1 & 3 \\ 1 & -3 & -2 \\ 2 & 1 & 3 \end{pmatrix}=\begin{pmatrix} 2 & -8 & -9 \\ 3 & 4 & 16 \end{pmatrix}$

(3) $\mathrm{CB}=\begin{pmatrix} 1 & -1 & 3 \\ 1 & -3 & -2 \\ 2 & 1 & 3 \end{pmatrix}\begin{pmatrix} -1 & 3 & 0 \\ 3 & -2 & 1 \end{pmatrix}$의 곱은 없다.

4. (1) $\begin{pmatrix} 6+y & 3x+3 \\ 10+2y & 5x+6 \end{pmatrix}=\begin{pmatrix} 1 & 0 \\ 0 & 1 \end{pmatrix}$

$\therefore\ \begin{matrix} x=-1 \\ y=-5 \end{matrix}$, 또는 $\begin{pmatrix} 2 & x \\ y & 3 \end{pmatrix}=\begin{pmatrix} 3 & 1 \\ 5 & 2 \end{pmatrix}^{-1}=\begin{pmatrix} 2 & -1 \\ -5 & 3 \end{pmatrix}$

(2) $\begin{pmatrix} x & -1 \\ -1 & y \end{pmatrix}=\begin{pmatrix} 2 & 1 \\ 1 & 1 \end{pmatrix}^{-1}=\begin{pmatrix} 1 & -1 \\ -1 & 2 \end{pmatrix}$

$\therefore\ x=1,\ y=2$

5. $\begin{pmatrix} 2 & 4 \\ 1 & 3 \end{pmatrix}^{-1}=\dfrac{1}{2}\begin{pmatrix} 3 & -4 \\ -1 & 2 \end{pmatrix}=\begin{pmatrix} \dfrac{3}{2} & -2 \\ -\dfrac{1}{2} & 1 \end{pmatrix}$

[3-2]

1. (1) $\sigma_1\sigma_2=\begin{pmatrix} 1 & 2 & 3 & 4 \\ 1 & 3 & 2 & 4 \end{pmatrix}$

$\sigma_2\sigma_1=\begin{pmatrix} 1 & 2 & 3 & 4 \\ 4 & 2 & 3 & 1 \end{pmatrix}$

(2) $\sigma_1\sigma_2=\begin{pmatrix} 1 & 2 & 3 & 4 & 5 \\ 1 & 4 & 3 & 5 & 2 \end{pmatrix}$

$\sigma_2\sigma_1=\begin{pmatrix} 1 & 2 & 3 & 4 & 5 \\ 1 & 3 & 5 & 4 & 2 \end{pmatrix}$

2. (1) $(13)(15)(12)(14)(16)$ (2) $(15)(13)(24)(26)$

3. $\begin{pmatrix} 1 & 2 & 3 & 4 & 5 \\ 1 & 2 & 5 & 4 & 3 \end{pmatrix}$

4. (1) $(12)(13)$ $\therefore$ $\text{sgn}\sigma_1 = 1$ (2) $(15)(12)(13)$ $\therefore$ $\text{sgn}\sigma_2 = -1$

[3–3]

1. (1) 8 (2) 12 (3) 450 (4) 10

2. (1) 0 (2) 0

3. (1) $\begin{vmatrix} a & 0 & 0 & 0 \\ b & 2b & 0 & 0 \\ c & 2c & 2c & 0 \\ d & 2d & 2d & 2d \end{vmatrix} = 8abcd$ (2) $(an-bm+cl)^2$

4. (1) $-(-1)\begin{vmatrix} 3 & -2 \\ 2 & 3 \end{vmatrix} = 13$ (2) $-2\begin{vmatrix} -1 & 0 \\ 0 & 2 \end{vmatrix} + 3\begin{vmatrix} 1 & 3 \\ -1 & 0 \end{vmatrix} = 4+9=13$

5. (1) $A = \begin{pmatrix} 1 & 2 & 0 \\ 2 & 0 & 3 \\ -1 & -2 & 1 \end{pmatrix}$, $|A| = -4$ (2) 수반행렬 $\begin{pmatrix} 6 & -2 & 6 \\ -5 & 1 & -3 \\ -4 & 0 & -4 \end{pmatrix}$

(3) $$A^{-1} = \frac{1}{-4}\begin{pmatrix} \begin{vmatrix} 0 & 3 \\ -2 & 1 \end{vmatrix} & -\begin{vmatrix} 2 & 0 \\ -2 & 1 \end{vmatrix} & \begin{vmatrix} 2 & 0 \\ 0 & 3 \end{vmatrix} \\ -\begin{vmatrix} 2 & 3 \\ -1 & 1 \end{vmatrix} & \begin{vmatrix} 1 & 0 \\ -1 & 1 \end{vmatrix} & -\begin{vmatrix} 1 & 0 \\ 2 & 3 \end{vmatrix} \\ \begin{vmatrix} 2 & 0 \\ -1 & -2 \end{vmatrix} & -\begin{vmatrix} 1 & 2 \\ -1 & -2 \end{vmatrix} & \begin{vmatrix} 1 & 2 \\ 2 & 0 \end{vmatrix} \end{pmatrix}$$

$$= -\frac{1}{4}\begin{pmatrix} 6 & -2 & 6 \\ -5 & 1 & -3 \\ -4 & 0 & -4 \end{pmatrix}$$

6. (1) $A^{-1} = -\frac{1}{2}\begin{pmatrix} 6 & -4 \\ -2 & 1 \end{pmatrix} = \begin{pmatrix} -3 & 2 \\ 1 & -\frac{1}{2} \end{pmatrix}$

(2) $$A^{-1} = \frac{1}{2}\begin{pmatrix} \begin{vmatrix} 3 & 0 \\ 4 & 1 \end{vmatrix} & -\begin{vmatrix} 0 & -1 \\ 4 & 1 \end{vmatrix} & \begin{vmatrix} 0 & -1 \\ 3 & 0 \end{vmatrix} \\ -\begin{vmatrix} 1 & 0 \\ 0 & 1 \end{vmatrix} & \begin{vmatrix} 2 & -1 \\ 0 & 1 \end{vmatrix} & -\begin{vmatrix} 2 & -1 \\ 1 & 0 \end{vmatrix} \\ \begin{vmatrix} 1 & 3 \\ 0 & 4 \end{vmatrix} & -\begin{vmatrix} 2 & 0 \\ 0 & 4 \end{vmatrix} & \begin{vmatrix} 2 & 0 \\ 1 & 3 \end{vmatrix} \end{pmatrix} = \frac{1}{2}\begin{pmatrix} 3 & -4 & 3 \\ -1 & 2 & -1 \\ 4 & -8 & 6 \end{pmatrix}$$

(3) $$A^{-1} = \frac{1}{7}\begin{pmatrix} \begin{vmatrix} 2 & -1 \\ 0 & 3 \end{vmatrix} & -\begin{vmatrix} 1 & -1 \\ 0 & 3 \end{vmatrix} & \begin{vmatrix} 1 & -1 \\ 2 & -1 \end{vmatrix} \\ -\begin{vmatrix} 1 & -1 \\ 1 & 3 \end{vmatrix} & \begin{vmatrix} 2 & -1 \\ 1 & 3 \end{vmatrix} & -\begin{vmatrix} 2 & -1 \\ 1 & -1 \end{vmatrix} \\ \begin{vmatrix} 1 & 2 \\ 1 & 0 \end{vmatrix} & -\begin{vmatrix} 2 & 1 \\ 1 & 0 \end{vmatrix} & \begin{vmatrix} 2 & 1 \\ 1 & 2 \end{vmatrix} \end{pmatrix} = \frac{1}{7}\begin{pmatrix} 6 & -3 & 1 \\ -4 & 7 & 1 \\ -2 & 1 & 3 \end{pmatrix}$$

(4) $D=0$

7. (1) $A=\begin{pmatrix} 4 & -2 \\ 6 & 2 \end{pmatrix}$ $|A|=20$

$$\therefore\ x=\frac{\begin{vmatrix} 3 & -2 \\ 7 & 2 \end{vmatrix}}{20}=\frac{20}{20}=1$$

$$y=\frac{\begin{vmatrix} 4 & 3 \\ 6 & 7 \end{vmatrix}}{20}=\frac{10}{20}=\frac{1}{2}$$

(2) $A=\begin{pmatrix} 2 & 3 & 1 \\ 4 & 1 & -3 \\ -1 & 2 & 2 \end{pmatrix}$, $|A|=10$

$$x=\frac{\begin{vmatrix} -4 & 3 & 1 \\ 2 & 1 & -3 \\ 6 & 2 & 2 \end{vmatrix}}{10}=\frac{-100}{10}=-10$$

$$y=\frac{\begin{vmatrix} 2 & -4 & 1 \\ 4 & 2 & -3 \\ -1 & 6 & 2 \end{vmatrix}}{10}=\frac{90}{10}=9$$

$$z=\frac{\begin{vmatrix} 2 & 3 & -4 \\ 4 & 1 & 2 \\ -1 & 2 & 6 \end{vmatrix}}{10}=\frac{-110}{10}=-11$$

(3) $A=\begin{pmatrix} 3 & 1 & -1 \\ 2 & 3 & 1 \\ 1 & -1 & 5 \end{pmatrix}$, $|A|=44$

$$x=\frac{\begin{vmatrix} 2 & 1 & -1 \\ 4 & 3 & 1 \\ 7 & -1 & 5 \end{vmatrix}}{44}=\frac{44}{44}=1$$

$$y=\frac{\begin{vmatrix} 3 & 2 & -1 \\ 2 & 4 & 1 \\ 1 & 7 & 5 \end{vmatrix}}{44}=\frac{11}{44}=\frac{1}{4}$$

$$z=\frac{\begin{vmatrix} 3 & 1 & 2 \\ 2 & 3 & 4 \\ 1 & -1 & 7 \end{vmatrix}}{44}=\frac{55}{44}=\frac{5}{4}$$

4장 수열과 급수

[4–1]

1. (1) $a=-21,\ d=8$

$$\therefore\ Sn=\frac{n\{(2\times(-21)+(n-1)8\}}{2}=4n^2-25n$$

(2) $a=7,\ d=6$

$$\therefore\ Sn=\frac{n\{14+(n-1)6\}}{2}=3n^2+4n$$

2. (1) 등비 ×

(2) $r=-\frac{1}{3}$

$\therefore\ a_n=1\cdot\left(-\frac{1}{3}\right)^{n-1}$

(3) 등비 ×

(4) $r=\sqrt{3}$

$\therefore\ a_n=\frac{1}{\sqrt{3}}(\sqrt{3})^{n-1}=(\sqrt{3})^{n-2}$

3. $a_1+a_2=2a+d \quad a=a_1=4$

$a_3+a_4=2a+5d \quad d=3$

$a_5+a_6=2a+9d$

$\therefore\ a_{2n-1}+a_{2n}=(2a+d)+(n-1)4d=12n-1$

4. $2\log 3^x=\log 3+\log\left(3^x+\frac{4}{3}\right)$

$\therefore\ 3^{2x}=3\cdot 3^x+4$

$3^x=t$로 치환하면

$t^2-3t-4=0 \quad \therefore\ t=-1,\ 4\ (t>0)$

$\therefore\ t=4$

$\therefore\ x=\log_3^4$

5. (1) $\sum_{n=1}^{\infty}\frac{1}{(2n-1)(2n+1)}=\frac{1}{2}\sum_{n=1}^{\infty}\left(\frac{1}{2n-1}-\frac{1}{2n+1}\right)=S$라 하자.

$\therefore\ S_n=\frac{1}{2}\left\{\left(\frac{1}{1}-\frac{1}{3}\right)+\left(\frac{1}{3}-\frac{1}{5}\right)+\cdot+\left(\frac{1}{2n-1}\cdot\frac{1}{2n+1}\right)=\frac{1}{2}\left(1-\frac{1}{2n+1}\right)\right.$

$\therefore\ S=\lim_{n\to\infty}S_n=\frac{1}{2}$

(2) $\sum_{k=1}^{\infty}\frac{1}{(2k+1)^2-1^2}=\sum_{k=1}^{\infty}\frac{1}{4k(k+1)}=\frac{1}{4}\sum_{h=1}^{\infty}\left(\frac{1}{k}-\frac{1}{k+1}\right)$

$S_n=\frac{1}{4}\left(\left(\frac{1}{1}-\frac{1}{2}\right)+\left(\frac{1}{2}-\frac{1}{3}\right)+\cdot+\left(\frac{1}{n}-\frac{1}{n+1}\right)\right)=\frac{1}{4}\left(1-\frac{1}{n+1}\right)$

$\therefore\ S=\lim_{n\to\infty}S_n=\frac{1}{4}$

[4-2]

1. (1) $\lim_{n\to\infty}\frac{1-n}{n^2}=0$

(2) 0 (3) 0 (4) 진동 (5) 0 (6) 0 (7) 0

(8) $\lim_{n\to\infty}\left(\left(1+\frac{7}{n}\right)^{\frac{n}{7}}\right)^7 = e^7$

(9) ∞

(10) $y = n^{\frac{1}{2n}}$

$$\lim_{n\to\infty}\ln y = \lim_{n\to\infty}\frac{\ln n}{2n} = 0$$

$\therefore \lim_{n\to\infty} a_n = 1$

2. (1) 발산 (2) 수렴 (3) 발산 (4) 발산 (5) 발산 (6) $\frac{1}{n^2}\left(1+\frac{1}{n}\right)^n < \frac{4}{n^2}$ $\therefore$ 수렴

3. $\mathrm{P}=1,\ \int_2^\infty \frac{1}{x\ln x}dx = \infty$ 발산

$$\lim_{a\to\infty}\int_2^a \frac{1}{x(\ln x)^{\mathrm{P}}}dx = \lim_{a\to\infty}\frac{1}{-\mathrm{P}+1}\left(a^{-\mathrm{P}+1}-(\ln 2)^{-\mathrm{P}+1}\right) = \begin{cases} \text{수렴} & \mathrm{P}>1 \\ \text{발산} & \mathrm{P}<1 \end{cases}$$

$\therefore\ \mathrm{P}>1$

4. $S_n = \left(1-\frac{1}{2}\right)+\left(\frac{1}{2}-\frac{1}{3}\right)+\cdots+\left(\frac{1}{n}-\frac{1}{n+1}\right) = 1-\frac{1}{n+1}$

$\therefore \lim_{n\to\infty} S_n = 1$

5. (1) $R = \lim_{n\to\infty}\frac{\frac{1}{n^2}}{\frac{1}{(n+1)^2}} = 1$

$x=1 \Rightarrow \sum_{n=1}^{\infty}\frac{1}{n^2}$: 수렴

$x=-1 \Rightarrow \sum_{n=1}^{\infty}\frac{(-1)^n}{n^2}$: 수렴

$\therefore$ 수렴구간 $=[-1,\ 1]$

(2) $R = \lim_{n\to\infty}\frac{\frac{1}{n}}{\frac{1}{n+1}} = 1$

$x=1 \Rightarrow \sum_{n=1}^{\infty}\frac{(-1)^{n+1}}{n}$: 수렴

$x=-1 \Rightarrow \sum_{n=1}^{\infty}\frac{(-1)^{2n+1}}{n} = \sum_{n=1}^{\infty}\frac{-1}{n}$: 발산

$\therefore$ 수렴구간 $=(-1,\ 1]$

(3) $R=\lim_{n\to\infty}\dfrac{\dfrac{1}{n!}}{\dfrac{1}{(n+1)!}}=\infty$

$\therefore$ 수렴구간$=(-\infty,\ \infty)$

(4) $R=1$

$x=2 \;\Rightarrow\; \sum_{n=1}^{\infty}\dfrac{1}{n+3}$: 발산

$x=0 \;\Rightarrow\; \sum_{n=1}^{\infty}\dfrac{(-1)^n}{n+3}$: 수렴

$\therefore$ 수렴구간$=[0,\ 2)$

6. (1) $f=a^x$

$f'=a^x\ln a$

$f''=a^x(\ln a)^2$

$f^{(n)}=a^x(\ln a)^n$

$f^{(n)}(0)=(\ln a)^n$

$\therefore\ f(x)=\sum_{n=0}^{\infty}\dfrac{(\ln a)^n}{n!}x^n=1+(\ln a)x+\dfrac{(\ln a)^2}{2!}x^2+\cdots$

(2) $f(-1)=(1+x)^{\frac{1}{2}}$

$f'=\dfrac{1}{2}(1+x)^{-\frac{1}{2}}$

$f''=-\dfrac{1}{2^2}(1+x)^{-\frac{3}{2}}$

$f'''=\dfrac{3}{2^3}(1+x)^{-\frac{5}{2}}$

$f^{(4)}=-\dfrac{1\cdot 3\cdot 5}{2^4}(1+x)^{-\frac{7}{2}}$

$f^{(n)}=(-1)^{n+1}\dfrac{1\cdot 3\cdot 5\cdots(2n-3)}{2^n}(1+x)^{-\frac{(2n-1)}{2}}$

$\therefore\ f^{(n)}(0)=(-1)^{n+1}\dfrac{1\cdot 3\cdot 5\cdots(2n-1)}{2^n}$

$f(x)=1+\dfrac{1}{2}x-\dfrac{1}{2!2^2}x^2+\dfrac{3}{3!2^3}x^3-\dfrac{1\cdot 3\cdot 5}{4!2^4}x^4+\cdots$

(3) $\sin x = x - \frac{x^3}{3!} + \frac{x^5}{5!} - \frac{x^7}{7!} + \cdots + (-1)^{n+1}\frac{x^{2n-1}}{(2n)!} + \cdots$

$f(x) = \sin\left(x + \frac{x}{4}\right) \qquad f(0) = \frac{\sqrt{2}}{2}$

$f' = \cos\left(x + \frac{x}{4}\right) \qquad f'(0) = \frac{\sqrt{2}}{2}$

$f'' = -\sin\left(x + \frac{x}{4}\right) \qquad f''(0) = -\frac{\sqrt{2}}{2}$

$f''' = -\cos\left(x + \frac{x}{4}\right) \qquad f'''(0) = -\frac{\sqrt{2}}{2}$

$f^{(4)} = \sin\left(x + \frac{x}{4}\right) \qquad f^{(4)}(0) = \frac{\sqrt{2}}{2}$

$\vdots \qquad \vdots$

$\therefore\ f(x) = \frac{\sqrt{2}}{2} + \frac{\sqrt{2}}{2}x - \frac{\sqrt{2}}{2!2}x^2 - \frac{\sqrt{2}}{3!2}x^3 + \frac{\sqrt{2}}{4!2}x^4 + \cdots$

(4) $f(x) = \cosh x,\ f(0) = 1$

$f'(x) = \frac{e^x - e^{-x}}{2} = \sinh x,\ f'(0) = 0$

$f''(x) = \cosh(x),\ f''(0) = 1$

$\vdots$

$\therefore\ f(x) = 1 + \frac{x^2}{2!} + \frac{x^4}{4!} + \frac{x^6}{6!} + \cdots$

다른 풀이

$e^x = 1 + x + \frac{x^2}{2!} + \frac{x^3}{3!} + \frac{x^4}{4!} + \cdots$

$e^{-x} = 1 - x + \frac{x^2}{2!} - \frac{x^3}{3!} + \frac{x^4}{4!} + \cdots$

$\therefore\ \frac{e^x + e^{-x}}{2} = 1 + \frac{x^2}{2!} + \frac{x^4}{4!} + \cdots$

7. (1) $e^x = 1 + x + \frac{x^2}{2!} + \frac{x^3}{3!} + \cdots$

$\therefore\ e^{1.5} = 1 + 1.5 + \frac{(1.5)^2}{2} + \frac{(1.5)^3}{6} + \frac{(1.5)^4}{24} \fallingdotseq 4.398$

(2) $\ln(1+x) = x - \frac{1}{2}x^2 + \frac{1}{3}x^3 - \frac{1}{4}x^4 + \cdots$

$\therefore\ \ln(1.02) = 0.02 - \frac{1}{2}(0.02)^2 + \frac{1}{3}(0.02)^3 - \cdots \fallingdotseq 0.188$

(3) $\cos x = 1 - \frac{x^2}{2!} + \frac{x^4}{4!} - \frac{x^6}{6!} + \cdots$

$$\cos 48^\circ = \cos\frac{4}{15}\pi \fallingdotseq \cos(0.837)$$
$$= 1 - \frac{1}{2!}\left(\frac{4}{15}\pi\right)^2 + \frac{1}{4!}\left(\frac{4}{15}\pi\right)^4 - \cdots$$
$$\fallingdotseq 0.511$$

(4) $\tan x = x + x^3 + \cdots$

$$\therefore\ \tan 31^\circ = \tan\frac{31}{180}\pi \fallingdotseq \tan(0.541)$$
$$= 0.541 + (0.541)^3 + \cdots$$
$$\fallingdotseq 0.59996$$

8. $$\lim_{x\to 0}\frac{\ln(x+1)}{x^\alpha} = \lim_{x\to 0}\frac{x - \frac{1}{2}x^2 + \frac{1}{3}x^3 - \frac{1}{4}x^4 - \cdots}{x^\alpha}$$
$$= \lim_{x\to 0} x^{1-\alpha}\left(1 - \frac{1}{2}x + \frac{1}{3}x^2 - \frac{1}{4}x^3 + \cdots\right)$$
$$= \begin{cases} 1, & \alpha = 1 \\ \infty, & \alpha > 1 \\ 0 & \alpha < 1 \end{cases}$$

5장 벡터와 일차변환

[5-1]

1. (1) $7\vec{a} - 4\vec{b}$ (2) $\frac{1}{3}\vec{a} + 3\vec{b}$

2. (1) $|\vec{a} + 2\vec{b}|^2 = |(7,\ 1,\ 7)|^2 = 49 + 1 + 49 = 99$ (2) $|\vec{a} - \vec{b}| = |(1,\ -2,\ -2)| = \sqrt{1+4+4} = 3$

3. $\cos\theta = \frac{\vec{a}\cdot\vec{b}}{|\vec{a}||\vec{b}|} = \frac{16}{\sqrt{33}\,\sqrt{33}} = \frac{16}{33}$

4. $\vec{a}\cdot\vec{b} = -x - y + 7 = 0$

$\vec{a}\cdot\vec{c} = x - 2 + z = 0$

$\vec{b}\cdot\vec{c} = -1 + 2y + 7z = 0$

$\therefore\ x = 3,\ y = 4,\ z = -1$

[5-2]

1. (1) $\begin{pmatrix} 2 & 1 \\ 1 & -1 \end{pmatrix}\begin{pmatrix} x \\ y \end{pmatrix}=\begin{pmatrix} x' \\ y' \end{pmatrix}$ (2) 일차변환 아님

(3) $\begin{pmatrix} 0 & 3 \\ 2 & 0 \end{pmatrix}\begin{pmatrix} x \\ y \end{pmatrix}=\begin{pmatrix} x' \\ y' \end{pmatrix}$ (4) 일차변환 아님

2. (1) $(0,\ 0)$ (2) $\begin{pmatrix} 1 & 1 \\ -1 & 2 \end{pmatrix}\begin{pmatrix} -1 \\ 1 \end{pmatrix}=\begin{pmatrix} 0 \\ 3 \end{pmatrix}$

(3) $\begin{pmatrix} 1 & 1 \\ -1 & 2 \end{pmatrix}\begin{pmatrix} 2 \\ 1 \end{pmatrix}=\begin{pmatrix} 3 \\ 0 \end{pmatrix}$ (4) $\begin{pmatrix} 1 & 1 \\ -1 & 2 \end{pmatrix}\begin{pmatrix} 2 \\ 2 \end{pmatrix}=\begin{pmatrix} 4 \\ 2 \end{pmatrix}$

3. $f(2\mathrm{P}-3\mathrm{Q})=2f(\mathrm{P})-3f(\mathrm{Q})=2\mathrm{Q}-3\mathrm{P}=2\begin{pmatrix} -2 \\ 1 \end{pmatrix}-3\begin{pmatrix} 1 \\ 2 \end{pmatrix}$

$=\begin{pmatrix} -7 \\ -4 \end{pmatrix}$

4. $f=\mathrm{A}=\begin{pmatrix} -1 & 2 \\ -1 & 1 \end{pmatrix}$

$g=\mathrm{B}=\begin{pmatrix} 3 & 2 \\ 1 & 1 \end{pmatrix}$

(1) $g\circ f=\mathrm{BA}=\begin{pmatrix} 3 & 2 \\ 1 & 1 \end{pmatrix}\begin{pmatrix} -1 & 2 \\ -1 & 1 \end{pmatrix}=\begin{pmatrix} -5 & 8 \\ -2 & 3 \end{pmatrix}$

$f\circ g=\mathrm{AB}=\begin{pmatrix} -1 & 2 \\ -1 & 1 \end{pmatrix}\begin{pmatrix} 3 & 2 \\ 1 & 1 \end{pmatrix}=\begin{pmatrix} -1 & 0 \\ -2 & -1 \end{pmatrix}$

(2) $(g\circ f)\begin{pmatrix} 2 \\ 1 \end{pmatrix}=\begin{pmatrix} -5 & 8 \\ -2 & 3 \end{pmatrix}\begin{pmatrix} 2 \\ 1 \end{pmatrix}=\begin{pmatrix} -2 \\ -1 \end{pmatrix}$

$(f\circ g)\begin{pmatrix} 2 \\ 1 \end{pmatrix}=\begin{pmatrix} -1 & 0 \\ -2 & -1 \end{pmatrix}\begin{pmatrix} 2 \\ 1 \end{pmatrix}=\begin{pmatrix} -2 \\ -5 \end{pmatrix}$

5. (1) $f^{-1}=\begin{pmatrix} 3 & -5 \\ -1 & 2 \end{pmatrix}$ (2) $\begin{pmatrix} 3 & -5 \\ -1 & 2 \end{pmatrix}\begin{pmatrix} 4 \\ 3 \end{pmatrix}=\begin{pmatrix} -3 \\ 2 \end{pmatrix}$

6장 극좌표

[6-1]

1.

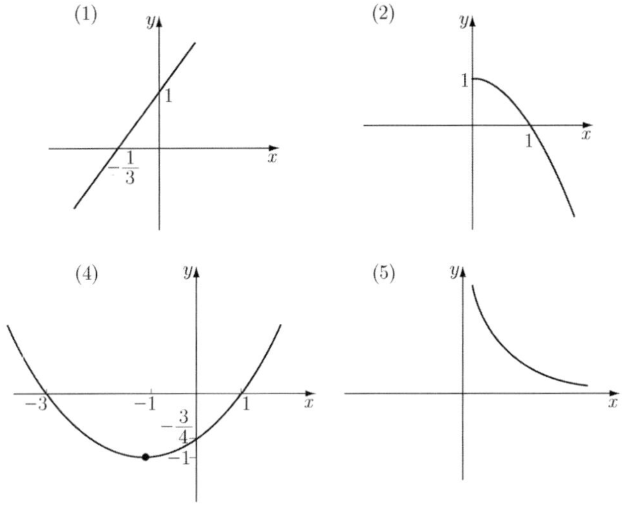

2. (1) $y=\frac{3}{2}x+1$ (2) $y=1-x^2(x \geq 0)$ (3) $\frac{x^2}{a^2}+\frac{y^2}{b^2}=1$

(4) $y=\frac{1}{4}(x+1)^2-1$ (5) $y=\frac{1}{x}\ (x>0)$

3.

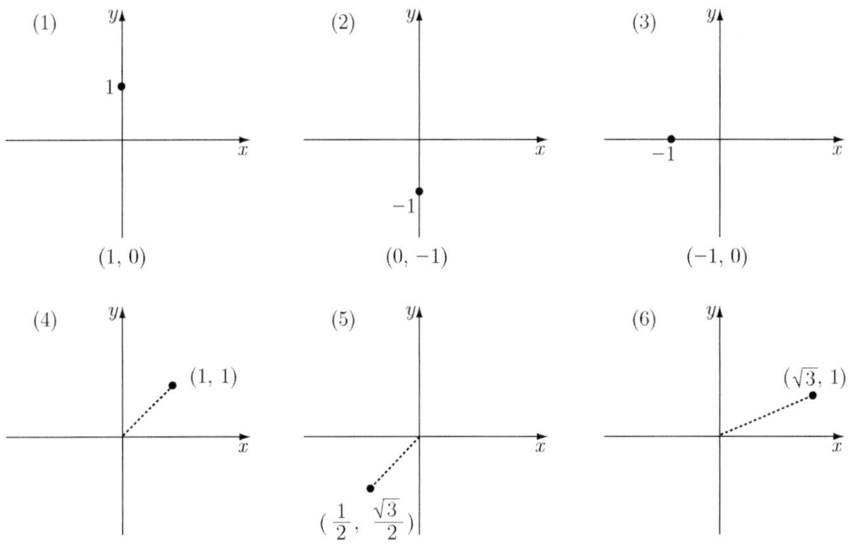

4. (1) $\left(\sqrt{2},\ \frac{7}{4}\pi\right)$ (2) $\left(2,\ \frac{2}{3}\pi\right)$

(3) $\left(4,\ \frac{7}{6}\pi\right)$ (4) $(\sqrt{5},\ \theta),\ \cos\theta = \frac{2}{\sqrt{5}},\ \sin\theta = -\frac{1}{\sqrt{5}}$

5.

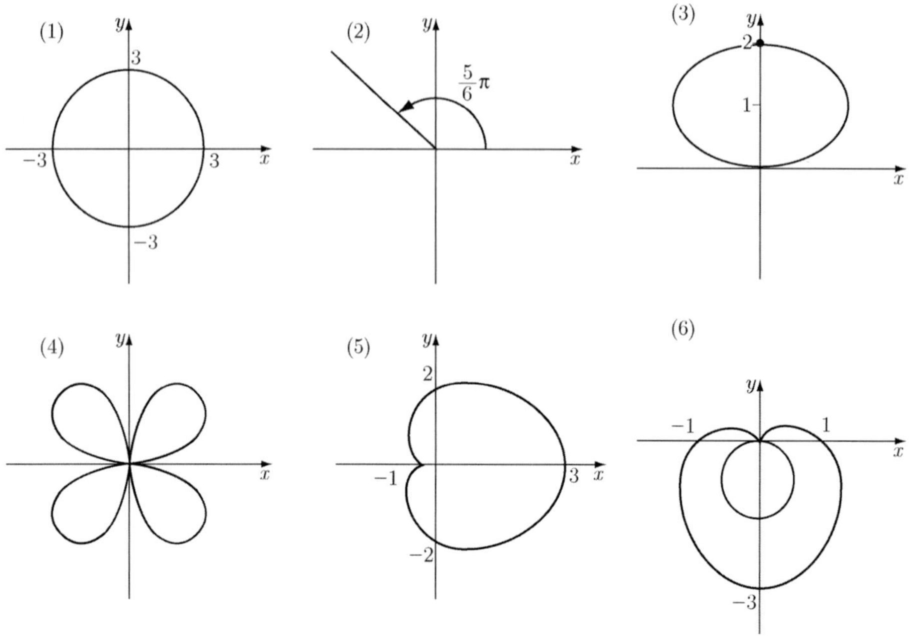

6. (1) $x^2+(y-1)^2=1$ (2) $y=2$

(3) $(x-2)^2+(y-1)^2=5$ (4) $y^2=2x+1$

(5) $y=4x^2$ (6) $(x^2+y^2)^{\frac{3}{2}}=4xy$

7. $\begin{cases} x = \dfrac{1-t^2}{1+t^2} \\ y = \dfrac{2t}{1+t^2} \end{cases}$

7장 복소수

[7–1]

1. (1) $(3\sqrt{2}-4)i$ (2) 24

(3) $-24i$ (4) $2^9(1+\sqrt{3}\,i)$

(5) $16+30i$ (6) $\dfrac{(3-\sqrt{3})+(2-\sqrt{3})i}{4}$

(7) $\dfrac{1-2\sqrt{2}\,i}{3}$ (8) 0

(9) $-i$(10) 1 (11) 0

2. (1) $\dfrac{2+3i}{11}$ (2) $-11-21i$ (3) $\dfrac{7+2i}{3}$

3. -4

4. 생략(대입하여 계산)

5. (1) $x=1,\ y=2$ (2) $x=3,\ y=1$

6. (1) $-3+2i$ (2) -2

7. (1) -8 (2) -12

[7–2]

1. (1) $\sqrt{2}\left(\cos\dfrac{\pi}{4}+i\sin\dfrac{\pi}{4}\right)$ (2) $2\left(\cos\dfrac{\pi}{6}-i\sin\dfrac{\pi}{6}\right)$

(3) $3(\cos 0+i\sin 0)$ (4) $\cos\dfrac{\pi}{2}+i\sin\dfrac{\pi}{2}$

2. (1) $\cos\left(\dfrac{\pi}{2}-\theta\right)+i\sin\left(\dfrac{\pi}{2}-\theta\right)$ (2) $2(\cos 0+i\sin 0)$

(3) $2\left(\cos\dfrac{5}{4}\pi+i\sin\dfrac{5}{4}\pi\right)=2\left(\cos\left(-\dfrac{3}{4}\pi\right)+i\sin\left(-\dfrac{3}{4}\pi\right)\right)$

(4) $\sin\dfrac{\pi}{13}(\cos 0+i\sin 0)$ (5) $2\left(\cos\dfrac{2}{3}\pi+i\sin\dfrac{2}{3}\pi\right)$

(6) (1)과 동일

3. (1) $r\left\{\cos\left(\dfrac{\pi}{2}+\theta\right)+i\sin\left(\dfrac{\pi}{2}+\theta\right)\right\}$

(2) $r\{\cos(\pi-\theta)+i\sin(\pi-\theta)\}$

(3) $r\left\{\cos\left(\theta-\dfrac{\pi}{2}\right)+i\sin\left(\theta-\dfrac{\pi}{2}\right)\right\}$

(4) $\dfrac{1}{r}\left\{\cos\left(\dfrac{\pi}{2}-\theta\right)+i\sin\left(\dfrac{\pi}{2}-\theta\right)\right\}$

4. (1) -2^6 (2) $-16\sqrt{2}-16\sqrt{2}\,i$

(3) $8i$ (4) $\frac{1}{16}-\frac{1}{16}i$

(5) $32i$ (6) $\frac{1}{2}(1+\sqrt{3}\,i)$

(7) -27 (8) $4(\cos 20°+i\sin 20°)$

(9) $-i$ (10) 0

5. (1) $z=\cos\frac{2kx}{5}+i\sin\frac{2kx}{5},\ k=0,\ 1,\ 2,\ 3,\ 4$

(2) $z=\cos\frac{\pi+2k\pi}{6}+i\sin\frac{\pi+2k\pi}{6},\ k=0,\ 1,\cdots 5$

(3) $z=\cos\frac{\frac{\pi}{2}+2k\pi}{4}+i\sin\frac{\frac{\pi}{2}+2k\pi}{4},\ k=0,\ 1,\ 2,\ 3$

(4) $z=3\left(\cos\frac{\frac{\pi}{2}+2k\pi}{3}+i\sin\frac{\frac{\pi}{2}+2k\pi}{3}\right),\ k=0,\ 1,\ 2$

(5) $z=\sqrt[4]{2}\left(\cos\frac{\frac{\pi}{3}+2k\pi}{4}+i\sin\frac{\frac{\pi}{3}+2k\pi}{4}\right),\ k=0,\ 1,\ 2,\ 3$

(6) $z=\sqrt[6]{8}\left(\cos\frac{\frac{\pi}{4}+2h\pi}{3}+i\sin\frac{\frac{\pi}{4}+2k\pi}{3}\right),\ k=0,\ 1,\ 2$

[7-3]

1. (1) $1-i=\sqrt{2}\left\{\cos\left(-\frac{\pi}{4}\right)+i\sin\left(-\frac{\pi}{4}\right)\right\}=e^{\frac{1}{2}log2+i\left(-\frac{\pi}{4}+2k\pi\right)}$

(2) $\cos 0+i\sin 0=e^{0+2k\pi i}$

(3) $\cos\left(-\frac{\pi}{3}\right)+i\sin\left(-\frac{\pi}{3}\right)=e^{i\left(\frac{\pi}{3}+2k\pi\right)}$

(4) $\frac{1}{8}\left\{\cos\left(-\frac{\pi}{2}\right)+i\sin\left(-\frac{\pi}{2}\right)\right\}=e^{\frac{1}{2}\log\frac{1}{64}+i\left(-\frac{\pi}{2}+2k\pi\right)}$

2. (1) $\frac{1}{2}+\frac{\sqrt{3}}{2}i$ (2) $\frac{\sqrt{2}}{2}-\frac{\sqrt{2}}{2}i$ (3) e^3 (4) $-e^{-3}$

3. (1) $\ln z=i2k\pi,\ \mathrm{Ln}z=0$

(2) $\ln z=\ln 3+i(\pi+2k\pi),\ \mathrm{Ln}z=\ln 3+i\pi$

(3) $\ln z=\ln\frac{1}{2}+i\left(\frac{\pi}{2}+2k\pi\right),\ \mathrm{Ln}z=\ln\frac{1}{2}+i\frac{\pi}{2}$

(4) $\ln z=\ln\sqrt{2}+i\left(\frac{\pi}{4}+2k\pi\right),\ \mathrm{Ln}z=\ln\sqrt{2}+i\frac{\pi}{4}$

4. (1) $e^{i\ln 3}$　　(2) $2e^{i\ln 2}$

(3) $e^{\frac{\pi}{2}+\frac{\pi}{2}i}$　　(4) $\sqrt{2}\,e^{-\frac{\pi}{4}}e^{i\left(\ln\sqrt{2}+\frac{\pi}{4}\right)}$

8장 함수의 극한과 연속

[8–1]

1. ① 5　② 5　③ 5
2. ① 4　② 1　③ 존재하지 않음　④ 3　⑤ 3　⑥ 3
3. ① 2　② 1　③ $2a$　④ $\frac{1}{2\sqrt{x}}$　⑤ $-\frac{1}{a^2}$　⑥ $\frac{1}{4}$　⑦ $\frac{3}{2}$　⑧ $\frac{1}{2}$

   ⑨ a　⑩ 0　⑪ $\frac{1}{2}$　⑫ $\frac{b^2-a^2}{2}$

[8–2]

1. ① $x=1,\ -1$　② $x=n\pi(n=0,\ \pm1,\ \pm2,\ \cdots)$
2. ① $\lim_{x\to2}y=\lim_{x\to2}(x+2)=4=f(2)$이므로 $-\infty<x<\infty$에서 연속

   ② $x=0$이고 $\lim_{x\to0}y=0=f(0)$이므로 $-\infty<x<\infty$에서 연속
3. $x\neq0$이라 하면 $f(x)$는 무한등급급수이므로

$$f(x)=\frac{x^2}{1-\frac{1}{1+x^2}}=1+x^2$$

$\therefore \lim_{x\to0}f(x)=1$ 그런데 $f(0)=0$이므로 $\lim_{x\to0}f(x)\neq f(0)$이므로 $x=0$에서 불연속이다.

9장 관계

[9–1]

1. $R^{-1}=\{(1,1),(2,1),(2,2),(3,1),(3,3),(4,1),(6,1),(4,2),(6,3),(4,4),(6,6)\}$
2. $Dom(R)=[-5,5]=Ran(R)$

3. $M=\begin{bmatrix} 0 & 0 & 1 & 1 \\ 0 & 0 & 0 & 0 \\ 0 & 1 & 1 & 1 \\ 0 & 0 & 0 & 0 \end{bmatrix}$

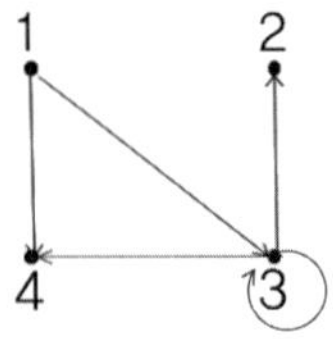

4.

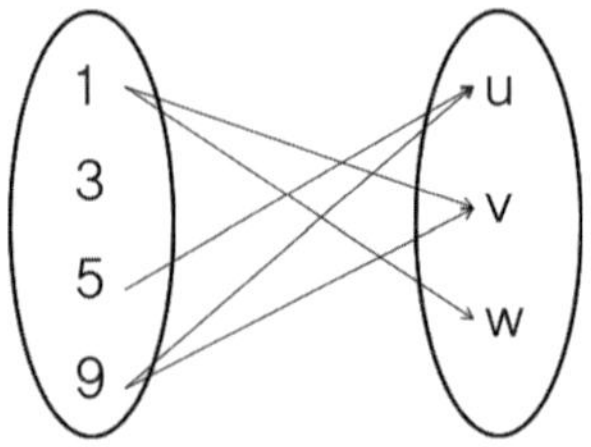

5. $R=\{(1,2),(2,2),(2,3),(3,4),(4,4),(5,4),(5,1)\}$

6. (1) $S \circ R=\{(a,c),(a,d),(c,a),(d,a)\}$
   (2) $R \circ S=\{(b,a),(b,c),(c,b),(c,d),(d,a),(d,c)\}$

7. (1) 반대칭적, 추이적　　(2) 대칭적, 추이적　　(3) 대칭적

8. (1) 반사적, 대칭적, 반대칭적, 추이적이다.　　(2) 반사적, 대칭적, 추이적이다.

9. (1) 아니다　　(2) 분할이다　　(3) 아니다

10. $[1]=\{1, 5\}=[5]$
    $[2]=\{2, 6\}=[6]$
    $[3]=\{3\}$
    $[4]=\{4\}$

11.

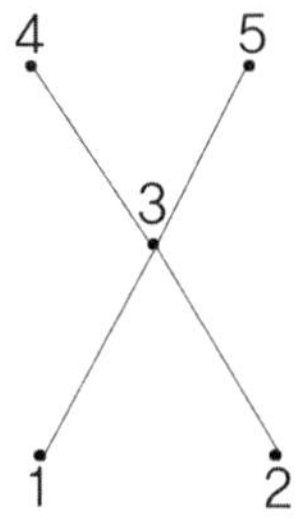

12. $a \cdot 1=a$이므로 $a|a$(반사적)
    $a|b$이고, $b|a$이면 $a=b$(반대칭적)
    $a|b$, $b|c$이면 $a|c$이다.(추이적)
    따라서 자연수 N은 나누어진다라는 관계 "|"에 의한 poset이다.

13. B

14. (1) $(6,8) \| (8,2)$　　(2) $(6,6) \| (5,9)$　　(3) $(2,4) \le (2,9)$

15.

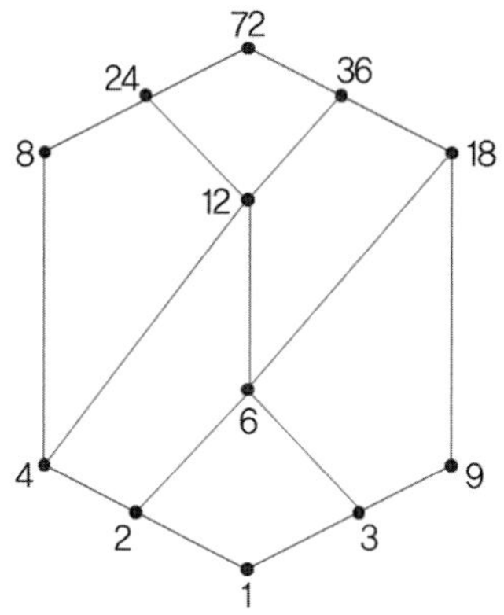

16. 3과 비교할 수 있는 원소가 없기 때문에 3은 극대원이면서, 극소원이다.

17. c를 선행하는 원소를 가지지 않는 F의 부분집합을 찾으면

$\{c\}, \{c, b\}, \{c, d\}, \{c, e\}, \{c, b, d\}, \{c, b, e\}, \{c, d, e\}, \{c, b, d, e\}$

이들 부분집합에서 c는 극소원이다.

18. 상계는 e, f, g 하계는 a이다.(b는 c에 선행하지 못하므로 b와 c는 비교불가능)

19. (1) 상계는 6, 7, 8이고, 하계는 1이다.

(2) inf(B)=1, sup(B)=6

20. L의 임의의 원 a에 대하여 $a \wedge a = a$(멱등법칙)이므로 $a \ll a$(반사적).

$a \ll b$이고, $b \ll a$이면 $a \wedge b = a$이고, $b \wedge a = b$이므로, $a = a \wedge b = b \wedge a = b$(반대칭적)

$a \ll b$이고, $b \ll c$이면, $a \wedge b = a$, $b \wedge c = b$이므로,

$a \wedge c = (a \wedge b) \wedge c = a \wedge (b \wedge c) = a \wedge b = a \quad \therefore a \ll c$(추이적)

따라서 속은 poset이다.

10장 그래프

1. (1) 거짓 (2) 거짓 (3) 참 (4) 거짓 (5) 거짓

2. (1)

3. (1)

4. (4)

5. (2)

6. 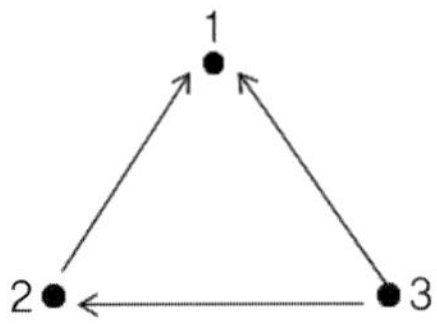

7. 연결그래프가 아니다.

8. 홀수점이 12개이므로 최소한 6번이 필요하다.

9. 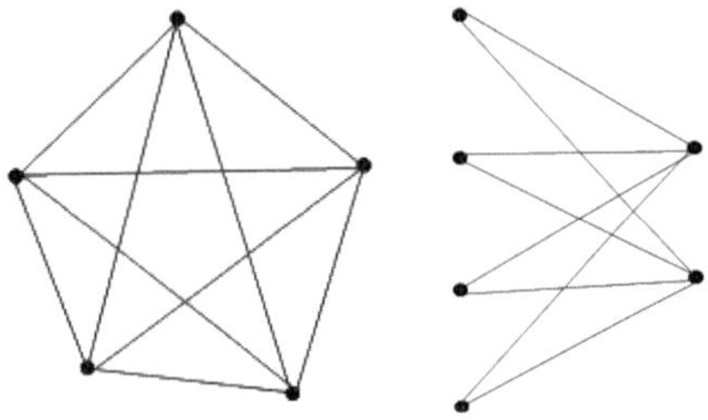

10. 모든 정점들이 짝수개의 차수를 가지지 않으므로 오일러 경로가 존재하지 않는다. 그러나 ECBADGFE의 해밀턴 순회는 존재한다.

11. (1) 참　　(2) 거짓

12. (1)

13. bc, ce, bd, de중 하나만을 제외해서 생성하는 트리는 4가지가 있다.

부 록

그리스 문자

A	α	Alpha	E	ϵ	Epsilon	I	ι	Iota
B	β	Beta	Z	ς	Zeta	K	κ	Kappa
Γ	γ	Gamma	H	η	Eta	Λ	λ	Lambda
Δ	δ	Delta	Θ	θ	Theta	M	μ	Mu
N	ν	Nu	P	ρ	Rho	Φ	ϕ	Phi
Ξ	ξ	Xi	Σ	σ	Sigma	X	χ	Chi
O	o	Omicron	T	τ	Tau	Ψ	ϕ	Psi
Π	π	Pi	Y	υ	Upsilon	Ω	ω	Omega

기 호

$\pm$	플러스 혹은 마이너스	$\mp$	마이너스 혹은 플러스
$=$	같다	$\neq$	같지 않다
$\equiv$	항등적으로 같다.	$\not\equiv$	항등적으로 같지 않다
$\times$, $\cdot$	곱하기 또는 외적, 내적	$\div$, $/$	나누기
$>$	보다 크다	$<$	보다 작다
$\leq$	보다 크거나 같다	$\geq$	보다 작거나 같다
$\cong$	합동이다	$\approx$	근사적으로 같다
$\sim$	닮았다	$\rightarrow$	접근한다
$\propto$	비례한다	ln	자연 log
$\perp$	수직이다	$//$	평행이다
$\sqrt{\ }$	제곱근	$\sqrt[n]{\ }$	n승근
i	허수단위 $\sqrt{-1}$	∞	무한대
${}_nC_r$	$\frac{n!}{r!(n-r)!}$	${}_nP_r$	$\frac{n!}{(n-r)!}$
$\lvert a \rvert$	a의 절대치	$\cdots$	등등

Ⅰ. 수학공식

다음 수학공식과 그래프는 초등수학에 있어서 계산에 관한 것을 요약하여 앞으로 공부에 참고가 되도록 수록한 것이다.

기 하

· 다음 공식에서 r은 반지름, h는 높이, l은 빗변, b는 밑변, B는 밑면의 면적, θ는 호도(라디안)법으로 잰 중심각을 나타낸다.

1. **삼각형**. 면적 $=\frac{1}{2}bh$.
2. **직사각형**. 면적 $=bh$, 대각선 $=\sqrt{b^2+h^2}$.
3. **사다리꼴**. 면적 $=\frac{1}{2}h(b_1+b_2)$
4. **원**. 호 $=r\theta$, 원주 $=2\pi r$, 면적 $=\pi r^2$
5. **부채꼴**. 면적 $=\frac{1}{2}r^2\theta$.
6. **궁형**. 면적 $=\frac{1}{2}r^2(\theta-\sin\theta)$.
7. **직육면체**. 세 모서리를 a, b, c라 하면

   면적 $=abc$, 대각선 $=\sqrt{a^2+b^2+c^2}$
8. **각주**. 체적 $=Bh$.
9. **각추**. 체적 $=\frac{1}{3}Bh$.
10. **직원주**. 측면적 $=2\pi rh$, 체적 $=\pi r^2h$.
11. **직원추**. 측면적 $=\pi rl$, 체적 $=\frac{1}{3}\pi r^2h$.
12. **구**. 표면적 $=4\pi r^2$, 체적 $=\frac{4}{3}\pi r^3$.
13. **구대**. 체적 $=\frac{1}{3}\pi h^2(3r-h)$
14. **각추대**. 체적 $=\frac{1}{3}h(B_1+B_2+\sqrt{B_1B_2})$
15. **직원추대**. 측면적 $=\pi l(r_1+r_2)$, 체적 $=\frac{1}{3}\pi h(r_1^2+r_2^2+r_1r_2)$.
16. **다면대**. 체적 $=\frac{1}{6}h(B_1+4B_m+B_2)$

대 수

17. 이차방정식의 근의 공식. $ax^2+bx+c=0,\ a\neq 0$ 이면

$$x=\frac{-b\pm\sqrt{b^2-4ac}}{2a}$$

18. **ln** 의 성질

(a) $\ln(MN)=\ln M+\ln N$　　(b) $\ln\left(\frac{M}{N}\right)=\ln M-\ln N$

(c) $\ln M^n=n\ln M$　　(d) $\ln\sqrt[n]{M}=\frac{1}{n}\ln M$

(e) $\ln_b b=1$　　(f) $\ln_b 1=0$

19. 계승. $n!=1\cdot 2\cdot 3\cdots(n-1)\cdot n,\ 0!=1$

20. 이항전개

$$(a+b)^n=a^n+{}_nC_1a^{n-1}b+{}_nC_2a^{n-2}b^2+\cdots+C^nC_ra^{n-r}b^r+\cdots+b^n$$

여기서

$${}_nC_1=\frac{n}{1},\quad {}_nC_2=\frac{n(n-1)}{1\cdot 2},\quad {}_nC_r=\frac{n!}{r!(n-r)}$$

21. 등차계수. a를 초항, d를 공차, n을 항수, l을 말항, S를 총합이라 하면

$$l=a+(n-1)d,\quad S=\frac{1}{2}n(a+l),\quad S=\frac{1}{2}n[2a+(n-1)d]$$

22. 등비급수. a를 초항, r을 공비, n을 항수, l을 말항, S를 총합이라면

$$l=ar^{n-1},\quad S=a\frac{1-r^n}{1-r},\quad S=\frac{a-rl}{1-r}$$

23. 무한등비급수. $r^2<1$ 이면, $S=\frac{a}{(1-r)}$

삼 각 법

24. 호도와 도수. 360° $=2\pi$ 라디안 $=1$ 회전

1 라디안 = 57.2957…… 도. 1 도 = 0.0174532…… 라디안

25. 특수각에 관한 삼각함수값

각 (도 수)	sin	cos	tan	cot	sec	csc	각 (라디안)
0°		1	0	∞	1	∞	0
30°	$\frac{1}{2}$	$\frac{1}{2}\sqrt{3}$	$\frac{1}{3}\sqrt{3}$	$\sqrt{3}$	$\frac{2}{3}\sqrt{3}$	2	$\frac{1}{6}\pi$
45°	$\frac{1}{2}\sqrt{2}$	$\frac{1}{2}\sqrt{2}$	1	1	$\sqrt{2}$	$\sqrt{2}$	$\frac{1}{4}\pi$

각 (도 수)	sin	cos	tan	cot	sec	csc	각 (라디안)
60°	$\frac{1}{2}\sqrt{3}$	$\frac{1}{2}$	$\sqrt{3}$	$\frac{1}{3}\sqrt{3}$	2	$\frac{2}{3}\sqrt{3}$	$\frac{1}{3}\pi$
90°	1	0	∞	0	∞	1	$\frac{1}{2}\pi$
180°	0	-1	0	∞	-1	∞	π
270°	-1	0	∞	0	∞	-1	$\frac{3}{2}\pi$
360°	0	1	0	∞	1	∞	2π

26. 기본항등식

$\csc x = \dfrac{1}{\sin x}$ $\qquad$ $\sec x = \dfrac{1}{\cos x}$ $\qquad$ $\cot x = \dfrac{1}{\tan x}$

$\tan x = \dfrac{\sin x}{\cos x}$ $\qquad$ $\cot x = \dfrac{\cos x}{\sin x}$ $\qquad$ $\sin^2 x + \cos^2 x = 1$

$1 + \tan^2 x = \sec^2 x$ $\qquad$ $1 + \cot^2 x = \csc^2 x$

27. 환원관계

각	sine	cosine	tangent	cotangent	secant	cosecant
$-x$	$-\sin x$	$\cos x$	$-\tan x$	$-\cot x$	$\sec x$	$-\csc x$
$90°-x$	$\cos x$	$\sin x$	$\cot x$	$\tan x$	$\csc x$	$\sec x$
$90°+x$	$\cos x$	$-\sin x$	$-\cot x$	$-\tan x$	$-\csc x$	$\sec x$
$180°-x$	$\sin x$	$-\cos x$	$-\tan x$	$-\cot x$	$-\sec x$	$\csc x$
$180°+x$	$-\sin x$	$-\cos x$	$\tan x$	$\cot x$	$-\sec x$	$-\csc x$
$270°-x$	$-\cos x$	$-\sin x$	$\cot x$	$\tan x$	$-\csc x$	$-\sec x$
$270°+x$	$-\cos x$	$\sin x$	$-\cot x$	$-\tan x$	$\csc x$	$-\sec x$
$360°-x$	$-\sin x$	$\cos x$	$-\tan x$	$-\cot x$	$\sec x$	$-\csc x$

28. 두 각의 합과 차에 관한 공식

$$\sin(x \pm y) = \sin x \cos y \pm \cos x \sin y$$

$$\cos(x \pm y) = \cos x \cos y \mp \sin x \sin y$$

$$\tan(x \pm y) = \frac{\tan x \pm \tan y}{1 \mp \tan x \tan y}$$

29. 배각의 공식

$$\sin 2x = 2\sin x \cos x, \quad \cos 2x = \cos^2 x - \sin^2 x$$

$$\tan 2x = \frac{2\tan x}{1-\tan^2 x}$$

30. 반각의 공식

$$\sin\frac{x}{2} = \pm\sqrt{\frac{1-\cos x}{2}}, \quad \cos\frac{x}{2} = \pm\sqrt{\frac{1+\cos x}{2}}$$

$$\tan\frac{x}{2} = \pm\sqrt{\frac{1-\cos x}{1+\cos x}} = \frac{1-\cos x}{\sin x} = \frac{\sin x}{1+\cos x}$$

31. 합의 공식

$$\sin x + \sin y = 2\sin\frac{1}{2}(x+y)\cos\frac{1}{2}(x-y)$$

$$\sin x - \sin y = 2\cos\frac{1}{2}(x+y)\sin\frac{1}{2}(x-y)$$

$$\cos x + \cos y = 2\cos\frac{1}{2}(x+y)\cos\frac{1}{2}(x-y)$$

$$\cos x - \cos y = -2\sin\frac{1}{2}(x+y)\sin\frac{1}{2}(x-y)$$

32. 곱의 공식

$$\sin x\ \sin y = \frac{1}{2}\cos(x-y) - \frac{1}{2}\cos(x+y)$$

$$\sin x\ \cos y = \frac{1}{2}\sin(x-y) + \frac{1}{2}\sin(x+y)$$

$$\cos x\ \cos y = \frac{1}{2}\cos(x-y) + \frac{1}{2}\cos(x+y)$$

33. 역삼각함수의 공식 ($a>0$ 일 때)

$$\sin^{-1}(-a) = -\sin^{-1}a \qquad \cot^{-1}(-a) = \pi - \tan^{-1}\frac{1}{a}$$

$$\cos^{-1}(-a) = \pi - \cos^{-1}a \qquad \sec^{-1}(-a) = \cos^{-1}\left(\frac{1}{a}\right) - \pi$$

$$\tan^{-1}(-a) = -\tan^{-1}a \qquad \csc^{-1}(-a) = \sin^{-1}\left(\frac{1}{a}\right) - \pi$$

$$\sin^{-1}a = \cos^{-1}\sqrt{1-a^2} \qquad \cos^{-1}a = \sin^{-1}\sqrt{1-a^2}$$

($a>0$, $b>0$ 일 때)

$$\sin^{-1}a - \sin^{-1}b = \sin^{-1}(a\sqrt{1-b^2} - b\sqrt{1-a^2})$$

$$\tan^{-1}a - \tan^{-1}b = \tan^{-1}\frac{a-b}{1+ab}$$

$$\cos^{-1}a + \cos^{-1}b = \begin{cases} \cos^{-1}\{ab - \sqrt{(1-a^2)(1-b^2)}\} & (a^2+b^2>1 \text{ 일 때}) \\ \dfrac{\pi}{2} & (a^2+b^2=1 \text{ 일 때}) \\ \pi - \cos^{-1}\{\sqrt{(1-a^2)(1-b^2)} - ab\} & (a^2+b^2<1 \text{ 일 때}) \end{cases}$$

$$\tan^{-1}a+\tan^{-1}b=\begin{cases}\tan^{-1}\dfrac{a+b}{1-ab} & (ab<1 \text{ 일 때})\\ \dfrac{\pi}{2} & (a=b \text{ 일 때})\\ \pi-\tan^{-1}\dfrac{a+b}{ab-1} & (ab>1 \text{ 일 때})\end{cases}$$

34. **임의의 삼각형에 관한 공식.** 변의 길이를 a, b, c : 그 대각을 A, B, C : $s=\frac{1}{2}(a+b+c)$; 외접원의 반지름을 R: 내접원의 반지름을 r이라 하면

사인법칙. $\dfrac{a}{\sin A}=\dfrac{b}{\sin B}=\dfrac{c}{\sin C}=2R$

코사인법칙. $a^2=b^2+c^2-2bc\cos A$

$$r=\sqrt{\frac{(s-a)(s-b)(s-c)}{s}}$$

$$\text{면적}=\frac{1}{2}ab\sin C=\frac{a^2\sin B\sin C}{2\sin(B+C)}=\sqrt{s(s-a)(s-b)(s-c)}$$

평면해석기하

35. **두 점 $P_1(x_1, y_1)$과 $P_2(x_2, y_2)$에 관하여**

거리 P_1P_2. $d=\sqrt{(x_1-x_2)^2+(y_1-y_2)^2}$

P_1P_2의 기울기. $m=\dfrac{y_1-y_2}{x_1-x_2}$

P_1P_2의 중점. $x=\frac{1}{2}(x_1+x_2)$, $y=\frac{1}{2}(y_1+y_2)$

36. **기울기가 m_1, m_2인 두 직선 사이의 각**

$$\tan\theta=\frac{m_1-m_2}{1+m_1m_2}$$

평행인 직선에 대해서는 $m_1=m_2$, 수직인 직선에 대해서는 $m_1=-\dfrac{1}{m_2}$이다.

37. **직선의 방정식**

점－기울기형. $y-y_1=m(x-x_1)$

기울기－절편형. $y=mx+b$

두 점형. $\dfrac{y-y_1}{x-x_1}=\dfrac{y_2-y_1}{x_2-x_1}$

절편형. $\dfrac{x}{a}+\dfrac{y}{b}=1$

수평선. $y=b$

수직선. $x=a$

38. **$P(x_1, y_1)$에서 직선 $Ax+By+C=0$에 이르는 거리**

$$d = \frac{Ax_1 + By + C}{\pm\sqrt{A^2 + B^2}}$$

39. 직교좌표와 극좌표와의 관계

$$x = r\cos\theta \qquad r = \pm\sqrt{x^2 + y^2}$$

$$y = r\sin\theta \qquad \theta = \tan^{-1}\frac{y}{x}$$

40. 원의 방정식. 중심이 (h, k), 반지름이 r

$$(x-h)^2 + (y-k)^2 = r^2$$

41. 타원의 방정식. 중심이 (h, k), 반장축이 a, 반공액축이 b

$$\frac{(x-h)^2}{a^2} + \frac{(y-k)^2}{b^2} = 1 \text{ 혹은 } \frac{(y-k)^2}{a^2} + \frac{(x-h)^2}{b^2} = 1$$

42. 쌍곡선의 방정식 중심이 (h, k), 반관축이 a, 반공액축이 b

$$\frac{(x-h)^2}{a^2} - \frac{(y-h)^2}{b^2} = 1 \text{ 혹은 } \frac{(y-h)^2}{a^2} - \frac{(x-h)^2}{b^2} = 1$$

원점을 중심으로 가지는 직교쌍곡선. $xy = C$

43. 포물선의 방정식. 정점이 (h, k), 초점 거리가 p,

$$(y-k)^2 = 4p(x-h) \text{ 혹은 } (x-h)^2 = 4p(y-k)$$

입체해석기하

44. 두 점 $P_1(x_1, y_1, z_1)$, $P_2(x_2, y_2, z_2)$에 대하여

거리 P_1P_2. $d = \sqrt{(x_1 - x_2)^2 + (y_1 - y_2)^2 + (z_1 - z_2)^2}$

P_1P_2의 방향수. $[x_1 - x_2, y_1 - y_2, z_1 - z_2]$

P_1P_2의 중점. $x = \frac{1}{2}(x_1 + x_2)$, $y = \frac{1}{2}(y_1 + y_2)$

$$z = \frac{1}{2}(z_1 + z_2)$$

45. 방향수가 $[a_1, b_1, c_1]$, $[a_2, b_2, c_2]$인 두 직선 사이의 각

$$\cos\theta = \pm\frac{a_1a_2 + b_1b_2 + c_1c_2}{\sqrt{a_1^2 + b_1^2 + c_1^2}\sqrt{a_2^2 + b_2^2 + c_2^2}}$$

평행인 직선. $\frac{a_1}{a_2} = \frac{b_1}{b_2} = \frac{c_1}{c_2}$

수직인 직선. $a_1a_2 + b_1b_2 + c_1c_2 = 0$

46. 점 $P(x_1, y_1, z_1)$을 지나고 방향수가 $[A, B, C]$인 직선과 수직인 평면의 방정식

$$A(x - x_1) + B(y - y_1) + C(z - z_1) = 0$$

47. $P(x_1,\ y_1,\ z_1)$을 지나고 방향수가 $[a,\ b,\ c]$인 직선의 방정식

$$\frac{x-x_1}{a}=\frac{y-y_1}{b}=\frac{z-z_1}{c}$$

48. $P(x_1,\ y_1,\ z_1)$에서 평면 $Ax+By+Cz+D=0$에 이르는 거리

$$d=\frac{Ax_1+By_1+Cz_1+D}{\pm\sqrt{A^2+B^2+C^2}}$$

49. 직교좌표와 주면좌표와의 관계

$x=r\cos\theta \qquad y=r\sin\theta \qquad z=z$

$r=\pm\sqrt{x^2+y^2} \qquad \theta=\tan^{-1}\dfrac{y}{x} \qquad z=z$

50. 직교좌표와 구면좌표와의 관계

$x=\sin\theta\cos\phi \qquad y=r\sin\theta\sin\phi \qquad z=r\cos\theta$

$r=\sqrt{x^2+y^2+z^2} \qquad \phi=\tan^{-1}\dfrac{y}{x} \qquad \theta=\tan^{-1}\dfrac{\sqrt{x^2+y^2}}{z}$

Ⅱ. 함수의 그래프

확률곡선

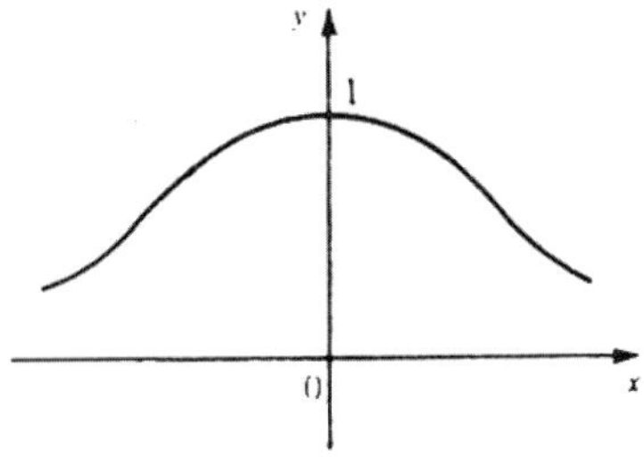

$y=e^{-x^2}$

포물호

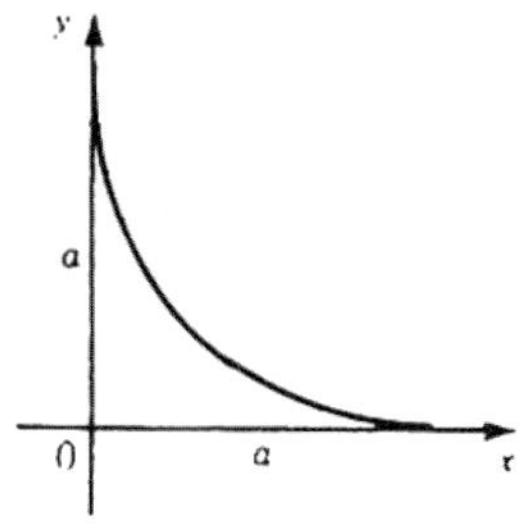

$x^{\frac{1}{2}}+y^{\frac{1}{2}}=a^{\frac{1}{2}}$

Descartes의 엽상곡선(Folium)

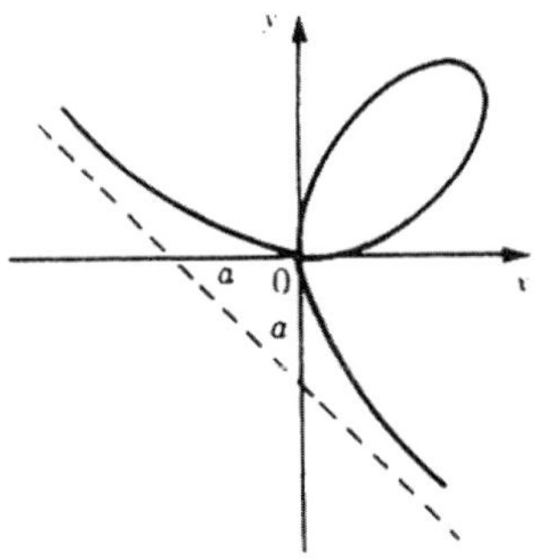

$x^3+y^3-3axy=0$

Diocles의 질주선(Cissoid)

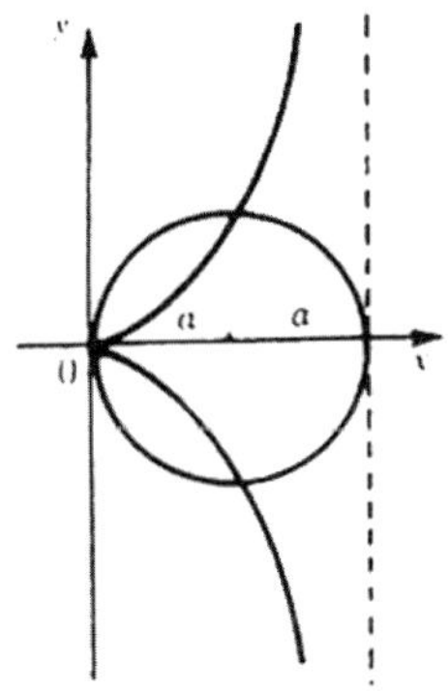

$y^2=x^2/(2a-x)$

반삼차 포물선

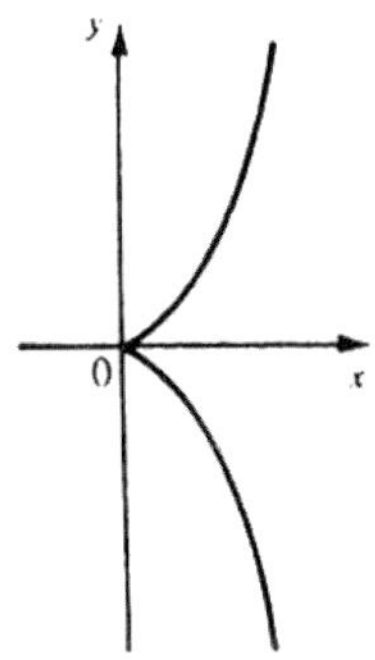

$y^2=ax^3,\quad (a>0)$

성망형(Astroid)

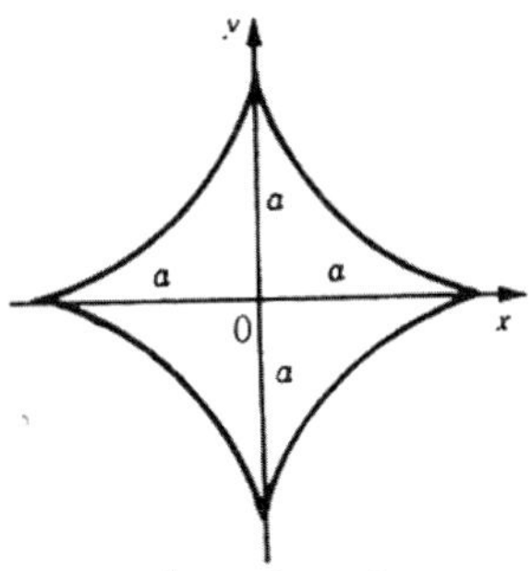

$x^{\frac{2}{3}}+y^{\frac{2}{3}}=a^{\frac{2}{3}}$

Agnesi의 우지선(Witch)

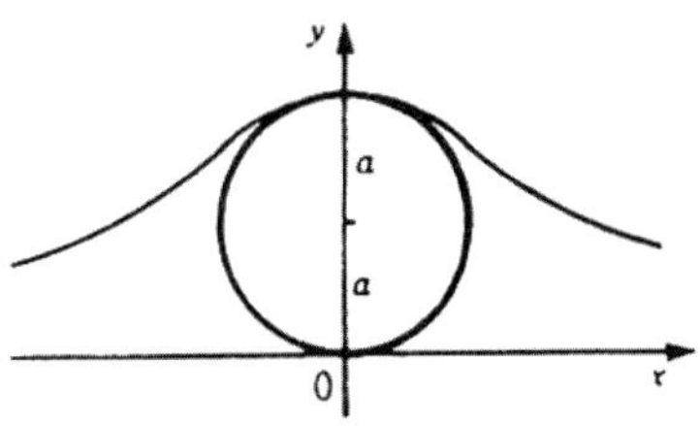

$x^2y=4a^2(2a-y)$

Bernoulli 의 연주형(Lemniscate)

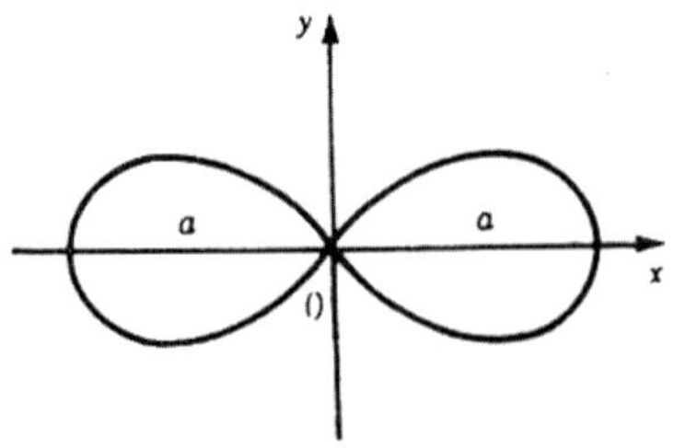

$r^2 = a^2 \cos 2\theta$

Nicomedes 의 나사선(Conchoid)

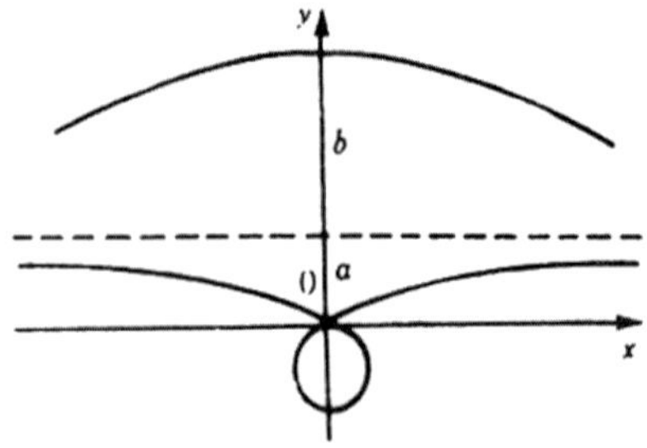

$r = a \csc \theta + b, \ (a < b)$

삼엽장미선

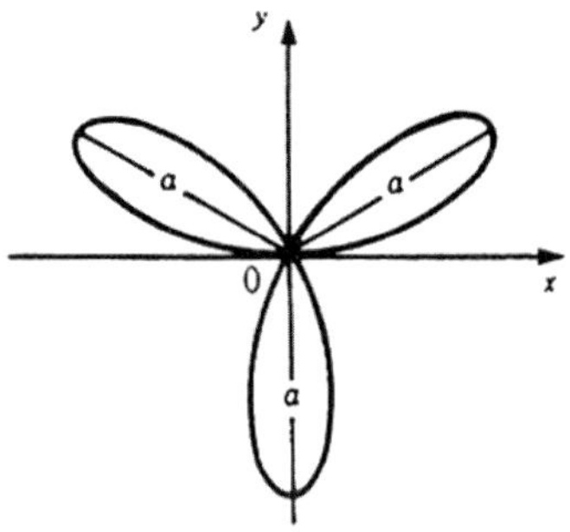

$r = a \sin 3\theta$

사엽장미선

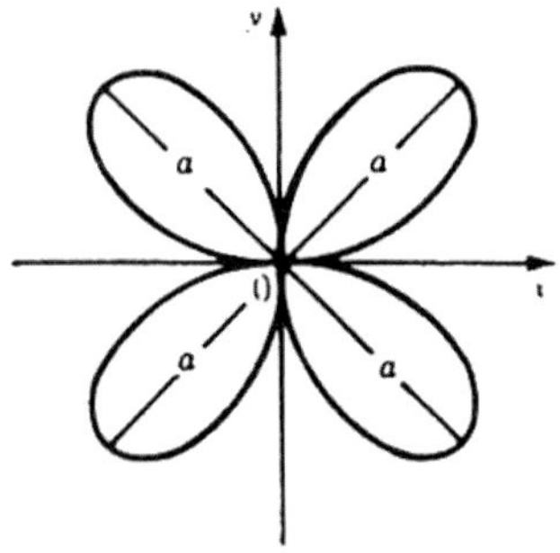

$r = a \sin 2\theta$

파선(Cycloid)

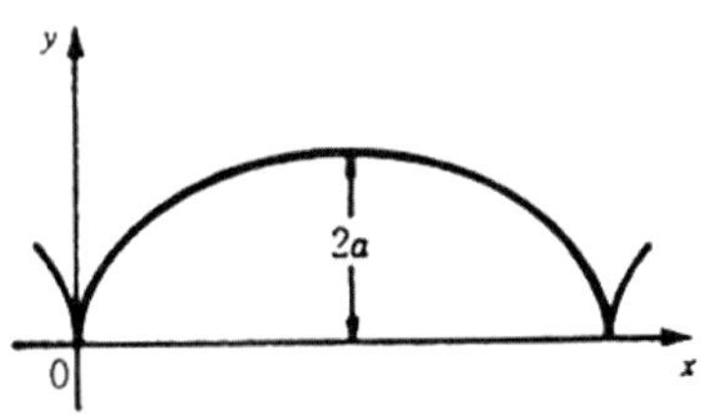

$$\begin{cases} x = a(\theta - \sin\theta) \\ y = a(1 - \cos\theta) \end{cases}$$

여파선(Trochoid)

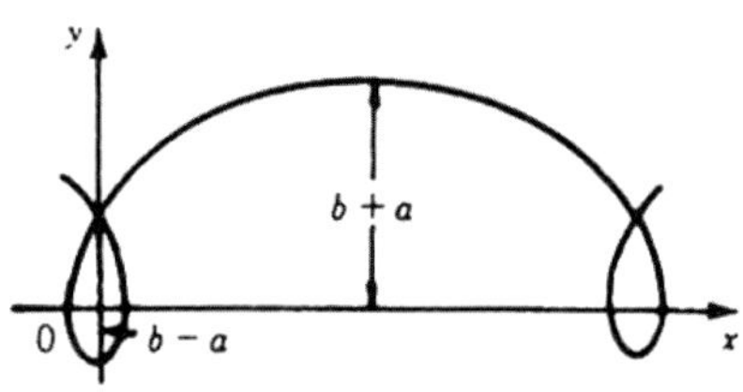

$$\begin{cases} x = a\theta - b\sin\theta \\ y = a - b\cos\theta, \ (a < b) \end{cases}$$

스트로포이드(Strophoid)

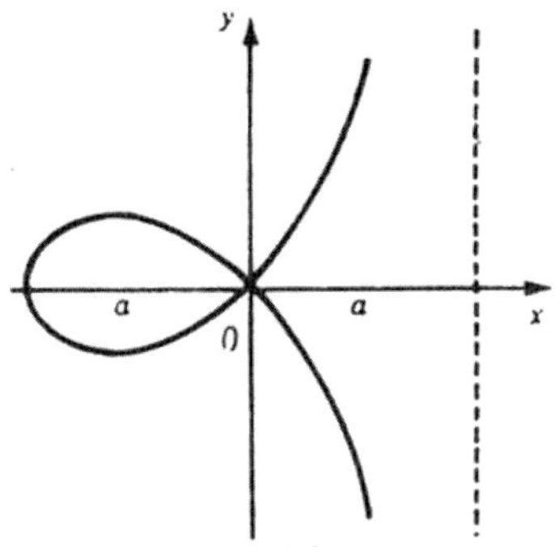

$$y^2 = x^2 \frac{a+x}{a-x}$$

색인곡선(Tractrix)

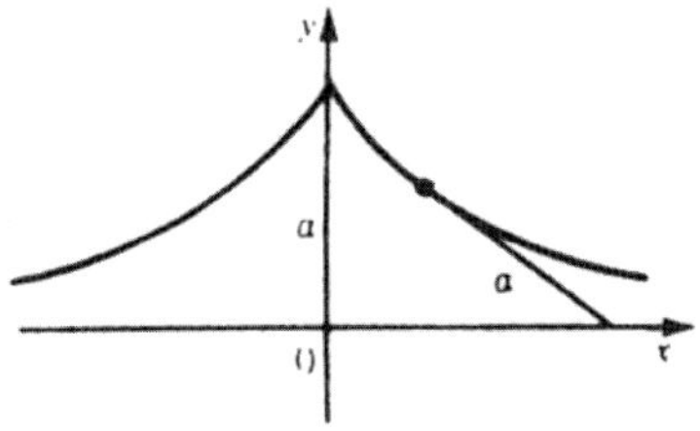

$$x = \frac{a}{2} \ln \frac{a+\sqrt{a^2-y^2}}{a-\sqrt{a^2-y^2}} \sqrt{a^2-y^2}$$

심장형(Cardioid)

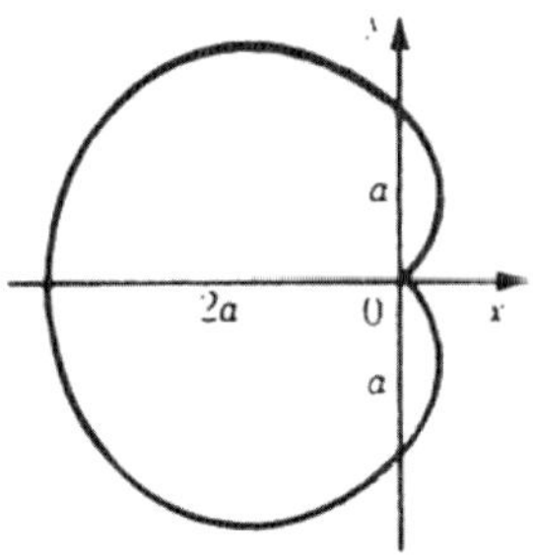

$$r = a(1-\cos\theta)$$

와우선(Limacon)

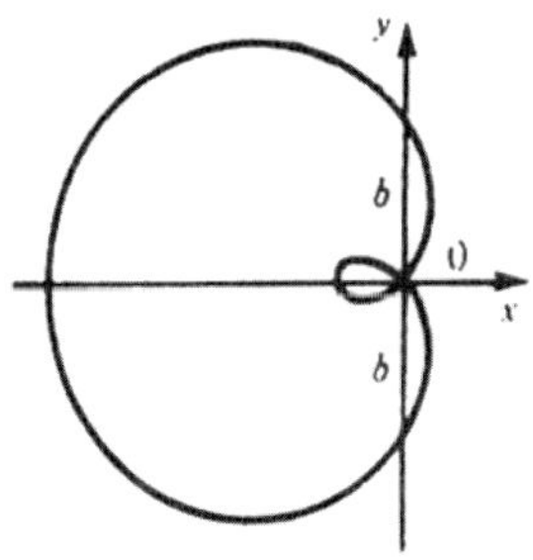

$$r = b - a\cos\theta, \quad (b<a)$$

Archimedes 의 나선(Spiral)

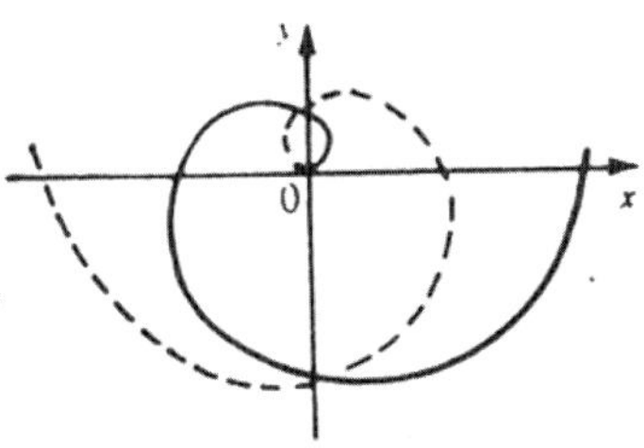

$$r = a\theta$$

쌍곡나선(Hyperbolic Spiral)

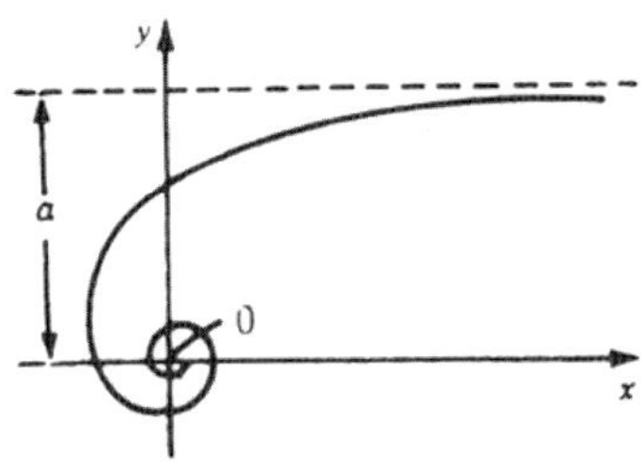

$$r\theta = a$$

Ⅲ. 수표

1. 삼각함수표 라디안(radian)

t	$\sin t$	$\cos t$	$\tan t$	t	$\sin t$	$\cos t$	$\tan t$
.0	.00000	1.00000	.00000	3.1	.04158	−.99914	−.04162
.1	.09983	.99500	.10033	π	.00000	−1.00000	.00000
.2	.19867	.98007	.20271	3.2	−0.5837	−.99829	.05847
.3	.29552	.95534	.30934	3.3	−.15775	−.98748	.15975
.4	.38942	.92106	.42279	3.4	−.25554	−.96680	.26432
.5	.47943	.87758	.54630	3.5	−.35078	−.93646	.37459
.6	.56464	.82534	.68414	3.6	−.44252	−.89676	.49347
.7	.64422	.76484	.84229	3.7	−52984	−.84810	.62473
.8	.71736	.69671	1.02964	3.8	−.61186	−79097	.77356
.9	.78333	.62161	1.26016	3.9	−.68777	−.72593	.94742
1.0	.84147	.54030	1.55741	4.0	−.75680	−.65364	1.15782
1.1	.89121	.45360	1.96476	4.1	−.81828	−.57482	1.42353
1.2	.93204	.36236	2.57215	4.2	−.87158	−.49026	1.77778
1.3	.96356	.26750	3.60210	4.3	−.91617	−.40080	2.28585
1.4	.98545	.16997	5.79788	4.4	−.95160	−.30733	3.09632
1.5	.99749	0.7074	14.10142	4.5	−.97753	−.21080	4.63733
$\pi/2$	1.00000	.00000	********	4.6	−.99369	−.11215	8.86017
1.6	.99957	−.02920	−34.23253	4.7	−.99992	−.01239	80.71269
1.7	.99166	−.12884	−7.69660	$3\pi/2$	−1.00000	.00000	********
1.8	.97385	−.22720	−4.28626	4.8	−.99616	.08750	−11.38487
1.9	.94630	−.32329	−2.92710	4.9	−.98245	.18651	−5.26749
2.0	.90930	−.41615	−2.18504	5.0	−.95892	.28366	−3.38052
2.1	.86321	−.50485	−1.70985	5.1	−.92581	.37798	−2.44939
2.2	.80850	−.58850	−1.37382	5.2	−.88345	.46852	−1.88564
2.3	.74571	−.66628	−1.11921	5.3	−.83227	.55437	−1.50127
2.4	.67546	−73739	−.91601	5.4	−.77276	.63469	−1.21754
2.5	.59847	−.80114	−.74702	5.5	−.70554	.70867	−.99558
2.6	.51550	−.85689	−.60160	5.6	−.63127	.77557	−.81394
2.7	.42738	−.90407	−.47273	5.7	−.55069	.83471	−.65973
2.8	.33499	−.94222	−.3553	5.8	−.46460	.88552	−.52467
2.9	.23925	−.97096	−.24641	5.9	−.37388	.92748	−.40311
3.0	.14112	−.98999	−.14255	6.0	−.27942	.96017	−.29101
−	−	−	−	6.1	−.18216	.98327	−.18526
−	−	−	−	6.2	−.08309	.99654	−.08338
−	−	−	−	2π	.00000	1.00000	.00000

도(degree)

도	라디안	sin	cos	tan	cot		
0	0.0000	0.0000	1.0000	0.0000		1.5708	90
1	0.0175	0.0175	0.9998	0.0175	57.290	1.5533	89
2	0.0349	0.0349	0.9994	0.0349	28.636	1.5359	88
3	0.0524	0.0523	0.9986	0.524	19.081	1.5184	87
4	0.0698	0.0698	0.9976	0.0699	14.301	1.5010	86
5	0.0873	0.0872	0.9962	0.0875	11.430	1.4835	85
6	0.1047	0.1045	0.9945	0.1051	9.5144	1.4661	84
7	0.1222	0.1819	0.9925	0.1228	8.1443	1.4486	83
8	0.1396	0.1392	0.9903	0.1405	7.1154	1.4312	82
8	0.1396	0.1392	0.9903	0.1405	7.1154	1.4312	82
9	0.1571	0.1564	0.9877	0.1584	6.3138	1.4137	81
10	0.1745	0.1736	0.9848	0.1763	5.6713	1.3963	80
11	0.1920	0.1908	0.9816	0.1944	5.1446	1.3788	79
12	0.2094	0.2079	0.9781	0.2126	4.7046	1.3614	78
13	0.2269	0.2250	0.9744	0.2309	4.3315	1.3439	77
14	0.2443	0.2419	0.903	0.2493	4.0103	1.3265	76
15	0.2618	0.2588	0.9659	0.2679	3.7321	1.3090	75
16	0.2793	0.2756	0.9613	0.2867	3.4874	1.2915	74
17	0.2967	0.2924	0.9563	0.3057	3.2709	1.2741	73
18	0.3142	0.3090	0.9511	0.3249	3.0777	1.2566	72
19	0.3316	0.3256	0.9455	0.3443	2.9042	1.2392	71
20	0.3491	0.3420	0.9397	0.3640	2.7475	1.2217	70
21	0.3665	0.3584	0.9336	0.3839	2.6051	1.2043	69
22	0.3840	0.3746	0.9272	0.4040	2.4751	1.1868	68
23	0.4014	0.3907	0.9205	0.4245	2.3559	1.1694	67
24	0.4189	0.4067	0.9135	0.4452	2.2460	1.1519	66
25	0.4363	0.4226	0.9063	0.4663	2.1445	1.1345	65
26	0.4538	0.4384	0.8988	0.4877	2.0503	1.1170	64
27	0.4712	0.4540	0.8910	0.5095	1.9626	1.0996	63
28	0.4887	0.4695	0.8829	0.5317	1.8807	1.0821	62
29	0.5061	0.4848	0.8746	0.5543	1.8040	1.0647	61
30	0.5236	0.5000	0.8660	0.5774	1.7321	1.0472	60
31	0.5411	0.5150	0.8572	0.6009	1.6643	1.0297	59
32	0.5585	0.5299	0.8480	0.6249	1.6003	1.0123	58
33	0.5760	0.5446	0.8387	0.6494	1.5399	0.9948	57
34	0.5934	0.5592	0.8290	0.6745	1.4826	0.9774	56
35	0.6109	0.5736	0.8192	0.7002	1.4281	0.9599	55
36	0.6283	0.5878	0.8090	0.7265	1.3764	0.9425	54
37	0.6458	0.6018	0.7986	0.7536	1.3270	0.9250	53
38	0.6632	0.6157	0.7880	0.7813	1.2799	0.9076	52
39	0.6807	0.6293	0.7771	0.8093	1.2349	0.8901	51
40	0.6981	0.6428	0.7660	0.8391	1.1918	0.8727	50
41	0.7156	0.6561	0.7547	0.8693	1.1504	0.8552	49
42	0.7330	0.6691	0.7431	0.9004	1.1106	0.8378	48
43	0.7505	0.6820	0.7314	0.9325	1.0724	0.8203	47
44	0.7679	0.6947	0.7193	0.9657	1.0355	0.8029	46
45	0.7854	0.7071	0.7071	1.0000	1.0000	0.7854	45
		cos	sin	cot	tan	라디안	도

2. 멱, 근, 역수표

n	n^2	$\sqrt{n}$	$\sqrt{10n}$	n^3	$\sqrt[3]{n}$	$\sqrt[3]{10n}$	$\sqrt[3]{100n}$	$1/n$
1.0	1.00	1.00000	3.16223	1.000	1.00000	2.15443	4.64159	1.00000
1.1	1.21	1.04881	3.31662	1.331	1.03228	2.22398	4.79142	.90909
1.2	1.44	1.09545	3.46410	1.728	1.06265	2.28943	4.93242	.83333
1.3	1.69	1.14018	3.60555	2.197	1.09139	2.35133	5.06580	.76923
1.4	1.96	1.18322	3.74165	2.744	1.11869	2.41014	5.19249	.71429
1.5	2.25	1.22474	3.87298	3.375	1.14471	2.46621	5.31329	.66667
1.6	2.56	1.26491	4.00000	4.096	1.16961	2.51984	5.42884	.62500
1.7	2.89	1.30384	4.12311	4.913	1.19348	2.57128	5.53966	.58824
1.8	3.24	1.34164	4.24264	5.832	1.21644	2.62074	5.64622	.55556
1.9	3.61	1.37840	4.35890	6.859	1.23856	2.66840	5.74890	.52632
2.0	4.00	1.41421	4.47214	8.000	1.25992	2.71442	5.84804	.50000
2.1	4.41	1.44914	4.58253	9.261	1.28058	2.75892	5.94392	.47619
2.2	4.84	1.48324	4.69042	10.648	1.30059	2.80204	6.03681	.45455
2.3	5.29	1.51658	4.79583	12.167	1.32001	2.84387	6.12693	.43478
2.4	5.76	1.54919	4.89898	13.824	1.33887	2.88450	6.21447	.41667
2.5	6.25	1.58114	5.00000	15.625	1.35721	2.92402	6.29961	.40000
2.6	6.76	1.61245	5.09902	17.576	1.37507	2.96250	6.38250	.38462
2.7	7.29	1.64317	5.19615	19.683	1.39248	3.00000	6.46330	.37037
2.8	7.84	1.67332	5.29150	21.952	1.40946	3.03659	6.54213	.35714
2.9	8.41	1.70294	5.38516	24.389	1.42604	3.07232	6.61911	.34488
3.0	9.00	1.73205	5.47723	27.000	1.44225	3.10723	6.69433	.33333
3.1	9.61	1.76068	5.56776	29.791	1.45810	3.14138	6.76790	.32258
3.2	10.24	1.78885	5.65685	32.768	1.47361	3.17480	6.83990	.31250
3.3	10.89	1.81659	5.74456	35.937	1.48881	3.20753	6.91042	.30303
3.4	11.56	1.84391	5.83095	39.304	1.50369	3.23961	6.97953	.29412
3.5	12.25	1.87083	5.91608	42.875	1.51829	3.27107	7.04730	.28571
3.6	12.96	1.89737	6.00000	46.656	1.53262	3.30193	7.11379	.27778
3.7	13.69	1.92354	6.08276	50.653	1.54668	3.33222	7.17905	.27027
3.8	14.44	1.94936	6.16441	54.872	1.56049	3.36198	7.24316	.26316
3.9	15.21	1.97484	6.24500	59.319	1.57406	3.39121	7.30614	.25641
4.0	16.00	2.00000	6.32456	64.000	1.58740	3.41995	7.36806	.25000
4.1	16.81	2.02485	6.40312	68.921	1.60052	3.44822	7.42896	.24390
4.2	17.64	2.04939	6.48074	74.088	1.61343	3.47603	7.48887	.23810
4.3	18.49	2.07364	6.55744	79.507	1.62613	3.50340	7.54784	.23256
4.4	19.36	2.09762	6.63325	85.184	1.63864	3.53035	7.60590	.22727
4.5	20.25	2.12132	6.70820	91.125	1.65096	3.55689	7.66309	.22222
4.6	21.16	2.14476	6.78233	97.336	1.66310	3.58305	7.71944	.21739
4.7	22.09	2.16795	6.85565	103.823	1.67507	3.60883	7.77498	.21277
4.8	23.04	2.19089	6.92820	110.592	1.68687	3.63424	7.82974	.20833
4.9	24.01	2.21359	7.00000	117.649	1.69850	3.65931	7.88374	.20408
5.0	25.00	2.23607	7.07107	125.000	1.70998	3.68403	7.93701	.20000
5.1	26.01	2.25832	7.14143	132.651	1.72130	3.70843	7.98957	.19608
5.2	27.04	2.28035	7.21110	140.608	1.73248	3.73251	8.04145	.19231
5.3	28.09	2.30217	7.28011	148.877	1.74351	3.75629	8.09267	.18868
5.4	29.16	2.32379	7.34847	157.464	1.75441	3.77976	8.14325	.18519

n	n^2	$\sqrt{n}$	$\sqrt{10n}$	n^3	$\sqrt[3]{n}$	$\sqrt[3]{10n}$	$\sqrt[3]{100n}$	$1/n$
5.5	30.25	2.34521	7.41620	166.375	1.76517	3.80295	8.19321	.18182
5.6	31.36	2.36643	7.48331	175.616	1.77581	3.82586	8.24257	.17857
5.7	32.49	2.38747	7.54983	185.193	1.78632	3.84850	8.29134	.17544
5.8	33.64	2.40832	7.61577	195.112	1.79670	3.87088	8.33955	.17241
5.9	34.81	2.42899	7.68115	205.379	1.80697	3.89300	8.38721	.16949
6.0	36.00	2.44949	7.74597	216.000	1.81712	3.91487	8.43433	.16667
6.1	37.21	2.46982	7.81025	226.981	1.82716	3.93650	8.48093	.16393
6.2	38.44	2.48998	7.87401	238.328	1.83709	3.95789	8.52702	.16129
6.3	39.69	2.50998	7.93725	250.047	1.84691	3.97906	8.57262	.15873
6.4	40.96	2.52982	8.00000	262.144	1.85664	4.00000	8.61774	.15625
6.5	42.25	2.54951	8.06226	274.625	1.86626	4.02073	8.66239	.15385
6.6	43.56	2.56905	8.12404	287.496	1.87578	4.04124	8.70659	.15152
6.7	44.89	2.58844	8.18535	300.763	1.88520	4.06155	8.75034	.14925
6.8	46.24	2.60768	8.24621	314.732	1.89454	4.08166	8.79366	.14706
6.9	47.61	2.62679	8.30662	328.509	1.90378	4.10157	8.83656	.14493
7.0	49.00	2.64575	8.36660	343.000	1.91293	4.12129	8.87904	.14286
7.1	50.41	2.66458	8.42615	357.911	1.92200	4.14082	8.92112	.14085
7.2	51.84	2.68328	8.48528	373.248	1.93098	4.16017	8.96281	.13889
7.3	53.29	2.70185	8.54400	389.017	1.93988	4.17934	9.00411	.13699
7.4	54.76	2.72029	8.60233	405.224	1.94870	4.19834	9.04504	.13514
7.5	56.25	2.73861	8.66025	421.875	1.95743	4.21716	9.08560	.13333
7.6	57.76	2.75681	8.71780	438.976	1.96610	4.23582	9.12581	.13158
7.7	59.29	2.77489	8.77496	456.533	1.97468	4.25432	9.16566	.12987
7.8	60.84	2.79285	8.83176	474.552	1.98319	4.27266	9.20516	.12821
7.9	62.41	2.81069	8.88819	493.039	1.99163	4.29084	9.24434	.12658
8.0	64.00	2.82843	8.94427	512.000	2.00000	4.30887	9.28318	.12500
8.1	65.61	2.84605	9.00000	531.441	2.00830	4.32675	9.32170	.12346
8.2	67.24	2.86356	9.05539	551.368	2.01653	4.34448	9.35990	.12195
8.3	68.89	2.88097	9.11043	571.787	2.02469	4.36207	9.39780	.12048
8.4	70.56	2.89828	9.16515	592.704	2.03279	4.37952	9.43539	.11905
8.5	72.25	2.91548	9.21954	614.125	2.04083	4.39683	9.47268	.11765
8.6	73.96	2.93258	9.27362	636.056	2.04880	4.41400	9.50969	.11628
8.7	75.69	2.94958	9.32738	658.503	2.05671	4.43105	9.54640	.11494
8.8	77.44	2.96648	9.38083	681.472	2.06456	4.44796	9.58284	.11364
8.9	79.21	2.98329	9.43398	704.969	2.07235	4.46475	9.61900	.11236
9.0	81.00	3.00000	9.48683	729.000	2.08008	4.48140	9.65489	.11111
9.1	82.81	3.01662	9.53939	753.571	2.08776	4.49794	9.69052	.10989
9.2	84.64	3.03315	9.59166	778.688	2.09538	4.51436	9.72589	.10870
9.3	86.49	3.04959	9.64365	804.357	2.10294	4.53065	9.76100	.10753
9.4	88.36	3.06594	9.69536	830.584	2.11045	4.54684	9.79586	.10638
9.5	90.25	3.08212	9.74679	857.375	2.11791	4.56290	9.83048	.10526
9.6	92.16	3.09839	9.79796	884.736	2.12532	4.57886	9.86485	.10417
9.7	94.09	3.11448	9.84886	912.673	2.13267	4.59470	9.89898	.10309
9.8	96.04	3.13050	9.89949	941.192	2.13997	4.61044	9.93288	.10204
9.9	98.01	3.14643	9.94987	970.299	2.14723	4.62607	9.96655	.10101

3. 자연로그표

x	$\ln x$	x	$\ln x$	x	$\ln x$	x	$\ln x$
		0.40	−0.91629	0.80	−0.22314	1.20	0.18232
0.01	−4.60517	0.41	−0.89160	0.81	−0.21072	1.21	0.19062
0.02	−3.91202	0.42	−0.86750	0.82	−0.19845	1.22	0.19885
0.03	−3.50656	0.43	−0.84397	0.83	−0.18633	1.23	0.20701
0.04	−3.21888	0.44	−0.82098	0.84	−0.17435	1.24	0.21511
0.05	−2.99573	0.45	−0.79851	0.85	−0.16252	1.25	0.22314
0.06	−2.81341	0.46	−0.77653	0.86	−0.15082	1.26	0.23111
0.07	−2.65926	0.47	−0.75502	0.87	−0.13926	1.27	0.23902
0.08	−2.52573	0.48	−0.73397	0.88	−0.12783	1.28	0.24686
0.09	−2.40795	0.49	−0.71335	0.89	−0.11653	1.29	0.25464
0.10	−2.30259	0.50	−0.69315	0.90	−0.10536	1.30	0.26236
0.11	−2.20727	0.51	−0.67334	0.91	−0.09431	1.31	0.27003
0.12	−2.12026	0.52	−0.65393	0.92	−0.08338	1.32	0.27763
0.13	−2.04022	0.53	−0.63488	0.93	−0.07257	1.33	0.28518
0.14	−1.96611	0.54	−0.61619	0.94	−0.06188	1.34	0.29267
0.15	−1.89712	0.55	−0.59784	0.95	−0.05129	1.35	0.30010
0.16	−1.83258	0.56	−0.57982	0.96	−0.04082	1.36	0.30748
0.17	−1.77196	0.57	−0.56212	0.97	−0.03046	1.37	0.31481
0.18	−1.71480	0.58	−0.54473	0.98	−0.02020	1.38	0.32208
0.19	−1.66073	0.59	−0.52763	0.99	−0.01005	1.39	0.32930
0.20	−1.60944	0.60	−0.51083	1.00	0.00000	1.40	0.33647
0.21	−1.56065	0.61	−0.49430	1.01	0.00995	1.41	0.34359
0.22	−1.51413	0.62	−0.47804	1.02	0.01980	1.42	0.35066
0.23	−1.46968	0.63	−0.46204	1.03	0.02956	1.43	0.35767
0.24	−1.42712	0.64	−0.44629	1.04	0.03922	1.44	0.36464
0.25	−1.38629	0.65	−0.43078	1.05	0.04879	1.45	0.37156
0.26	−1.34707	0.66	−0.41552	1.06	0.05827	1.46	0.37844
0.27	−1.30933	0.67	−0.40048	1.07	0.06766	1.47	0.38526
0.28	−1.27297	0.68	−0.38566	1.08	0.07696	1.48	0.39204
0.29	−1.23787	0.69	−0.37106	1.09	0.08618	1.49	0.39878
0.30	−1.20397	0.70	−0.35667	1.10	0.09531	1.50	0.40547
0.31	−1.17118	0.71	−0.34249	1.11	0.10436	1.51	0.41211
0.32	−1.13943	0.72	−0.32850	1.12	0.11333	1.52	0.41871
0.33	−1.10866	0.73	−0.31471	1.13	0.12222	1.53	0.42527
0.34	−1.07881	0.74	−0.30111	1.14	0.13103	1.54	0.43178
0.35	−1.04982	0.75	−0.28768	1.15	0.13976	1.55	0.43825
0.36	−1.02165	0.76	−0.27444	1.16	0.14842	1.56	0.44469
0.37	−0.99425	0.77	−0.26136	1.17	0.15700	1.57	0.45108
0.38	−0.96758	0.78	−0.24846	1.18	0.16551	1.58	0.43742
0.39	−0.94161	0.79	−0.23572	1.19	0.17395	1.59	046373

x	ln x	x	ln x	x	ln x	x	ln x
1.60	0.47000	2.00	0.69315	6.00	1.79176	10.0	2.30259
1.61	0.47623	2.10	0.74194	6.10	1.80829	11.0	2.39790
1.62	0.48243	2.20	0.78846	6.20	1.82455	12.0	2.48491
1.63	0.48858	2.30	0.83291	6.30	1.84055	13.0	2.56495
1.64	0.49470	2.40	0.87547	6.40	1.85630	14.0	2.63906
1.65	0.50078	2.50	0.91629	6.50	1.87180	15.0	2.70805
1.66	0.50682	2.60	0.95551	6.60	1.88707	16.0	2.77259
1.67	0.51282	2.70	0.99325	6.70	1.90211	17.0	2.83321
1.68	0.51879	2.80	1.02962	6.80	1.91692	18.0	2.89037
1.69	0.52473	2.90	1.06471	6.90	1.93152	19.0	2.94444
1.70	0.53063	3.00	1.09861	7.00	1.94591	20.0	2.99573
1.71	0.53649	3.10	1.13140	7.10	1.96009	21.0	3.04452
1.72	0.54232	3.20	1.16315	7.20	1.97408	22.0	3.09104
1.73	0.54812	3.30	1.19392	7.30	1.98787	23.0	3.13549
1.74	0.55389	3.40	1.22378	7.40	2.00148	24.0	3.17805
1.75	0.55962	3.50	1.25276	7.50	2.01490	25.0	3.21888
1.76	0.56531	3.60	1.28093	7.60	2.02815	26.0	3.25810
1.77	0.57098	3.70	1.30833	7.70	2.04122	27.0	3.29584
1.78	0.57661	3.80	1.33500	7.80	2.05412	28.0	3.33220
1.79	0.58222	3.90	1.36098	7.90	2.06686	29.0	3.36730
1.80	0.58779	4.00	1.38629	8.00	2.07944	30.0	3.40120
1.81	0.59333	4.10	1.41099	8.10	2.09186	31.0	3.43399
1.82	0.59884	4.20	1.43508	8.20	2.10413	32.0	3.46574
1.83	0.60432	4.30	1.45862	8.30	2.11626	33.0	3.49651
1.84	0.60977	4.40	1.48160	8.40	2.12823	34.0	3.52636
1.85	0.61519	4.50	1.50408	8.50	2.14007	35.0	3.55535
1.86	0.62058	4.60	1.52606	8.60	2.15176	36.0	3.58352
1.87	0.62594	4.70	1.54756	8.70	2.16332	37.0	3.61092
1.88	0.63127	4.80	1.56862	8.80	2.17475	38.0	3.63759
1.89	0.63658	4.90	1.58924	8.90	2.18605	39.0	3.66356
1.90	0.64185	5.00	1.60944	9.00	2.19722	40.0	3.68888
1.91	0.64710	5.10	1.62924	9.10	2.20827	41.0	3.71357
1.92	0.65233	5.20	1.64866	9.20	2.21920	42.0	3.73767
1.93	0.65752	5.30	1.66771	9.30	2.23001	43.0	3.76120
1.94	0.66269	5.40	1.68640	9.40	2.24071	44.0	3.78419
1.95	0.66783	5.50	1.70475	9.50	2.25129	45.0	3.80666
1.96	0.67294	5.60	1.72277	9.60	2.26176	46.0	3.82864
1.97	0.67803	5.70	1.74047	9.70	2.27213	47.0	3.85015
1.98	0.68310	5.80	1.75786	9.80	2.28238	48.0	3.87120
1.99	0.68813	5.90	1.77495	9.90	2.29253	49.0	3.89182

x	$\ln x$	x	$\ln x$	x	$\ln x$	x	$\ln x$
50.0	3.91202	90.0	4.49981	400.	5.99146	800.	6.68461
51.0	3.93183	91.0	4.51086	410.	6.01616	810.	6.69703
52.0	3.95124	92.0	4.52179	420.	6.04025	820.	6.70930
53.0	3.97029	93.0	4.53260	430.	6.06379	830.	6.72143
54.0	3.98898	94.0	4.54329	440.	6.08677	840.	6.73340
55.0	4.00733	95.0	4.55388	450.	6.10925	850.	6.74524
56.0	4.02535	96.0	4.56435	460.	6.13123	860.	6.75693
57.0	4.04305	97.0	4.57471	470.	6.15273	870.	6.76849
58.0	4.06044	98.0	4.58497	480.	6.17379	880.	6.77992
59.0	4.07754	99.0	4.59512	490.	6.19441	890.	6.79122
60.0	4.09434	100.	4.60517	500.	6.21461	900.	6.80239
61.0	4.11087	110.	4.70048	510.	6.23441	910.	6.81344
62.0	4.12713	120.	4.78749	520.	6.25383	920.	6.82437
63.0	4.14213	130.	4.86753	530.	6.27288	930.	6.83518
64.0	4.15888	140.	4.94164	540.	6.29157	940.	6.84588
65.0	4.17439	150.	5.01064	550.	6.30992	950.	6.85646
66.0	4.18965	160.	5.07517	560.	6.32794	960.	6.86693
67.0	4.20469	170.	5.13580	570.	6.34564	970.	6.87730
68.0	4.21951	180.	5.19296	580.	6.36303	980.	6.88755
69.0	4.23411	190.	5.24702	590.	6.38012	990.	6.89770
70.0	4.24850	200.	5.29832	600.	6.39693	1000.	6.90776
71.0	4.26268	210.	5.34711	610.	6.41346	–	–
72.0	4.27667	220.	5.39363	620.	6.42972	–	–
73.0	4.29046	230.	5.43808	630.	6.44572	–	–
74.0	4.30407	240.	5.48064	640.	6.46147	–	–
75.0	4.31749	250.	5.52146	650.	6.47697	–	–
76.0	4.33073	260.	5.56068	660.	6.49224	–	–
77.0	4.34381	270.	5.59842	670.	6.50728	–	–
78.0	4.35671	280.	5.63479	680.	6.52209	–	–
79.0	4.36945	290.	5.66988	690.	6.53669	–	–
80.0	4.38203	300.	5.70378	700.	6.55108	–	–
81.0	4.39445	310.	5.73657	710.	6.5652	–	–
82.0	4.40672	320.	5.76832	720.	6.57925	–	–
83.0	4.41884	330.	5.79909	730.	6.59304	–	–
84.0	4.43082	340.	5.82895	740.	6.60665	–	–
85.0	4.44265	350.	5.85793	750.	6.62007	–	–
86.0	4.45435	360.	5.88610	760.	6.6332	–	–
87.0	4.46591	370.	5.91350	770.	6.64639	–	–
88.0	4.47734	380.	5.94017	780.	6.65929	–	–
89.0	4.48864	390.	5.96615	790.	6.67203	–	–

4. 상용로그표

N	0	1	2	3	4	5	6	7	8	9
10	0000	0043	0086	0128	0170	0212	0253	0294	0334	0374
11	0414	0453	0492	0531	0569	0607	0645	0682	0719	0755
12	0792	0828	0864	0899	0934	0969	1004	1038	1072	1106
13	1139	1173	1206	1239	1271	1303	1335	1367	1399	1430
14	1461	1492	1523	1553	1584	1614	1644	1673	1703	1372
15	1761	1790	1818	1847	1875	1903	1931	1959	1987	2014
16	2041	2068	2095	2122	2148	2175	2201	2227	2253	2279
17	2304	2330	2355	2380	2405	2430	2455	2480	2504	2529
18	2553	2577	2601	2625	2648	2672	2695	2718	2742	2765
19	2788	2810	2833	2856	2878	2900	2923	2945	2967	2989
20	3010	3032	3054	3075	3096	3118	3139	3160	3191	3201
21	3222	3243	3263	3284	3304	3324	3345	3365	3385	3404
22	3424	3444	3464	3483	3502	3522	3541	3560	3579	3598
23	3617	3636	3655	3674	3692	3711	3729	3747	3766	3784
24	3802	3802	3838	3856	3874	3892	3909	3927	3945	3962
25	3979	3997	4014	4031	4048	4065	4082	4099	4116	4133
26	4150	4166	4183	4200	4216	4232	4249	4265	4281	4298
27	4314	4330	4346	4362	4378	4393	4409	4425	4440	4456
28	4472	4487	4502	4518	4533	4548	4564	4579	4594	4609
29	4624	4639	4654	4669	4683	4698	4713	4728	4742	4757
30	4771	4786	4800	4814	4829	4843	4857	4871	4886	4900
31	4914	4928	4942	4955	4969	4983	4997	5011	5024	5038
32	5051	5065	5079	5092	5105	5119	5132	5145	5159	5172
33	5185	5198	5211	5224	5237	5250	5263	5276	5289	5302
34	5315	5328	5340	5353	5366	5378	5391	5403	5416	5428
35	5411	5453	5465	5478	5490	5502	5514	5527	5539	5551
36	5563	5575	5587	5599	5611	5623	5635	5647	5658	5670
37	5682	5694	5705	5717	5729	5740	5752	5763	5775	5786
38	5798	5809	5821	5832	5843	5855	5866	5877	5888	5899
39	5911	5922	5933	5944	5955	5966	5977	5988	5999	6010
40	6021	6031	6042	6053	6064	6075	6085	6096	6107	6117
41	6128	6138	6149	6160	6170	6180	6191	6201	6212	6222
42	6232	6243	6253	6263	6274	6284	6294	6304	6314	6325
43	6335	6345	6355	6365	6375	6385	6395	6405	6415	6425
44	6435	6444	6454	6464	6474	6484	6493	6503	6513	6522
45	6532	6542	6551	6561	6571	6580	6590	6599	6609	6618
46	6628	6637	6646	6656	6665	6675	6684	6693	6702	6712
47	6721	6730	6739	6749	6758	6767	6776	6785	6794	6803
48	6812	6821	6830	6839	6848	6857	6866	6875	6884	6893
49	6902	6911	6920	6928	6937	6946	6955	6964	6972	6981
50	6990	6998	7007	7016	7024	7033	7042	7050	7059	7067
51	7076	7084	7093	7101	7110	7118	7126	7135	7143	7152
52	7160	7168	7177	7185	7193	7202	7210	7218	7226	7235
53	7243	7251	7259	7267	7275	7284	7292	7300	7308	7316
54	7324	7332	7340	7348	7356	7364	7372	7380	7388	7396

N	0	1	2	3	4	5	6	7	8	9
55	7404	7412	7419	7427	7435	7443	7451	7459	7466	7474
56	7482	7490	7497	7505	7513	7520	7528	7536	7543	7551
57	7559	7566	7574	7582	7589	7597	7604	7612	7619	7627
58	7634	7642	7649	7657	7664	7672	7679	7686	7694	7701
59	7709	7716	7723	7731	7738	7745	7752	7760	7767	7774
60	7782	7789	7796	7803	7810	7818	7825	7832	7839	7846
61	7853	7860	7868	7875	7882	7889	7896	7903	7910	7917
62	7924	7931	7938	7945	7952	7959	7966	7973	7980	7987
63	7993	8000	8007	8014	8021	8028	8035	8041	8048	8055
64	8062	8069	8075	8082	8089	8096	8102	8109	8116	8122
65	8129	8136	8142	8149	8156	8162	8169	1876	8182	8189
66	8195	8202	8209	8215	8222	8228	8235	8241	8248	8254
67	8261	8267	8274	8280	8287	8293	8299	8306	8312	8319
68	8325	8331	8338	8344	8351	8357	8363	8370	8376	8382
69	8388	8395	8401	8407	8414	8420	8426	8432	8439	8445
70	8451	8457	8463	8470	8476	8482	8488	8494	8500	8506
71	8513	8519	8225	8531	8537	8543	8549	8555	8561	8567
72	8573	8579	8585	8591	8597	8603	8609	8615	8621	8627
73	8633	8639	8645	8651	8657	8663	8669	8675	8681	8686
74	8692	8698	8704	8710	8716	8722	8727	8733	8739	8745
75	8751	8756	8762	8768	8774	8779	8785	8791	8797	8802
76	8808	8814	8820	8825	8831	8837	8842	8848	8854	8859
77	8865	8871	8876	8882	8887	8893	8899	8904	8910	8915
78	8921	8927	8932	8938	8943	8949	8954	8960	8965	8971
79	7976	8982	8987	8993	8998	9004	9009	9015	9020	9025
80	9031	9036	9042	9047	9053	9058	9063	9069	9074	9079
81	9085	9090	9096	9101	9106	9112	9117	9122	9128	9133
82	9138	9143	9149	9154	9159	9165	9170	9175	9180	9186
83	9191	9196	9201	9206	9212	9217	9222	9227	9232	9238
84	9243	9248	9253	9258	9263	9269	9274	9279	9284	9289
85	9294	9299	9304	9309	9315	9320	9325	9330	9335	9340
86	9345	9350	9355	9360	9365	9370	9375	9380	9385	9390
87	9395	9400	9405	9410	9415	9420	9425	9430	9435	9440
88	9445	9450	9455	9460	9465	9469	9474	9479	9484	9489
89	9494	9499	9594	9509	9513	9518	9523	9528	9533	9538
90	9542	9547	9552	9557	9562	9566	9571	9576	9581	9586
91	9590	9595	9600	9605	9609	9614	9619	9624	9628	9633
92	9638	9643	9647	9652	9657	9661	9666	9671	9675	9680
93	9685	9689	9694	9699	9703	9708	9713	9717	9722	9727
94	9731	9736	9741	9745	9750	9754	9759	9763	9768	9773
95	9777	9782	9786	9791	9795	9800	9805	9809	9814	9812
96	9823	9827	9832	9836	9841	9845	9850	9854	9859	9866
97	9868	9872	9877	9881	9886	9890	9894	9899	9903	9908
98	9912	9917	9921	9926	9930	9934	9939	9943	9948	9952
99	9956	9961	9965	9969	9974	9978	9983	9987	9991	9996

5. 지수함수와 쌍곡선 함수표

x	e^x	e^{-x}	$\sinh x$	$\cosh x$	$\tanh x$
0	1.0000	1.0000	.00000	1.0000	.00000
0.1	1.1052	.90484	.10017	1.0050	.09967
0.2	1.2214	.81873	.20134	1.0201	.19738
0.3	1.3499	.74082	.30452	1.0453	.29131
0.4	1.4918	.67032	.41075	1.0811	.37995
0.5	1.6487	.60653	.52110	1.1276	.46212
0.6	1.8221	.54881	.63665	1.1855	.53705
0.7	2.0138	.49659	.75858	1.2552	.60437
0.8	2.2255	.44933	.88811	1.3374	.66404
0.9	2.4596	.40657	1.0265	1.4331	.71630
1.0	2.1783	.36788	1.1752	1.5431	.76159
1.1	3.0042	.33287	1.3356	1.6685	.80050
1.2	3.3201	.30119	1.5095	1.8107	.83365
1.3	3.6693	.27253	1.6984	1.9709	.86172
1.4	4.0552	.24660	1.9043	2.1509	.88535
1.5	4.4817	.22313	2.1293	2.3524	.90515
1.6	4.9530	.20190	2.3756	2.5775	.92167
1.7	5.4739	.18268	2.6456	2.8283	.93541
1.8	6.0496	.16530	2.9422	3.1075	.94681
1.9	6.6859	.14957	3.2682	3.4177	.95624
2.0	7.3891	.13534	3.6269	3.7622	.96403
2.1	8.1662	.12246	4.0219	4.1443	.97045
2.2	9.0250	.11080	4.4571	4.5679	.97514
2.3	9.9742	.10026	4.9370	5.0372	.98010
2.4	11.023	.09072	5.4662	5.5569	.98367
2.5	12.182	.08208	6.0502	6.1323	.98661
2.6	13.464	.07427	6.6947	6.7690	.98903
2.7	14.880	.06721	7.4063	7.4735	.99101
2.8	16.445	.06081	8.1919	8.2527	.99263
2.9	18.174	.05502	9.0596	9.1146	.99396
3.0	20.086	.04979	10.018	10.068	.99505
3.1	22.198	.04505	11.076	11.122	.99595
3.2	24.533	.04076	12.246	12.287	.99668
3.3	27.113	.03688	13.538	13.575	.99728
3.4	29.964	.03337	14.965	14.999	.99777
3.5	33.115	.03020	16.543	16.573	.99818
3.6	36.598	.02732	18.285	18.313	.99851
3.7	40.447	.02472	20.211	20.236	.99878
3.8	44.701	.02237	22.339	22.362	.99900
3.9	49.402	.02024	24.691	24.711	.99918
4.0	54.598	.01832	27.290	27.308	.99933
4.1	60.340	.01657	30.162	30.178	.99945
4.2	66.686	.0.1500	33.336	33.351	.99955
4.3	73.700	.01357	36.843	36.857	.99963
4.4	81.451	.01228	40.719	40.732	.99970
4.5	90.017	.01111	45.003	45.014	.99975
4.6	99.484	.01005	49.737	49.747	.99980
4.7	109.95	.00910	54.969	54.978	.99983
4.8	121.51	.00823	60.751	60.759	.99986
4.9	134.29	.00745	67.141	67.149	.99989
5.0	148.41	.00674	74.203	74.210	.99991

찾아보기

개정판

알기쉬운 **일반수학**

2013년 9월 2일 초 판 발행
2014년 3월 5일 개정판 발행

저 자 / 김경호
발행자 / 오판근
발행처 / 교우사

주 소 / 서울특별시 동대문구 약령시로 8 교수빌딩 2층
전 화 / 925-2861~2, 편집부 / 925-2825
팩 스 / 925-2860
E-mail / kyowoo@kyowoo.co.kr
http://www.kyowoo.co.kr

등록 / 1994. 3. 24 제6-0256호

ISBN 978-89-8172-990-5 (93410)

값 22,000원